“十四五”时期国家重点出版物出版专项规划项目

面向2035：中国生猪产业高质量发展关键技术系列丛书

总主编　张传师

母猪营养调控关键技术

○主　编　彭津津　王艳辉　梁柱林
○顾　问　张宏福

中国农业大学出版社
·北京·

内容简介

母猪是养猪产业的基础，母猪生产能力决定养猪产业生产效率，由于现代母猪的高度选育，使得母猪遭受的营养应激更大，不仅挑战了母猪的健康，还显著影响多项繁殖参数，继而导致母猪无效生产期延长乃至繁殖过程的终止。母猪在配种前进行营养调控是确保产仔数的关键；母猪在怀孕不同生理阶段的营养调控事关所怀仔猪的健壮；哺乳期对繁殖既有绝对的影响又有动态效应。此外，在养猪产能恢复后，能繁母猪中后备母猪比例偏高，普遍存在三元母猪作为种用的现象，导致母猪营养供给发生变化，因此，要针对这种情况采取对应母猪营养调控策略。本书重点介绍了母猪各阶段营养需要及调控技术要点，母猪背膘管理技术要点，功能性物质、环境因素和水对母猪生产性能的调控以及三元母猪营养调控新理念与新方法。

图书在版编目(CIP)数据

母猪营养调控关键技术 / 彭津津，王艳辉，梁柱林主编. --北京：中国农业大学出版社，2022.3(2024.12 重印)

(面向 2035：中国生猪产业高质量发展关键技术系列丛书)

ISBN 978-7-5655-2676-3

Ⅰ.①母… Ⅱ.①彭…②王…③梁… Ⅲ.①母猪-家畜营养学 Ⅳ.①S828

中国版本图书馆 CIP 数据核字(2021)第 260480 号

书　　名　母猪营养调控关键技术

作　　者　彭津津　王艳辉　梁柱林　主编

执行总策划　董夫才　王笃利　　　　责任编辑　韩元凤
策划编辑　韩元凤　赵　艳　　　　封面设计　郑　川
出版发行　中国农业大学出版社
社　　址　北京市海淀区圆明园西路 2 号　　　　邮政编码　100193
电　　话　发行部 010-62733489，1190　　　　读者服务部 010-62732336
　　　　　编辑部 010-62732617，2618　　　　出　版　部 010-62733440
网　　址　http://www.caupress.cn　　　　E-mail cbsszs@cau.edu.cn
经　　销　新华书店
印　　刷　河北虎彩印刷有限公司
版　　次　2022 年 3 月第 1 版　　2024 年 12 月第 2 次印刷
规　　格　170 mm×240 mm　　16 开本　　14.25 印张　　270 千字
定　　价　58.00 元

丛书编委会

编写人员

主　　编　彭津津　重庆三峡职业学院
　　　　　王艳辉　黑龙江职业学院
　　　　　梁柱林　广东省肇庆市畜牧兽医局

副 主 编　曾志凯　新希望六和股份有限公司养猪研究院
　　　　　卓　钊　安徽农业大学
　　　　　郭勇庆　华南农业大学
　　　　　李丽娟　河北省邯郸市大名县农业农村局

参　　编　（按姓氏笔画排序）
　　　　　王洪芳　沧州职业技术学院
　　　　　吕继蓉　成都大帝汉克生物科技有限公司
　　　　　刘　峰　成都大帝汉克生物科技有限公司
　　　　　刘文峰　谷实生物集团股份有限公司
　　　　　吴小玲　重庆三峡职业学院
　　　　　吴春艳　重庆三峡职业学院
　　　　　吴鹏威　河北双鸽食品股份有限公司
　　　　　贺闪闪　重庆三峡职业学院
　　　　　喻维维　重庆三峡职业学院
　　　　　潘　晓　重庆市合川区畜牧站
　　　　　戴茜茜　重庆三峡职业学院

顾　　问　张宏福　中国农业科学院北京畜牧兽医研究所

总 序

党的十九届五中全会提出，到2035年基本实现社会主义现代化远景目标。到本世纪中叶，把我国建成富强民主文明和谐美丽的社会主义现代化强国。要实现现代化，农业发展是关键。农业当中，畜牧业产值占比30%以上，而养猪产业在畜牧业中占比最大，是关系国计民生和食物安全的重要产业。

改革开放40多年来，养猪产业取得了举世瞩目的成就。但是，我们也应清醒地看到，目前中国养猪业面临的环保、效率、疫病等问题与挑战仍十分严峻，与现实需求和国家整体战略发展目标相比还存在着很大的差距。特别是近几年受非洲猪瘟及新冠肺炎疫情的影响，我国生猪产业更是遭受了严重的损失。

近年来，我国政府对养猪业的健康稳定发展高度重视。2019年年底，农业农村部印发《加快生猪生产恢复发展三年行动方案》，提出三年恢复生猪产能目标；受2020年新冠肺炎疫情的影响，生猪产业出现脆弱、生产能力下降等问题，为此，2020年国务院办公厅又提出关于促进畜牧业高质量发展的意见。

2014年5月习近平总书记在河南考察时讲到：一个地方、一个企业，要突破发展瓶颈、解决深层次矛盾和问题，根本出路在于创新，关键要靠科技力量。要加快构建以企业为主体、市场为导向、产学研相结合的技术创新体系，加强创新人才队伍建设，搭建创新服务平台，推动科技和经济紧密结合，努力实现优势领域、共性技术、关键技术的重大突破。

生猪产业要实现高质量发展，科学技术要先行。我国养猪业的高质量发展面临的诸多挑战中，技术的更新以及规范化、标准化是关键的影响因素，一方面是新技术的应用和普及不够，另一方面是一些关键技术使用不够规范和不够到位，从而影响了生猪生产效率和效益的提高。同样的技术，投入同样的人力、资源，不同的企业产出却相差很大。

企业的创新发展离不开人才。职业院校是培养实用技术人才的基地，是培养中国工匠的摇篮。中国生猪产业职业教育产学研联盟由全国80多所职业院校以及多家知名养猪企业和科研院所组成，是全国以猪产业为核心的首个职业教育“产、学、研”联盟，致力于协同推进养猪行业高技能型人才的培养。

为了提升高职院校学生的实践能力和技术技能，同时促进先进养猪技术的推广和规范化，中国生猪产业职业教育产学研联盟与中国种猪信息网&《猪业科学》超级编辑部一起，走访了解了全国众多养猪企业，在总结一些知名企业规范化先进技术流程的基础上，围绕养猪产业链，筛选了影响养猪企业生产效率和效益的12种关键技术，邀请知名科学家、职业院校教师和大型养猪企业技术骨干，以产学研相结合的方式，编写成《面向2035：中国生猪产业高质量发展关键技术系列丛书》。该系列丛书主要内容涵盖母猪营养调控、母猪批次管理、轮回杂交与种猪培育、猪冷冻精液、猪人工授精、猪场生物安全、楼房养猪、智能养猪与智慧猪场、猪主要传染病防控、非洲猪瘟解析与防控、减抗与替抗、猪用疫苗研发生产和使用等12个方面的关键技术。该系列丛书已入选《“十四五”时期国家重点图书、音像、电子出版物出版专项规划》。

本系列图书编写有3个特点：第一，关键技术规范流程来自知名企业先进的实际操作过程，同时配有视频资源，视频资源来自这些企业的一线实际现场，真正实现产教融合、校企合作，零距离，真现场。这里，特别感谢这些知名企业和企业负责人为振兴民族养猪业的无私奉献和博大胸怀。第二，体现校企合作，产、教结合。每分册都是由来自企业的技术专家与职业院校教师共同研讨编写。第三，编写团队体现“产、学、研”结合。本系列图书的每分册邀请一位年轻有为、实践能力强的本领域权威专家学者作为顾问，其目的是从学科和技术发展进步的角度把控图书内容体系、结构，以及实用技术的落地效应，并审定图书大纲。这些专家深厚的学科研究积淀和丰富的实践经验，为本系列图书的科学性、先进性、严谨性以及适用性提供了有利保证。

这是一次养猪行业“产、学、研”结合，纸质图书与视频资源“线上线下”融合的新尝试。希望通过本系列图书通俗易懂的语言和配套的视频资源，将养猪企业先进的关键技术、规范化标准化的流程，以及养猪生产实际所需基本知识和技能，讲清楚、说明白，为行业的从业者以及职业院校的同学，提供一套看得懂、学得会、用得好，有技术、有方法、有理论、有价值的好教材，助力猪业的高质量发展和猪业高素质技能型人才的培养，助力乡村振兴，为全面建设社会主义现代化国家、实现中华民族伟大复兴的中国梦提供有力的人才和技能支撑。

孙德林　张传师

2022年1月

前言

母猪是养猪场的核心猪群，其生产性能影响到整个猪场的生产水平和经济效益。随着我国社会经济的不断发展，生猪养殖由传统管理逐步走向精细化、智能化管理，生猪产业在规模和质量上都有了长足的提升，然而在实际生产中，由于不同品种、不同饲养阶段的母猪营养需求差异大，同时各个猪场饲养管理体系以及母猪所处小气候、温热环境（温度、相对湿度、通风状况等）的不同，母猪繁殖力低、产仔数少、母猪淘汰率高、发情晚（尤其是二胎母猪）、仔猪黄白痢严重、断奶体重不均匀等问题较为严重，养殖场的效益参差不齐，给生猪产业整体协调发展带来困扰。

本书综合考虑母猪后备、妊娠、哺乳以及空怀阶段不同的生理特点、营养需要以及环境等多方面因素，探讨不同生理阶段母猪的营养调控策略，旨在为养猪生产者对母猪的全程营养调控提供参考。此外，目前国内生猪产能在不断恢复，能繁母猪中后备母猪比例偏高，三元母猪、四元种猪较多，母猪营养需求差异显著，所以，实施母猪营养精准调控也是当前从生猪产能恢复到稳定的管理要点之一。

本书包括 9 章内容，编写人员包括 5 所农业院校的 10 位教师、4 家企业的 5 位专家以及 3 名行业主管部门人员。具体分工如下：

彭津津、王艳辉、刘文峰负责全书的内容设计以及书稿的校对与审核等工作。李丽娟、吴鹏威、潘晓负责图片、视频的收集工作。彭津津、王艳辉、吴小玲负责视频的编辑录制工作。曾志凯编写第 1 章，王艳辉、刘文峰编写第 2 章和第 6 章，郭勇庆、王洪芳编写第 3 章，喻维维、贺闪闪、吴鹏威编写第 4 章，吴小玲、彭津津编写第 5 章，戴茜茜、吴春艳、刘峰、吕继蓉、彭津津、潘晓编写第 7 章，卓钊编写第 8 章，梁柱林编写第 9 章。

本书编写成员经验丰富，掌握前沿技术，有深厚的理论积淀，在编写过程中结合我国养猪业现状，引入了相关的图片和视频，使得本书具有很强的实用性、先进性和适用性，不仅适合于养猪业从业人员研读，还可以作为涉农院校和企业培训的参考教材。

由于编写时间仓促，加上编者水平有限，书中难免有不当之处，恳请读者批评指正。

编　者

2021年10月

目　录

第1章

后备母猪的营养调控

【本章提要】后备母猪是生产母猪群的基石，对母猪场生产成绩和经济效益至关重要。本章系统地介绍了后备母猪培育期营养需要、体况管理和饲养管理策略，以期帮助养猪生产者获得最佳的母猪繁殖寿命和较好的经济回报。

1.1 后备母猪繁殖生理

1.1.1 性成熟

1. 卵巢、卵泡的发育

小母猪培育过程中卵巢卵泡的生长发育及这一过程中伴随的激素变化是性成熟的物质基础。小母猪的卵巢主要由表面的生殖上皮、内部的结缔组织及大小不等的卵泡组成。原始卵泡在胚胎时期大量形成，并慢慢生长分化成为初级卵泡，最早的成熟卵泡在小母猪 70 日龄时就出现了。如图 1-1 所示，母猪原始卵泡成长为成熟卵泡约需要 84 天，卵泡进一步发育约 1 个月的时间形成排卵前卵泡。随着卵泡的发育，卵子也开始成长并逐步获得减数分裂的能力。这一阶段，卵子从 30 μm 成长到 120 μm 并在卵泡 1.8 mm 时开始有部分卵子获得减数分裂的能力。母猪卵泡直径小于 0.7 mm，卵泡中的卵子是不具备减数分裂能力的。一般只有少数继续发育成生长卵泡和成熟卵泡，大部分退化成为闭锁卵泡。

卵泡的成熟主要受下丘脑-垂体-性腺（卵巢）轴调控，通过促性腺释放激素(GnRH)促进促卵泡素(FSH)和黄体生成素(LH)的分泌。小母猪一般 60 日龄左右时开始对促性腺激素敏感，同时 LH 脉冲数随着日龄增长而增加，卵泡开始发育，体积变大，并越来越依赖 FSH 浓度。随着成熟大卵泡数量的增加，分泌到血清

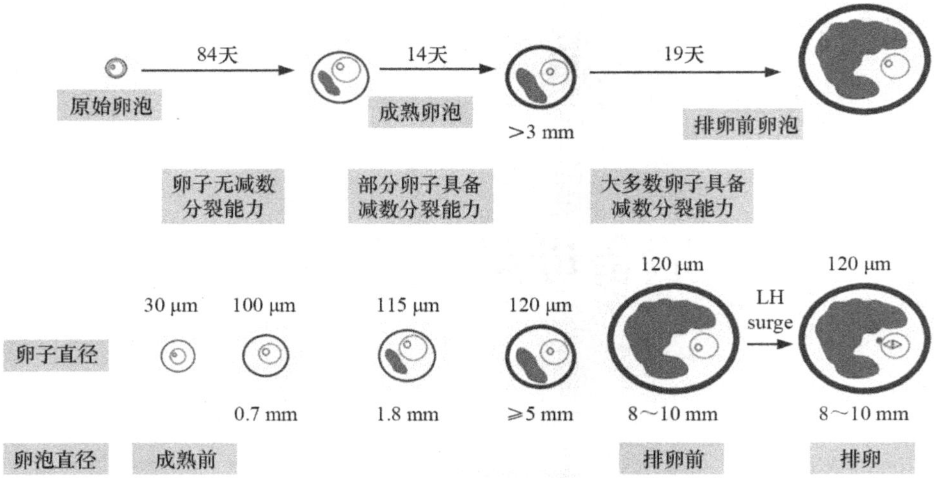

图 1-1　卵泡与卵母细胞的生长与减数分裂能力的获得

(Hunter，2000)

中的雌激素水平也增加，一定浓度的雌激素能提高卵泡细胞对促性腺激素的敏感性，进一步促进卵泡发育，但是排卵前夕高浓度的雌激素对 GnRH 和 LH 的分泌产生负反馈（图 1-2）。当血液雌激素水平达到阈值时诱发 LH 脉冲，小母猪出现首次发情并排卵，这是青年母猪达到性成熟的主要表现。

青年母猪性成熟受多种因素影响，包括品种、日龄、季节、环境刺激、营养等。生产上常采用装车运输、混群、公猪刺激及外源性激素（联合使用孕马血清促性腺激素 PMSG 和人绒毛膜促性腺激素 HCG）等手段来诱导发情。

2. 乳腺发育

母猪的乳腺是独立的，与邻近的乳腺不通，它通常含有一个乳头和两个独立的乳头管。乳腺组织在胚胎时期开始分化，出生时管道系统发育相对较少，乳腺主要由皮下基质组织组成。乳腺组织和乳腺 DNA（代表细胞数量）直到 90 日龄才缓慢积累。随着日龄增长，乳腺组织和乳腺 DNA 积累速度快速增加。在后备母猪初配时，虽然乳腺仍然非常少，却已经含有广泛的管状系统，并伴随有芽状伸出部分。有研究表明，初情期的启动对后备母猪乳腺发育有促进作用，发情后备母猪较相近日龄未发情母猪有更多的乳腺实质组织（含有腺体的上皮细胞组织），这表明实质性脂肪、蛋白和 DNA 数量的增加。

生长、妊娠或哺乳期母猪的营养供给可能会影响到乳腺的发育。后备母猪 90 日龄至发情前，超过 20％的饲料限饲会抑制乳腺发育，导致乳腺实质重量降低，但是将后备料蛋白水平从 18.7％下调至 14.4％并不影响乳腺发育。在后备母猪培育过程中，先限饲（70％）后优饲（115％）的营养方案降低了初情期后备母猪的乳腺

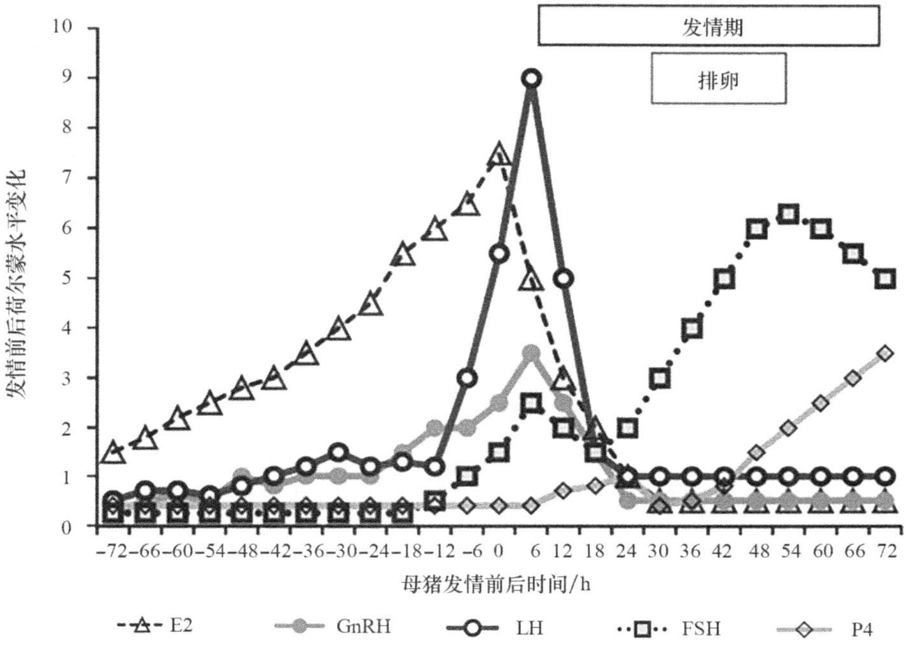

图 1-2　母猪发情和排卵前后荷尔蒙(雌激素 E2,促性腺释放激素 GnRH,促黄体激素 LH,促卵泡激素 FSH 和孕激素 P4)水平的相对变化

(Knox, 2019)

实质,并有降低母猪分娩前乳腺实质中蛋白质比例的趋势,因此后备母猪培育期的限饲对乳腺发育是有害的。通常肥胖的后备母猪分娩前乳腺 DNA 是低于正常体况或较瘦的母猪。比如后备母猪妊娠后期加料导致母猪分娩前体重增加,并伴随妊娠晚期乳腺实质的重量及 DNA 的降低,这不利于乳腺发育。哺乳期是乳腺快速增生的最后阶段,哺乳料营养水平也是影响乳腺发育的重要因素。研究表明,当哺乳母猪平均每天摄入 16.5 Mcal 代谢能和 950 g 粗蛋白(或 52.3 g 总赖氨酸)时,母猪乳腺的湿重和干重达到最大,哺乳期能量或蛋白摄入不足会影响乳腺发育。

3. 初情日龄

初情日龄是指青年后备母猪开始进入性成熟期,并首次表现出发情症状时的年龄。初情日龄具有中等遗传力,是反映母猪终身繁殖寿命的重要早期指标,也是后备母猪培育期重点关注的指标。后备母猪初情日龄越小,首次配种分娩率越高,终身产仔数越多,母猪的终身繁殖成绩越好。

青年母猪首次发情后代表繁殖系统做好了妊娠的准备,但是其他机体组织还需要进一步发育。如果首次发情就配种,一般受孕概率相对低,产仔数低,也不利于母猪终身繁殖寿命。生产实践中常常在后备母猪首次发情后的第二或第三个情期配种，以提高配种成功率和母猪产仔性能。一般后备母猪初情期越早，首配日龄也越小，非生产天数也相应减少，但是考虑到配种前的体组织储备，一般推荐的首配日龄在220～270天，在首配体重达到135 kg且满足初情后第二或三个情期配种的前提下，首配日龄低于220天也是可以接受的。

后备母猪初情期的启动受雌激素等内分泌激素的调控，也为营养调控奠定了理论基础。吴德教授课题组研究发现，后备母猪55 kg开始在日粮中添加3%的豆油有效提高了母猪首次发情时血液雌二醇的浓度，促进了母猪初情期启动，降低了后备猪初情日龄。

1.1.2 体成熟

1. 体重与生长速度

后备母猪首次配种前的体况和未来的繁殖成绩密切相关，实际生产中一般将首配体重作为后备母猪培育最重要的参考指标，因为体重代表了母体体脂、体蛋白和骨骼系统等所有体成分的储备情况，以满足未来高强度繁殖活动的需求。Williams等(2005)研究后认为，首次配种体重在135～150 kg可获得最大的总活仔数(前三胎)，该研究成果获得养猪行业的广泛认可。一般认为后备母猪初配体重不要低于135 kg，这主要考虑到后备母猪首次哺乳时可能出现的体组织动员储备不足，断奶后体况太差而影响母猪的繁殖寿命。Schenkel等(2010)研究后备母猪第一胎次体组成与前两胎繁殖性能的关系后，也建议后备母猪初配体重要达到135 kg，保证分娩时体重超过180 kg方能保证下一胎次的繁殖成绩。青年母猪首次配种时体重过重可能会导致跛行的风险增加，导致提前淘汰。大量研究经常提到的体重节点约为170 kg，因此，青年后备母猪推荐的适宜初配体重135～150 kg，最大不要超过170 kg。

后备母猪首次配种的体重经常会与出生至初情期的生长速度混淆，而试图将这二者完全区分开是很困难的。一般而言，培育期生长速度太慢的母猪繁殖寿命和性能也会比较差，比较典型的例子是初生重小于1 kg的后备母猪生长速度都会慢于正常初生重的猪，而这些低出生重的后备母猪连续多胎次产仔数要明显低于正常组，且多数在第一胎后就被淘汰了。如果后备培育期母猪生长速度过快，一般都会导致母猪初配体重过重，从而影响母猪的终身繁殖寿命。但是如果通过适当的诱情手段，比如公猪诱情等，让生长速度较快的母猪更早地启动初情期(150～170日龄)，并在185～210日龄配种，可以保证配种时母猪不会太重，且不影响后续胎次的繁殖性能。有研究者认为，后备猪性成熟时繁殖器官的发育与它们的生长速度呈正相关，换言之，在日龄接近的前提下，体重重的后备猪(生长速度快)要比体重轻的后备猪繁殖器官发育得更好。在实际生产中，PIC团队推荐后备母猪出生至初配期间的生长速度范围为 612～771 g/d。

2. 体蛋白与体脂储备

后备母猪初配时体脂储备可能直接或间接地影响母猪繁殖性能，科学研究和实际生产中经常用母猪最后肋骨处背膘厚度反映母猪体脂状况，并用于预测母猪繁殖性能。一般认为，后备母猪进入繁殖周期时，体脂储备过多或过少都可能会降低繁殖性能，减少繁殖寿命。Knecht 等(2020)研究发现，波兰大白长白杂交母猪比纯种背膘更厚，配种分娩率和总产仔数也更高；不论杂交或纯种母猪，高体脂母猪(配种时最后一肋骨处背膘＞17.4 mm)比低体脂母猪(背膘≤17.4 mm)配种分娩率更高，产仔性能也更好，但是该研究并未得出母猪最佳的配种背膘厚度。Rozeboom(2015)总结认为，后备母猪首次配种时推荐背膘为 12～18 mm。但是第一次配种时的背膘厚度并不能可靠地预测母猪随后的繁殖性能。通过研究后备母猪培育期生长速度，初配背膘与繁殖性能的关系，Amaral Filha 等(2010)认为，生长速度是一个比背膘厚度更关键的预测指标，后备母猪初配时低中高背膘组背膘分别为 14.2 mm、16.5 mm 和 18.6 mm，而经过 110 天妊娠期饲喂后(0～5 天，6～60 天，31～60 天，61～90 天和 91～110 天饲喂量分别为 1.8 kg、2.0 kg、2.2 kg、2.4 kg 和 2.9 kg)，低中高背膘组分娩背膘差异变小了，分别为 16.1 mm、16.8 mm 和 18.2 mm。其他研究者也发现，后备母猪首次配种时背膘厚度和繁殖性能及生产年限之间并无明显的相关性。

体蛋白存储和蛋白质代谢状态对母猪生产力也有重要影响。Clowes 等(2003)认为体蛋白储备对维持卵巢正常功能具有重要影响，体蛋白或蛋白代谢率必须超过一定的阈值，从而为相关功能性蛋白的合成提供必需的氨基酸前体；如果低于阈值，则母猪第二胎的受胎率和窝产仔数会下降；此外，如果后备母猪在首次哺乳期间动员了超过 9％的体蛋白质储备，母猪泌乳也会受到负面影响。Schenkel 等(2010)发现，首次分娩时体蛋白储备高的母猪第二胎次总产仔数更高，如果第一次哺乳期间体蛋白损失超过 10％，则下一胎次繁殖性能会受到影响。Schenkel 等(2010)同时也报道体脂体蛋白比值越高，下一胎次产仔数也更高。这说明后备母猪首次分娩时，需要足够数量的体蛋白储备，以满足首次哺乳时体组织动员所需。但如果体蛋白含量过高，导致体脂体蛋白比例下降，也是不利于母猪繁殖的。事实上瘦肉沉积速度太快的后备母猪对繁殖是不利的，近期也有研究者报道，首次配种时最后肋骨处眼肌面积大的后备母猪产仔性能显著低于眼肌面积低的母猪。通过研究后备母猪体组织储备与头胎繁殖性能的遗传相关性，遗传学家指出，初情期眼肌面积与首次分娩日龄、头胎总产仔数和头胎断奶发情间隔的遗传相关性很低。这也支持配种时的蛋白沉积对母猪头胎产仔性能并不重要这一假说。

总体而言，首次配种时的体组织组成并不能准确地预测母猪随后的繁殖性能，因为第一次配种后的繁殖周期阶段，其他因素比如饲喂水平、环境温度和通风及饲养管理等因素对母猪繁殖性能的影响可能更大。Rozeboom(2015)总结近 20 年来后备母猪体况与繁殖表现的关系指出，体况的表型测量对后续繁殖性能预测的准确性并不可靠，换言之，我们很难通过缩小后备母猪体重、背膘厚度、日龄和体重等表型组合的范围，从而显著地提升母猪生产力或母猪使用年限。实际上合格的后备母猪需要一个更好的综合性评价指标，这比单独考虑母猪脂肪或蛋白质储备更加全面。合格的定义一般包括饲养和管理后备母猪和青年母猪的体况以及双腿和肢蹄部的健全性。

1.2　后备母猪营养需要

1.2.1　能量需要

日粮能量并不是一种营养成分，因为它不是化学物质，而是反映日粮有机化合物氧化的一种性质。营养学定义的能量主要是化学能和热能，猪营养常用的能量评价体系有消化能体系、代谢能体系和净能体系。越来越多的营养学家和大型养殖集团倾向于使用净能体系。考虑到成年母猪和生长育肥猪消化道发育完善程度的不同，科学家进一步划分了用于生长猪和生产母猪的不同能量体系，一般认为成年生产母猪消化能力更强，更耐粗饲，因此同一种原料的有效能(消化能、代谢能或净能)在母猪上要比生长育肥猪高。有的科研单位用生长育肥猪评价饲料原料有效能值，然后根据文献或历史数据总结一个校正参数(一般大于 1)来估计待测原料在生产母猪上的实际有效能值。后备母猪从消化能力上来说更接近生长育肥猪，因此笔者建议可以直接参考以生长育肥猪为基础的饲料原料有效能值。

不同营养物质在动物体内能量代谢途径不同，用于产热、维持或组织沉积的效率不同。因此，动物营养学家研究日粮能量时，通常需要考虑日粮能量的主要来源，如简单碳水化合物(淀粉)、复杂碳水化合物(纤维)、脂肪和蛋白质。对后备母猪而言，不同能量来源或能量摄入水平都有可能影响相关代谢激素和繁殖激素的水平，进而影响后备母猪的繁殖性能。

1. 能量来源与能量水平

母猪能量主要来自消化和吸收后的蛋白质、脂肪和碳水化合物氧化后产生的能量。一般而言，油脂是相对较贵的原料，配方师很少在商品猪育肥日粮中添加油脂。但是对于后备母猪而言，培育期日粮中适当添加油脂可能有利于母猪初情期的启动。石晓琳等(2013)给长白×大白后备母猪(55 kg 或 70 kg 至屠宰)饲喂等消化能的高淀粉或高脂肪日粮，结果发现高脂肪组母猪血清甘油三酯和雌二醇水平显著提高，同时初情日龄由 234 天提前至 224 天。考虑到成本因素，石晓琳等(2013)建议可以在小母猪 70 kg 以后开始饲喂高脂肪后备母猪培育日粮，提前至 55 kg 开始饲喂高脂肪日粮并不能明显改善后备母猪初情日龄。

通过添加油脂提高日粮能量水平也能同样促进后备母猪发情。Thingnes 等(2015)也报道后备母猪从 25 kg 开始饲喂高能量高脂肪日粮，母猪首次配种日龄较对照组显著改善，初情期从 241 日龄提前至 237 日龄。但是另一个大型商业试验通过添加动物油脂提高后备母猪日粮能量水平并未取得良好的效果。Diaz 等(2015)给长白×大白后备母猪(100 日龄至屠宰)饲喂 3 种不同代谢能(ME)水平的日粮(2.94、3.26 和 3.59 Mcal/kg，自由采食)，结果发现不同处理组母猪平均初情日龄均为 193 天左右，添加脂肪提高日粮能量水平并没有促进母猪启动初情，且各处理组 190 日龄平均体重达到 143 kg，各组无显著差异。这暗示随着遗传改良的进步，某些生长速度极快的母猪品系可能并不需要高脂肪高能量的后备培育日粮，也能很快储备足够的体脂，较早启动初情。Diaz 等(2015)试验选用的 1 200 头后备母猪初情期比石晓琳等(2013)选用的母猪初情期提前了约 39 天，这表明某些优良的母猪品系能够较早进入性成熟时，很难通过营养调控进一步促进母猪启动初情期。养殖者需要根据实际后备母猪群生产水平来制定合适的培育日粮，切忌盲目提高能量水平，提高培育成本。

如果养殖者在后备母猪培育期给母猪提供高脂肪的日粮，建议在初情期后或者首次配种前 3 周更换成高淀粉的优饲专用日粮。Almei da 等(2014)用 8.6%的豆油等能量替代 20%的玉米淀粉配制试验日粮并在首次配种前 3 周饲喂给后备母猪，结果发现高淀粉日粮显著提高了母猪餐后血清葡萄糖和胰岛素水平，排卵率显著提高，配种后胚胎数增加了 2 个。

2. 饲喂水平与短期优饲

短期优饲又称催情补饲，是指生产上为提高后备母猪排卵数，在配种前 7～10 天提高饲喂水平或提供高能量的碳水化合物日粮。短期优饲的实践来源于研究者发现提高配种前能量水平可以刺激母猪生成更多的胰岛素，提高母猪血液中雌激素和促卵泡激素的水平，增加配种前成熟卵泡的个数。同时，较多的成熟卵泡有利于配种后分泌更多的孕酮，这对妊娠早期胎儿成活率是有利的。丹麦的养猪经验是，在母猪第 2～3 个情期配种，配种前 7～14 天将采食量从 2.5～2.9 kg/天提高到 3～3.5 kg/天，可提高产仔数 1～2 头。

虽然短期优饲的实践从 20 世纪 90 年代开始被广泛应用，但商业条件下大样本量的公开试验数据仍然非常稀少。随着育种遗传进展的稳步改善，母猪繁殖成绩尤其是产仔数的大幅度提高，原有的实践技术在改进后的母猪品系上是否会有同样的效果是值得怀疑的。幸运的是，丹麦 SEGES 养猪研发中心 2019 开展了一项后备母猪短期优饲的大群商业试验，这加深了我们理解短期优饲在高产母猪上的实践效果。研究者选用了 2 000 头丹系后备母猪，初情期后同一批次后备母猪饲喂烯丙孕素 18 天，同步发情配种。试验测试了 4 种不同的首配前饲喂策略：①对照组：初情期后—配种前饲喂 2.33 kg/天；②短期优饲：初情期后 0～18 天饲喂 2.33 kg/天，配种前 5～7 天饲喂 3.30 kg/天；③后期限饲：初情期后 0～18 天饲喂 3.30 kg/天，配种前 5～7 天饲喂 2.33 kg/天；④自由采食：初情期后—配种前饲喂 3.30 kg/天。结果显示，短期优饲组较对照组有提高总产仔数(16.4 vs 16.0)的趋势，较自由采食组总产仔数有数值上(16.4 vs 16.1)提高，但是总活仔数和头胎配种分娩率均无显著差异。从经济性角度而言，短期优饲组较自由采食组配种前少投入约 18 kg 饲料，且总产仔数上有一定优势，后续繁殖性能也不受影响，是一种值得推荐的实践方法。需要注意的是，高产母猪实行短期优饲并不能带来 1～2 头产仔性能的收益，这可能和高产母猪对优饲诱导的激素刺激敏感性降低有关。

短期优饲一般会要求后备母猪在初配前的一个情期内有一段时间的限饲，具体限饲到什么程度并没有文献明确说明。这里需要注意的是，如果前期限饲程度过大，则有可能会影响卵泡发育，即使配种前 7～10 天提高采食量也不能缓解前期严重限饲带来的负面影响。Chen 等(2012)在后备母猪初情期后的黄体期(第 0～14 天)进行极限限饲(1.2 kg/天，仅够维持需要)或优饲(2.7 kg/天)，研究发现，即使卵泡期(15 天～配种)提高限饲组母猪饲喂量至 2.7 kg/天，母猪排卵率和妊娠早期胚胎数仍然显著低于早期优饲组。因此在执行短期优饲操作时，我们推荐依然要保证后备母猪限饲期采食量高于 2.0 kg/天以上，推荐饲喂 2.3～2.5 kg/天，配种前一周将饲喂水平提高到 3.5 kg/天左右较为合适。

除了配种前饲喂水平外，还需要注意优饲期的日粮营养组成。Topigs 遗传公司建议短期优饲日粮注意能量来源，尤其注意淀粉和葡萄糖的设计水平，而氨基酸、维生素和矿物质的水平可参考泌乳母猪日粮设计。其他可能有益的做法包括配种前添加 150～300 g 葡萄糖。如果养殖者没有能力单独设计或饲喂专用的短期优饲日粮，我们建议可以直接将泌乳母猪料饲喂给初配前一周的后备母猪，不建议用妊娠料或育肥后期料饲喂初配前的后备母猪。

1.2.2 适宜的氨基酸水平

当前养猪行业普遍采用基于理想蛋白模型的可消化氨基酸体系来估计所有类型猪群的最佳营养需要量。对后备母猪而言，不同学术或商业机构基本都完全采用了商品母猪(食用目的)相同的理想蛋白模型，即不同阶段必需氨基酸与可消化赖氨酸比例和同阶段商品母猪是一致的。

日粮可消化氨基酸含量是保证后备母猪体蛋白沉积的决定因素，本章第一节也讨论过母猪分娩前足够的体蛋白沉积是正常繁殖活动所必需的，但是如果母猪蛋白沉积过快，体脂和体蛋白比值偏低也是不利于繁殖活动的。有营养学家提出可以通过适当降低后备猪日粮中可消化氨基酸水平，控制母猪蛋白沉积速度，改善体脂和体蛋白比值来提升母猪的终身繁殖成绩。Farmer 等（2004）将后备母猪（56～160 kg）日粮蛋白质从 18.7％下调到 14.4％，总 Lys 从 1.00％下调至 0.73％，在自由采食条件下，母猪首次发情时体重无显著差异，第二情期时乳腺组织发育及相关激素水平也无显著变化。但是如果后备母猪限饲（80％饲喂水平）高蛋白日粮（CP＝18.7％），母猪首次发情体重下降 17 kg，同时乳腺发育受到显著抑制。这表明同时限制后备母猪能量和蛋白摄入，导致初情体重大幅下降的同时也可能危害乳腺发育，影响后续繁殖性能。美国爱荷华州立大学的研究团队调查了美国商业农场后备母猪常用能量和氨基酸水平后，研究了不同能量和可消化氨基酸水平对 90 天至第二情期后备母猪生长与繁殖的影响。该研究采用 2 阶段饲喂程序，对照组后备母猪 55～90 kg 和 90 kg 以上标准回肠可消化（SID）Lys 水平分别为 1.02％和 0.85％，研究者将 SID Lys 下调 15％（生长育肥期分别为 0.86％和 0.73％）后，母猪 190 天平均体重下降 1.1 kg，背膘和眼肌面积均无显著变化，平均初情日龄 194 天，与对照组无显著差异，但是 250 日龄屠宰时仍未发情的后备母猪比例显著高于对照组。该研究中连续饲喂低氨基酸日粮至 250 日龄时，日粮处理造成的体重差异达到 6 kg，这暗示低赖氨酸日粮连续饲喂时间过长，部分生长速度偏慢的母猪体蛋白沉积达不到阈值时可能会影响到初情期的启动。在同一个研究团队的另一个试验中也证实了过度限制日粮氨基酸水平可能会推迟初情期启动。Diaz 等（2017）在两阶段后备母猪培育试验中设计了 3 种不同的 SID Lys/净能比日粮（Lys 和代谢能都逐步提高），研究发现中高 Lys 水平组 212 日龄体重分别比低 Lys 组母猪提高 8 kg 和 18 kg，同时背膘和眼肌面积都有显著提高。低、中和高 Lys 水平组母猪 222 日龄发情率线性提高，平均初情日龄分别为 209 天、202 天和 198 天。降低后备母猪日粮能量和氨基酸水平控制了母猪生长速度和发情期体重，但同时也推迟了后备母猪初情期启动，有理由推测部分后备母猪繁殖性能可能受到了影响。丹麦的一个商业研究报道，对于 100～140 kg 的后备猪，将日粮氨基酸在对照组基础上下调 15％，同时能量上调 20％，确实改善了母猪的膘情，提高了背膘厚度，但是这一营养策略并未改善母猪后续的繁殖性能和繁殖年限。

结合有限的文献和数据看，通过降低后备母猪可消化氨基酸水平，可以实现控制母猪生长速度和降低配种体重的目的，但是如果母猪初情期平均体重下降过多，例如比饲喂正常日粮的母猪配种体重低 6 kg 以上，则部分母猪繁殖系统发育可能受到影响，延迟母猪初情期启动。因此我们建议后备母猪日粮可消化氨基酸水平应参考商品猪推荐水平，并不推荐通过降低氨基酸水平来控制配种体重，这样有可能会抑制部分生长速度略慢的母猪繁殖系统的发育。当然，部分遗传育种公司在后备猪培育过程中推荐了低于商品猪日粮的可消化氨基酸水平，并取得了良好的生产成绩。比如丹麦第20版猪营养标准后备母猪可消化氨基酸推荐水平低于商品猪推荐量，但丹麦的母猪生产水平依然处于全球领先地位。另一些遗传公司并不同意限制后备母猪的可消化氨基酸水平。因此，养猪生产者在设计后备母猪日粮时需要明确目标猪群品系，并咨询相应的遗传公司来设定具体的后备母猪营养标准。

1.2.3 维生素与矿物元素需求

后备母猪培育的主要目标之一是通过改善骨骼矿盐沉积从而提升机体矿物元素储备。考虑到母猪在哺乳期都会动员骨骼矿物元素储备，营养师一般会在商品用生长育肥猪推荐营养水平上适当将钙磷水平提高10%～20%，以避免繁殖周期内钙磷损失过多，造成行动困难而被提前淘汰。高水平的钙有可能会和其他微量元素产生拮抗作用，因此后备母猪料铜、铁和锌的推荐水平也一般会略高于商品猪，以保证不会因为微量元素吸收问题造成潜在的缺乏症。关于后备母猪维生素需要量的研究非常少，最近20年几乎没有相关研究资料。营养师一般会推荐商品猪1.5～2倍的维生素推荐量(例如维生素A、维生素D、维生素E、维生素K、维生素B_2、维生素B_3、维生素B_5和维生素B_{12}等)。在此基础上，后备母猪日粮中通常建议额外添加生物素、叶酸和吡哆醇，以满足后续繁殖活动的需要。

1.2.4 适宜的纤维水平

日粮纤维作为饲料的重要组成部分，已被认定为第七大营养素。日粮纤维来源广泛，特性多样化，如黏度、溶解性和可发酵性等。日粮纤维多样化的特性是其发挥生理功能的重要基础，也使得纤维营养的研究变得复杂。目前无论是在后备母猪培育期，还是生产母猪妊娠及泌乳期，营养学家很难推荐可量化的最佳纤维水平(纤维含量及量化特性)。

尽管如此，Ferguson等(2007)发现在后备母猪配种前添加适宜水平的特定来源的纤维有利于繁殖性能的改善。这是因为日粮纤维能加快清除血清中的类固醇，调节肠肝循环中的雌二醇浓度，减弱下丘脑-垂体轴的负反馈作用，从而提高促黄体激素脉冲频率，促进卵巢发育和卵母细胞成熟。例如，母猪从配种前发情周期日粮中添加甜菜粕，能够提高本情期第18天促黄体激素脉冲，降低17～19天雌二醇浓度，提高成熟卵母细胞的数量。Cao等(2019)从后备母猪90日龄(约34 kg)开始，在日粮中添加不同水平的纤维混合物(菊粉∶纤维素按1∶4混合)，同时保证不同处理总消化能和可消化赖氨酸每日摄入量相近，结果显示后备母猪的初情日龄不受纤维水平的影响，而屠宰时成熟卵泡数随着纤维素添加水平的提高而增加。研究者建议，后备母猪从90日龄至第三次情期的19天期间，每天平均摄入的总纤维含量达到 494.9 g,有利于卵母细胞的发育,提高排卵率。

目前养猪行业流行一种观点,认为后备母猪培育期需要摄入足够数量的纤维,让胃肠道得到充分锻炼,尽可能扩大母猪胃肠道的容积,这对母猪分娩后哺乳期的采食量可能是非常有利的。在北美养殖实践中,给生长育肥猪饲喂高纤维日粮(如30%以上的 DDGS),出栏时猪只活体重无变化,但胴体重会比玉米豆粕为主的低纤维日粮低,这主要是因为高纤维日粮(尤其是高不可溶纤维)刺激了胃肠道发育,导致屠宰前肠道内容物增加。因此,通过高纤维日粮锻炼后备母猪胃肠道,为后续生产繁殖打下基础是有一定道理的。但这并不意味着后备期饲喂高纤维日粮一定会对哺乳期母猪有好处。北美养殖者通常在育肥猪出栏前 2~3 周停喂高纤维日粮,改喂低纤维的玉米豆粕日粮,这样猪群出栏时胴体重可以得到有效改善,这说明停喂一段时间的高纤维日粮后肠道可能会重新适应低纤维日粮,胃肠容积的改变并没有想象的稳定和持久。对后备母猪而言,配种后会经历 3 个多月的限饲,而培育期自由采食高纤维日粮对胃肠道的刺激作用能否稳定维持 3 个多月并在哺乳期发挥作用是值得怀疑的。从锻炼肠道的角度看,后备母猪日粮中纤维含量应该尽可能高,但是考虑到纤维对血清类固醇的清除作用和对雌二醇的降低效果,初情前较高的纤维水平有可能会影响到母猪初情期的启动,延迟母猪发情,反而不利于后续繁殖。

后备母猪试验周期长,评价指标相对复杂,因此公开发表的相关文献和数据极其有限。综合有限的文献资料,笔者建议在后备母猪初情期前可适当添加一定水平的纤维,并密切关注母猪的初情日龄是否受到影响。营养师调整配方前应掌握目标场母猪的平均初情日龄,在不影响母猪初情启动的前提下适当提高后备猪纤维水平,并考虑纤维来源的多样化,避免使用单一纤维来源。尽管有研究证据表明配种前饲喂高纤维日粮有利于卵泡的发育和成熟,但这和短期优饲的理念略有冲突,比较合理的建议是在初情期后的前 10~14 天继续饲喂纤维含量较高的培育料,但配种前 7~10 天建议改喂高淀粉,低纤维的优饲专用日粮或直接使用泌乳料。

1.2.5 后备母猪推荐营养标准

不同机构和遗传公司一般从 25~30 kg 推荐后备母猪培育专用营养标准,推荐分段饲喂程序从 2 阶段至 5 阶段不等,具体取决于养殖者的实际条件。后备母猪分阶段饲喂越精细,仅代表饲喂成本的降低,并没有明确证据表明更多的阶段饲喂有利于后备母猪的繁殖成绩。考虑到饲料料种增加对饲料厂生产成本和农场管理成本的压力,对于大多数养殖者来说,后备母猪 2~3 个阶段的饲喂程序可能更加合适。笔者节选了丹麦猪营养标准第 30 版(2020),美国猪营养指南 2010 年版,PIC 育种公司猪营养标准 2021 版和 Topigs 育种公司后备猪饲养标准 2015 版,相关数据总结见表 1-1 和表 1-2。

表 1-1　不同机构及遗传公司推荐的后备母猪营养标准[1]

[丹麦猪营养标准第 30 版(2020),美国猪营养指南 2010 年版,PIC 育种公司猪营养标准 2021 版,Topigs 育种公司后备猪饲养标准 2015 版]

项目	丹麦 30th		美国猪营养指南 2010				PIC 2021			Topigs 2015	
	30～110 kg	＞110 kg	61～81 kg	81～102 kg	102～122 kg	＞122 kg	23～60 kg	60～90 kg	＞90 kg	＞66 kg	短期优饲
代谢能/(kcal/kg)	3 202	3 202	3 351	3 351	3 351	3 351	3 351	3 351	3 351		
净能/(kcal/kg)	2 300	2 300								2 295	2 342
采食量/(kg/天)			2.13	2.40	2.58	2.68					
SID 氨基酸/%											
赖氨酸	0.64	0.43	0.84	0.74	0.64	0.56	1.06	0.86	0.62	0.72	0.62
蛋氨酸	0.20	0.13	0.24	0.22	0.19	0.17				0.22	0.19
蛋＋半胱氨酸	0.37	0.28	0.50	0.45	0.40	0.35	0.61	0.50	0.36	0.47	0.40
色氨酸	0.13	0.09	0.13	0.12	0.10	0.09	0.19	0.16	0.11	0.14	0.12
苏氨酸	0.42	0.31	0.54	0.48	0.43	0.38	0.69	0.56	0.41	0.52	0.47
缬氨酸	0.44	0.32	0.54	0.48	0.42	0.36	0.72	0.59	0.42	0.54	0.47
粗蛋白	10.70	9.63									
总钙量/%	0.79	0.75	0.71	0.67	0.65	0.65				0.80	0.70
总磷/%			0.71	0.67	0.65	0.65					
可消化磷/%	0.32	0.21	0.26	0.26	0.26	0.26	0.41	0.35	0.28	0.29	0.28
钠/%	0.16	0.16	0.10～0.20	0.10～0.20	0.10～0.20	0.15～0.25	0.25	0.25	0.25	0.25	0.25
氯/%	0.27	0.27	0.08～0.20	0.08～0.20	0.08～0.20	0.12～0.30	0.25	0.25	0.25	0.15	0.15

[1]PIC 2021 标准并未给出具体能量水平,SID 氨基酸是按照与能量比值确定的,本表为方便读者比较,设定日粮代谢能水平为 3 351 kcal/kg,PIC 钙的需要量推荐为总钙,总磷比值在 1.25～1.50 之间,实际水平根据此原则进行计算。

表 1-2 不同机构及遗传公司推荐的后备母猪微量元素及维生素水平

[丹麦猪营养标准第 30 版(2020),美国猪营养指南 2010 年版,PIC 育种公司猪营养标准 2021 版,Topigs 育种公司后备猪饲养标准 2015 版]

	丹麦 30th		美国猪营养指南[1] 2010		PIC 2021	Topigs 2015	
	30～110 kg	>110 kg	61～122 kg	>122 kg	>61 kg	55～100 kg	>100 kg
微量元素 mg/kg							
锌	99	107	50	50	125	100	100
铁	79	86	40	80	100	100	100
锰	40	43	2	20	50	40	40
铜	5.9	6.4	3	5	15	15	15
碘	0.20	0.21	0.14	0.15	0.35	1.5	1.5
硒	0.20	0.21	0.15	0.15	0.30	0.50	0.50
维生素							
维生素 A/(IU/kg)	4 280	7 920	272	816	9 920	10 000	10 000
维生素 D/(IU/kg)	428	792	31	41	1 985	2 000	2 000
维生素 E/(IU/kg)	43	40	2.2	9.1	66	40	40
维生素 K/(mg/kg)	2.1	2.0	0.11	0.11	4.4	1.0	1.0
胆碱/(mg/kg)	0	0	0	113	660	750	750
烟酸/(mg/kg)	21	20	1.36	2.27	44	50	50
核黄素/(mg/kg)	2.1	5.0	0.45	0.91	9.9	5.0	5.0
泛酸/(mg/kg)	11	15	1.36	2.27	33	30	30
维生素 B_{12}/(μg/kg)	21	20	0.91	3.17	37	50	50
叶酸/(mg/kg)	0	1.5	0	0.27	1.3	4	4
生物素/(μg/kg)	50	200	0	45	220	50	50
硫胺素/(mg/kg)	2.1	2.0	0	0	2.2	2.0	2.0
吡哆醇/(mg/kg)	3.2	3.0	0	0	3.3	3.0	3.0

[1]美国猪营养指南(2010)给出来微量元素和维生素的添加范围,本表由于篇幅限制,仅摘录了最低推荐水平。

后备母猪培育日粮能量水平丹麦标准和 Topigs 育种公司接近,均为 2 300 kcal/kg 净能左右。如果日粮结构为小麦-大麦和豆粕为主,Topigs 育种公司推荐的净能水平为 2 198 kcal/kg,比玉米豆粕基础日粮低 100 kcal/kg。NRC(2012)并未单独给出后备母猪营养推荐标准,但是美国猪营养指南(2010)有专门的章节阐述后备母猪和公猪的营养推荐量,其中后备母猪推荐能量水平为 3 351 kcal/kg,高于欧洲标准,这有可能是不同原料能值数据库的差异造成的。PIC 育种公司并未推荐具体的日粮能量水平,而是以 SID 赖氨酸:代谢能比例给出氨基酸推荐水平,本章为了方便读者查阅,参考了美国猪营养指南(2010)的能量推荐水平计算 PIC 育种公司推荐的氨基酸需要量。

不同机构和育种公司均提到需要关注后备母猪生长速度，控制首次配种体重，但仅美国猪营养指南（2010）明确给出了限制采食量的方案。美国猪营养指南（2010）建议在后备母猪 122 kg 以后，可以限饲到自由采食 85％的水平，但同时推荐 SID 氨基酸、维生素和矿物元素等需相应提高 15％，以保证后备母猪每天摄入营养物质的总量和自由采食状态下的日摄入量相等。丹麦猪营养标准（2020）建议后备母猪应该自由采食，但要在商品猪基础上降低 SID 氨基酸水平，控制后备母猪生长速度，保证一定的体脂沉积。相同体重阶段，丹麦后备母猪推荐氨基酸水平仅为商品猪 75％，且明显低于美国猪营养指南（2010）和商业育种公司推荐水平。PIC 育种公司建议后备母猪应该自由采食，且其推荐 SID 氨基酸水平明显高于其他机构的推荐量，这可能和品种及遗传进展有关。Topigs 公司强调后备母猪配种前 7～14 天应该执行短期优饲，并专门制定了短期优饲的饲养标准和推荐日粮结构。与前一阶段后备培育日粮相比，短期优饲日粮能量水平提高 50 kcal/kg，SID 赖氨酸降低 0.1％，其他氨基酸等比例降低，同时优饲日粮要用高淀粉原料而非油脂类原料来提高日粮能量水平。

钙磷钠等常量矿物元素，不同机构和育种公司推荐水平均比较接近。微量矿物元素方面，美国猪营养指南（2010）的最低推荐水平明显低于丹麦标准和两家育种公司，但是最高推荐水平和商业育种公司接近。美国猪营养指南（2010）在后备母猪 122 kg 前并没有推荐胆碱、生物素、叶酸、硫胺素和吡哆醇，122 kg 后推荐水平也明显低于丹麦标准和商业育种公司。丹麦标准在后备母猪 110 kg 以前没有推荐添加叶酸和胆碱，而两家商业育种公司均在 50～60 kg 开始，推荐添加这两种维生素，其中 Topigs 和 PIC 育种公司几乎所有维生素推荐量要明显高于学术机构推荐量。后备母猪维生素和微量元素需要量方面的公开文献非常稀缺，近 20 年来罕有见刊的文献数据，不同学术机构和商业公司推荐水平差异较大，我们建议养殖者根据猪场实际和成本压力，在学术机构最低推荐水平基础上增加 50％～100％的保险系数。

1.3 后备母猪营养调控注意事项

1.3.1 体况管理

后备母猪培育的目标是保证母猪配种时体况合适（二维码 1-1，图 1-3，瘦肉型品种母猪 200 日龄左右体重达 135 kg），并在第一个妊娠期间进一步生长，沉积母体蛋白和脂肪，保证泌乳期有充足的体组织储备。极端的体况（过肥或过瘦）均会导致母猪提前淘汰，影响母猪终身繁殖寿命。如果后备母猪培育期体内体脂储备不充足，则繁殖期常见仔猪出生窝重低，母猪虚弱易病，断奶后不发情且下一胎次产仔数低。现代化养猪体系一般选用瘦肉型品系，如果母猪分娩时背膘低于 12 mm，即使泌乳期母猪采食量达到最大，也不能阻止母猪消瘦综合征的发生，导致提前淘汰。反之，如果母猪过肥(背膘＞20 mm)，则易出现乏情、难产、泌乳期采食抑制、奶水不足及运动障碍等问题。需要指出的是，瘦肉型和多脂型母猪体况标准及饲喂方法是不一样的。

二维码 1-1　母猪体况评分(视频)

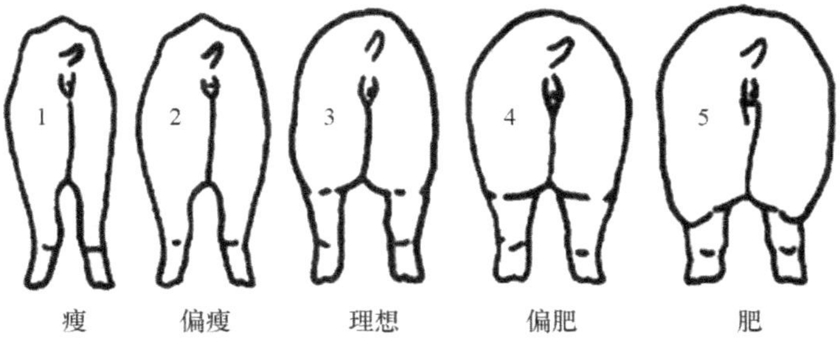

图 1-3　母猪体况评分示意图

1. *瘦肉型后备母猪*

随着动物遗传育种的进步，瘦肉型品种母猪越来越瘦，背膘越来越薄，自由状态下采食量有减小的趋势。瘦肉型母猪自由采食摄入的能量主要用于蛋白沉积，以体脂形式储备的能量远低于瘦肉率低的多脂型品种，一些北美大型养殖体系在后备母猪培育期并不限制采食，以保证后备猪进入繁殖群后有足够的能量储备。为了避免后备母猪自由采食状态下生长速度太快，美国国家猪营养指南建议适当降低日粮可消化氨基酸水平，限制蛋白沉积的同时保证充分的能量摄入，以满足后续繁殖活动的需要。不同的遗传公司培育的瘦肉型品系的理想体况也会有较大差异，养殖生产者在决定具体的营养标准和饲喂程序前应与遗传公司充分沟通。遗传背景不太清晰的瘦肉型品种可以参考被行业广泛接受的瘦肉型后备母猪体况标准：背膘范围 12～20 mm，配种体重 135～170 kg。

2. *中低等瘦肉型及多脂型后备母猪*

因特殊市场喜好而专门培育的中低等程度瘦肉型品系或者多脂型地方品系，在后备母猪配种前的 1～2 个月可以适当限饲，以控制母猪性成熟时的体重，减少后续肢蹄疾病的发病概率。多脂型母猪在育肥后期一般倾向于摄入过多的能量以达到理想体况，但是由于蛋白沉积潜力有限，多余的能量转化为脂肪，从而导致母猪偏肥，因此适当的限饲（自由采食量的85%～90%）是合理的。需要注意的是，这里的限饲主要是限制能量的摄入，而可消化氨基酸、维生素和矿物元素的每日摄入量不宜限制。美国国家猪营养指南建议后备母猪限饲时需要设计专用的日粮，根据实际限饲的采食量，适当提高日粮中可消化氨基酸、维生素和矿物元素的含量，以保证后备母猪限饲状态下每天摄入的营养物质与自由采食状态下的推荐量相当。

在实际生产中，后备母猪配种前一般都是大栏饲养，这给培育后期的限饲操作带来了挑战。有可能同一栏中处于优势地位的母猪通过竞争能够获取更多的饲料，而处于劣势地位的猪实际摄入能量低于设计目标，从而造成群体体况差异变大。

1.3.2 肢蹄管理

后备母猪强健的肢蹄是提升母猪繁殖寿命的重要保障，实际生产中因肢蹄疾病造成母猪淘汰的比例达到20%～30%，给养殖者造成了严重的经济损失。影响母猪群肢蹄健康的因素主要包括品种、日龄、环境、饲养管理和营养等因素。

后备母猪选留时应及时淘汰肢蹄不理想的小母猪（图1-4），这是保障生产母猪群肢蹄健康的最重要的防线。一般要求母猪前后腿腓关节处有一定程度的弯曲，太直的不能留种，另外还要看粗壮程度，越粗承重越好，后肢呈现镰刀状的也不能留，角度过大容易受伤。此外，蹄部过于直立的母猪，肢蹄与地面的接触面积比较小，则所承受的体重强度就会越大，后期易出现蹄裂病或者肢蹄软弱等情况，这种母猪在后备选育期也应及时淘汰，转商品猪销售。

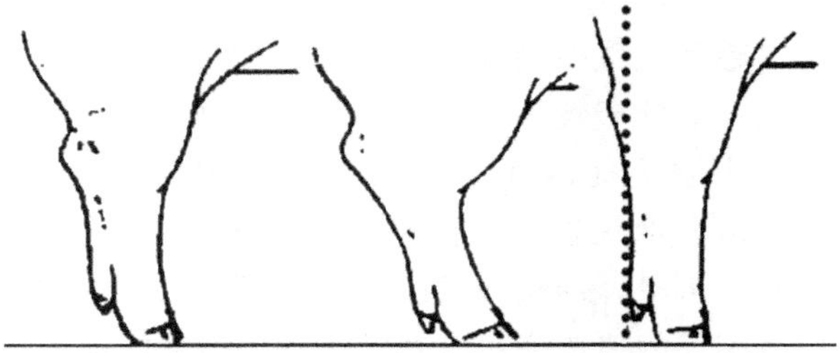

图1-4 母猪后肢侧视示意图

饲养管理和猪舍设施，尤其是地板类型是影响母猪肢蹄健康的重要因素。Faba等（2018）报道后备母猪从培育选留至首次妊娠28天时，跛足母猪比例从4%增加到10.8%。母猪转运过程（从后备培育中心转移至生产母猪舍），母猪舍诱情过程中的混群和母猪舍的地面类型变化都是造成跛足比例增加的诱导因素。频繁的混群造成母猪争斗，会导致蹄部损失增加，跛足风险升高。干净卫生的地面情况和好的地板质量（无锐利凸起物，光滑度适中，地面湿润后不易倒），漏缝地板缝隙

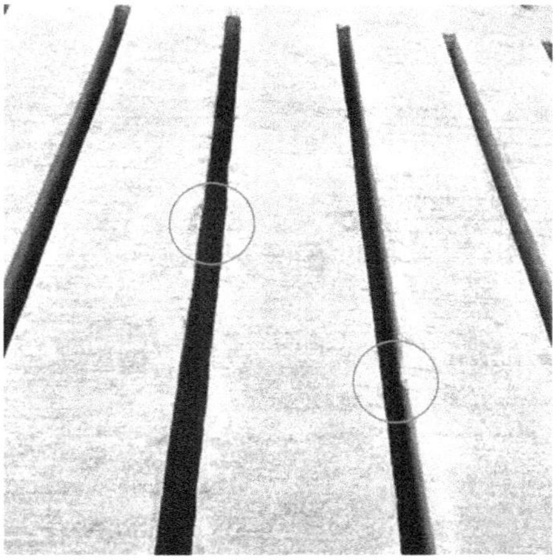

图 1-5　漏缝地板
(圆圈部分有缺口,易划伤母猪)

边缘圆润,无缺失等)是减少肢蹄疾病发生概率的重要因素。漏缝地板一般比水泥地面干燥卫生,有利于减少猪群蹄部损伤,但是如果漏缝边缘太锐利,缝隙处因缺失损坏而造成缝隙过大等(图 1-5),则猪群蹄部损伤反而会高于水泥地面。

营养素,如铜、锰、锌和蛋氨酸等也对母猪肢蹄健康有重要影响。如在育肥猪日粮中添加 250 mg/kg 和 100 mg/kg 的铜和锰,同时额外添加 1%的蛋氨酸,小母猪软骨损伤显著降低了。蛋氨酸作为重要的甲基供体,对于成骨细胞分化、胶原蛋白合成及骨骼形成具有重要意义,因此额外增加日粮蛋氨酸水平成为改善母猪肢蹄健康的选项之一。Faba 等(2018)在后备母猪培育日粮中额外补充有机微量元素(10 mg/kg、20 mg/kg 和 50 mg/kg 铜、锰和锌)或者高水平蛋氨酸(Met:Lys 固定1.02),结果发现额外补充有机微量元素和蛋氨酸均显著降低了培育期和头胎母猪泌乳期母猪跛足的概率,对蹄部损伤也有一定的改善作用。然而 Faba 等(2019)在随后一项类似的研究中并没有重现这一积极结果,研究者额外补充有机微量元素(10 mg/kg、20 mg/kg 和 50 mg/kg 铜、锰和锌)和蛋氨酸并没有改善后备母猪培育期和首次妊娠及泌乳期的跛足比例,对繁殖成绩也无明显影响。该研究团队同时研究了降低培育期赖氨酸水平,限制后备母猪生长速度对母猪肢蹄健康的影响。虽然降低赖氨酸(正常需要量的 81%)的确限制了母猪的生长速度,导致母猪入群时的体重下降 3.8%,但是母猪培育期和繁殖期跛足比例和蹄部损伤等指标并未改善。因此,我们建议后备母猪肢蹄管理应该首先注重后备母猪选留标准,改善猪舍设施(例如维修损坏的地面,磨去地面或漏缝地板边缘锐利的突起部分),加强饲养管理(饲养密度,合理的混群频率,周详的转群计划等)。

思考题

1. 后备母猪最佳初配体重和日龄分别是多少?
2. 后备母猪一般什么时候开始诱情?
3. 后备母猪培育阶段,为什么维生素和矿物元素水平要比商品猪高?
4. 配种前为什么要饲喂高淀粉日粮?

第2章

妊娠母猪的营养调控

【本章提要】妊娠期是决定母猪繁殖效率的关键时期,其营养供给的合理性直接影响妊娠母猪的繁殖性能。由于胎儿和母体自身组织(子宫、乳腺等)的不断发育,母体对于饲料中各种营养的需求不断变化。本章将从妊娠母猪营养生理规律、胚胎发育特点、营养需要等方面系统介绍妊娠母猪日粮配制营养调控措施,以实现高产仔数、适当体增重和体储备,为顺利分娩、泌乳和增加断奶仔猪成活率做好准备。

2.1 妊娠母猪营养生理规律

妊娠是由卵细胞受精开始,经受精卵卵裂、胚胎发育、胎儿阶段直至分娩为止的生理过程。妊娠期母猪的生理变化较大,出现孕期合成代谢增强、体重增加(母体、子宫及其内容物的增长)、体内激素以及肠道菌群的变化等。胎儿的生长发育也随着妊娠的进程而变化,了解繁殖生理规律有利于合理供应营养,提高母猪繁殖成绩。

根据母猪自身的妊娠生理特点和胚胎发育特点,将妊娠母猪分为 3 个阶段:第一阶段为妊娠 1～30 天,称为妊娠前期,是胚胎着床及存活阶段;第二阶段为妊娠 30～90 天,称为妊娠中期,为母体发育及体储恢复阶段;第三阶段为妊娠 90 天到分娩,为妊娠后期(重胎期),是胎儿及母体呈曲线生长阶段。

2.1.1 胚胎发育的生理规律

胎重的增长特点是前期慢,后期快,最后更快。胎重的 2/3 是在妊娠最后 1/4 时期内增长的。胎高、胎长的增长特点是前期、中期较快(表 2-1,表 2-2)。胎儿体内化学成分的变化为:随着胎龄增加,水分含量逐渐减少,蛋白质、能量和矿物质则逐渐增加。在胎儿体内化学成分中,约有一半的蛋白质和一半以上的能量、钙、磷是在妊娠最后 1/4 时期内增加的(表 2-3)。

表 2-1　不同胎龄胚胎的重量占出生重量的比例

(李立山,2006)

胎龄/天	胎重/g	占出生重/%
30	2.0	0.05
40	13.0	0.90
50	40.0	3.00
60	110.0	8.00
70	263.0	19.00
80	400.0	29.00
90	550.0	39.00
100	1 060.0	76.00
110	1 150.0	82.00
出生	1 300～1 500	100.00

表 2-2　不同日龄胚胎的生长情况

(李立山,2006)

妊娠时期/天	胚胎重量/g	占初生重比例/%	胚胎长度/cm
30	2	0.15	1.5～2
60	110	8	8
90	550	39	15
114	1 300～1 500	100	25

表 2-3　不同日龄胚胎体内化学成分

(杨凤,2014)　　%

胚胎重日龄	水分	鲜重			干重		
		脂肪	蛋白质	灰分	脂肪	蛋白质	灰分
30	94.7	0.5	3.6	0.9	9.4	67.9	16.9
60	89.5	0.9	6.2	1.7	8.5	59.0	18.0
100	85.3	1.3	9.1	3.1	8.8	61.9	21.0
107	83.6	1.4	9.7	3.2	8.5	59.1	19.5

2.1.2 胚胎三个死亡高峰期

母猪每次排卵 20 枚左右，卵子受精率在 95%以上，而母猪产活仔数 10 头左右，说明有一半的受精卵在胚胎发育过程中死亡。胚胎与子宫在第 13 天开始接触，植入在第 21 天左右完成。因此，胚胎到达子宫角并附植在胎盘上需 13～14 天。合子在第 9～13 天内的附植初期，容易受各种因素的影响而死亡，这是胚胎死亡的第一个高峰时期。这一阶段死亡率占胚胎总数的 20%～25%。第二次胚胎死亡的高峰处于胚胎器官形成期，即妊娠后约第 3 周，胚胎争夺胎盘分泌的营养物质，在竞争中强者存弱者亡。此期胚胎的死亡率占 10%～15%。妊娠至第 60～70 天，这是胎儿死亡的第三个高峰。而妊娠后期和临产前的死亡率占 5%～10%。

2.1.3 妊娠母猪营养物质代谢特征

妊娠母猪喂以与空怀母猪相等水平的饲粮时，妊娠母猪除能保证其胎儿和乳腺组织增长外，母体本身的增重高于空怀母猪，见表 2-4。这表明，在同等营养水平下，妊娠母猪比空怀母猪具有更强的沉积营养物质的能力，这种现象称为“孕期合成代谢”。

表 2-4 在相同采食量下妊娠母猪与空怀母猪的体重变化

（陈代文，2020） kg

项目	采食量	配种体重	临产体重	产后体重	净增	相差
妊娠	225	230	274*	250**	20	16
空怀	224	231	235	235	4	
妊娠	418	230	308*	284**	54	15
空怀	419	231	370	270	39	15
妊娠	233	197	233*	211**	14	9
空怀	233	196	201	201	5	9

* 妊娠第 110 天屠宰前体重；** 最终体重减去胎衣、胎水与胎儿。

“孕期合成代谢”的机理尚不清楚。目前对此有三种推论：第一，妊娠期间由于甲状腺和脑下垂体等内分泌腺机能的加强，提高了机体合成新组织的能力；第二，妊娠期间营养物质用于维持的比例减少；第三，体内高能值组织被含水分多而含能较低的蛋白质所代替。尽管如此，更多可能机制有待研究。

在妊娠的不同阶段，孕期合成代谢也表现出不一样的特点。在妊娠早期，营养物质主要倾向于向母体沉积；在妊娠中期，营养物质沉积方向开始向胎儿和母体乳腺转变；在妊娠后期，营养物质沉积则主要用于胎儿生长。妊娠第 3 个月较妊娠前代谢率提高 25%，第 4 个月可提高 30%以上。在妊娠后期，母体可能会出现轻微的分解代谢，以满足胎儿快速生长的需求。

2.1.4 母体体重的变化规律

繁殖周期中母畜体重变化的基本规律：妊娠期增重（妊娠期饲料供给量越大，体增重越多）和哺乳期失重（哺乳期饲料消耗越少则泌乳体重损失越多），但从妊娠到断奶，母畜体重有净增加，母畜体重随胎次而增加，见图 2-1。母猪在繁殖周期中的体重变化程度受营养水平的影响。图 2-1 表明妊娠期营养水平对母猪体重的影响，高营养水平下，增重与失重表现明显，妊娠期增重越多，哺乳期失重就越多；低营养水平下，增重和失重均较小。妊娠期间母体的增重主要由子宫及其内容物的增长和母体本身营养物质的沉积两部分组成。

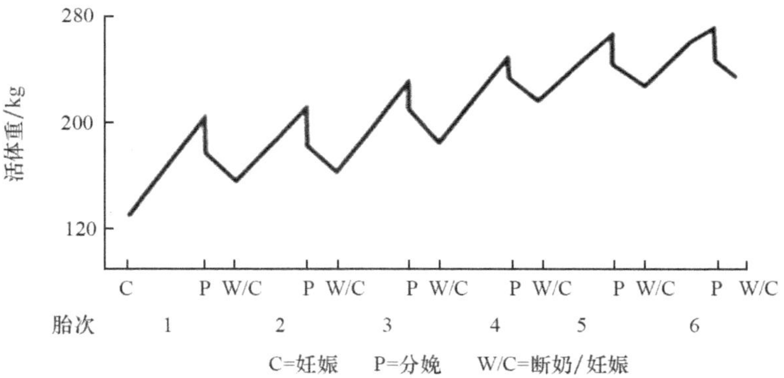

图 2-1 母猪连续 6 胎的体重的变化

（王爱国主译，2014）

妊娠期体重的增长与妊娠期采食量密切相关。由于母猪的个体差异导致增长的变异范围很宽。母体增重 40 kg 左右可能对应约 3 kg 的日采食量，然而 1.5 kg 可能会引起妊娠母猪增重停滞。总的增重（母体体重加胎儿和其他妊娠产物）将比母体自身增重大约高 20 kg。因此，母体增重 25 kg 与全部的体增重 45 kg 相当。妊娠期母体增重（W）与日采食量（F）之间的回归关系如下：

$$W(\text{kg}) \approx 25F(\text{kg}) - 27$$

由以上公式可知，妊娠期日采食量为 2.2 kg 会使妊娠母体增重 28 kg，并且确定当饲料效率为 0.22 时，母猪的活重可能增加；或者每千克增重需要 4.6 kg 的饲料。

母体妊娠脂肪组织增重（T）和妊娠日采食量（F）之间的关系间的回归公式如下：

$$T(\text{kg}) \approx 15F(\text{kg}) - 30$$

妊娠期脂肪变化和采食量之间的关系也可以用背膘厚(P_2)变化来表示：

$$P_2(\text{mm}) = 4.60\text{F}(\text{kg}) - 6.90$$

由以上公式可知，妊娠期日采食量为 2.2 kg 将使母体 P_2 背膘厚增加 3.2 mm。

在上面 3 个公式中包含回归系数的近似值表明：①脂肪组织的厚度是妊娠母猪体重增加的组成部分；②在比维持脂肪组织增加的采食量低的日粮水平下，体重依然能够增加。平均日采食量 2 kg(经常作为妊娠母猪适当的日粮水平而被提出)时能使母体增重大约 23 kg，总体重增加大约 43 kg，并且确保很少的脂肪增重。此关系可能认为对于母猪足量的脂肪是适当的，不需要哺乳期母体生长或脂分解代谢的补充，但是在前三胎对于母猪是不够的(因为那时它们还在生长)，并且母猪的脂肪组织水平十分低，如果不补充，会危及后来的繁殖成功率。不足的妊娠饲料导致母猪在分娩时脂肪组织不足，随后的产奶量可以通过母体和哺乳仔猪的生长向下调整，最近的试验认为在随后的泌乳过程中体脂和体重的损失是必要的。

1. 子宫及其内容物的增长

(1)重量增长　随胎儿的生长发育，子宫也在增长。母猪子宫的黏膜和浆液膜均发生变化，肌纤维加大，肌肉层急剧增长，结缔组织和血管扩大，结果使胎衣和胎水迅速增长。妊娠期间，母猪子宫及其内容物增长情况如表 2-5 所示。

表 2-5　母猪妊娠期间子宫、胎衣和羊水的重量

(陈代文，2020)

妊娠天数	胎衣		羊水		子宫	
	重量/g	47 天百分比/%	重量/g	47 天百分比/%	重量/g	47 天百分比/%
47	800	100	1 350	100	1 300	100
63	2 100	263	5 050	374	2 450	189
81	2 550	319	5 650	419	2 600	200
96	2 500	313	2 250	207	3 441	265
108	2 500	313	1 890	140	3 770	290

(2)养分沉积　随着妊娠期的增进，母猪子宫、乳腺和胎儿内沉积的营养物质也随之增加(表 2-6)，且约有 50%的蛋白质和 50%以上的能量是在妊娠最后 1/4 时期沉积的。钙、磷的沉积率亦以末期最高。

表 2-6　母猪妊娠期间养分的每日沉积量(按 10 头小猪计)

(陈代文,2020)

受胎后日龄	氮沉积/g		消化蛋白质的物质/g	钙/g		磷/g		铁沉积/mg	能量/kJ		
	子宫	乳腺		沉积	需要	沉积	需要		沉积	产热增加	ME 需要
40	1.0	—	10	0.1	0	0.1	0	3	209	1 464	1 674
60	1.9	—	20	0.4	1	0.4	1	5	376	3 138	3 514
80	3.6	0.8	50	1.2	2	0.9	2	9	711	4 812	5 523
100	6.6	1.8	95	4.0	8	2.2	6	18	1 339	6 485	7 824
110	9.1	2.7	135	7.2	14	3.7	9	25	1 841	7 322	9 163
150	10.6	4.7	175	9.8	20	4.7	12	30	2 134	7 740	9 874

2. 母体本身营养物质的沉积

妊娠期间,母体具有较强的储存营养物质的能力,其储存部分一般为胎儿的 1.5～2 倍,高的可达 4 倍,这种储存对分娩后母畜的营养有重要意义。母体增重以前期为主,至妊娠中、后期,由于胎儿发育超过母体增重,此时母体能量和营养物质的沉积量显著下降。

脂肪组织沉积似乎在妊娠期的前 3/4 阶段最活跃,在最后 1/4 阶段如果为了满足胎儿迅速发育的需要而使母猪能量代谢出现负平衡,此时脂肪组织可能发生分解代谢。尤其是青年母猪在妊娠第 85 天脂肪损失特别明显。目前尚不清楚妊娠晚期的脂肪损失是不可避免的生物现象还是因为妊娠前 3 个月的限饲所致。

3. 母猪肠道菌群的变化

妊娠期间,母猪的肠道菌群及其代谢产物发生了明显的改变。肠道菌群 α 多样性减少,促炎菌群增加,抗炎菌群减少。有研究表明,环江香猪母猪随着妊娠的进行,结肠菌群丰富度指数明显减小;结肠远端内容物中厚壁菌门相对丰度增加,拟杆菌门丰度减小。然而,对长大二元杂交母猪的研究却发现,与妊娠前中期相比,围产期粪便菌群 Chao1 指数和拟杆菌门相对丰度明显增加,而厚壁菌门相对丰度显著降低。一般认为,增加厚壁菌门的丰度是提高机体从日粮中获取能量的一种手段,这有利于后期胎儿的快速生长和为泌乳做好能量储备。

肠道菌群组成和代谢产物的改变,一方面会调控母猪肠道黏膜屏障功能和肠道局部炎症状态,另一方面还可以通过诱导系统性低度炎症来导致围产期代谢综合征的发生。后者的机制与因产丁酸菌丰度及丁酸产量减少造成的肠道渗透性和血浆内毒素增加有关。此外,母猪的肠道菌群可以通过影响母乳菌群来调控仔猪肠道菌群的定植,而仔猪肠道菌群的定植对自身肠道屏障和免疫功能发育具有重要的调控作用。因此，母猪肠道菌群与仔猪生长性能的提高关系密切。

2.2 妊娠母猪营养需要

2.2.1 能量

妊娠阶段能量需要量等于维持需要、子宫生长、机体储备重建和温度调节等方面能量需要量之和。根据 NRC(2012)，优先考虑满足机体维持功能、孕体增长和母体体蛋白沉积的能量需求，超过这 3 个过程需要的能量则用于体脂沉积。如果能量摄入不足以支持机体维持需求、孕体增长和母体体蛋白沉积，机体就会动员母体脂质，将其用作能量来源。因此，只有在能量摄入十分不足的情况下，孕体的生长才会受到限制。

另外对体况较差的母猪，生理活动增加或处于温度较低的环境中，均会导致能量沉积降低。因此，生理活动或行为变化能够显著影响妊娠母猪的能量平衡。通常认为子宫生长遵循一个指数曲线，即妊娠的前 2/3 时期，子宫组织能量需要量低，而妊娠后 1/3 阶段能量需要量增加。根据妊娠阶段体重的增加，维持需要量将日益增加。因此，如果妊娠期日采食量保持不变，沉积在妊娠组织中的能量会大幅下降，甚至在妊娠最后 2～3 周出现能量负平衡。妊娠后期能量的额外需要表明在此阶段需要提高饲喂水平。妊娠后期增加饲喂量还能为分娩后采食量的快速增加做准备(表 2-7)。

表 2-7 妊娠阶段对母猪能量利用和生理活动的影响

(尹靖东，主译，2015)

项目	妊娠阶段/周		
	5～6	9～10	14～15
体重/kg	182	207	224
能量平衡/(MJ/天)			
代谢能摄入量	28.6	28.4	28.8
产热量	22.6	23.1	26.4
能量保留量总计	6.0	5.3	2.4
子宫	0.4	1.3	2.6
母体组织	5.7	4.2	－0.2
蛋白质形式	2.5	2.1	2.7
脂肪形式	3.5	3.2	－0.3
站立时间/min	288	263	247
生理活动产热量/(MJ/天)	5.7	6.2	6.9

1. 维持的能量需要

妊娠母猪维持需要占总需要能的 70%～80%。20 世纪对母猪维持需要的测定显示，处于相对无应激和环境温度适中的母猪，其每天维持的能量需要估计为母猪维持代谢能(ME_m)。

$$ME_m(kJ/天)=418\ kJ/kg\ W^{0.75}$$

式中 W 为母猪总体重(kg)，即母猪自身体重和妊娠产物重之和。

NRC(2012)对母猪维持的代谢能(ME_m)需要估计为 444 kJ/kg $W^{0.75}$。值得注意的是，现代母猪的瘦肉率提高，机体的蛋白质周转代谢增强，因此维持的能量需要应有所提高。现代瘦肉型母猪每天维持的代谢能需要被估计为(506±7) kJ/kg $W^{0.75}$(Farmer,2015)。与该估计相比，NRC 为(2012)的估计值约低了 14%。由于妊娠期维持需要占总需要的比重较大，因此由母猪体成分变化引起的维持需要的增加值得关注。

2. 胎儿和母体增重的能量需要

妊娠期胎儿最大生长速度和母体增重的维持能量需要为 2.5×10^7 J/天。这相当于 1.6～2.4 kg/天的采食量，具体数量取决于日粮 ME 的浓度，目前，随着养殖生产技术的发展，母猪产仔数和仔猪初生重都有一定的增加，因此，ME 需要量可能需要上调至 2.7×10^7J/天，但必须根据产仔数、平均初生重、泌乳阶段及母猪胎次进行校正。孕体中的能量需要随时间呈指数增长。当每天的采食量在整个妊娠期间保持恒定时，母猪在妊娠后期可能处于较为严重的负能量平衡状态，这可能会对母猪长期繁殖性能产生负面影响。因此，在妊娠后期可以增加饲料投喂量以避免母猪过度动员体脂。NRC(2012)估计，在妊娠 90 天后，母猪通常需要额外饲喂 400 g/天的玉米-豆粕饲料以满足孕体增长对能量的需求。额外的能量需求水平将随预期的产仔数和平均仔猪出生体重而变化，增加的饲料能量摄入量超过孕体生长所需的能量将增加母体脂质沉积。这可能导致母猪分娩时体况过肥，从而增加分娩难度，减少哺乳期的食欲，降低母猪繁殖能力及寿命。妊娠后期体脂过度沉积会显著降低母猪的繁殖性能，增加死胎数和难产率，此外，还会降低母猪哺乳期采食量，造成仔猪断奶重降低，并会增加母猪哺乳期体损失，影响母猪使用年限。

妊娠母猪尤其头胎和一胎母猪在妊娠期有明显的体增重。在妊娠早期，能量流向胎儿之前会发生时间依赖性的体蛋白沉积，能量摄入依赖性体蛋白沉积反映了体蛋白沉积在头胎母猪中最高。随着母猪体成熟，能量摄入依赖性体蛋白沉积和能量摄入之间关系斜率下降，在四胎和四胎以上母猪中达到零。NRC(2012)建立了依赖于时间和能量摄入的体蛋白沉积的一般模式，但是沉积速率可能受母猪基因型和哺乳期失重的影响。

3. 妊娠不同阶段的能量水平对繁殖性能的影响

妊娠期的能量营养对母猪繁殖性能具有重要影响。

(1)妊娠早期　妊娠早期的营养水平和采食量对胚胎存活率及母体黄体酮水平有很大影响。对于青年母猪或哺乳期间体重损失少、断奶后体况好的母猪而言，妊娠早期饲喂高水平的日粮对胚胎的成活率是有害的。例如，母猪妊娠期头15天将采食量由1.9 kg/天增加到2.5 kg/天之后，妊娠期第15天时的胚胎存活率由86%降至67%，而第25天时的活胚胎数分别为12.3个与9.8个。早期认为，在妊娠期头21天内母猪的能量摄入应控制在维持需要的1.5倍以下。但后续的研究发现，高水平能量对胚胎成活的不利影响主要发生在配种后的24～48 h。因此，在一些欧洲国家的饲喂模式中，配种48 h后，相对提高了能量饲喂量，以快速恢复在哺乳期损失的体重。这对于发生较多体失重的高产母猪可能更为重要。

(2)妊娠中期　妊娠中期的营养目标是维持母猪适度增重及进行营养物质储备。妊娠中期是胎儿肌纤维形成的主要时期，同时也是母体适度生长及乳腺发育的关键时期。仔猪在20～50天胚胎时形成初级肌纤维，在50～80天胚胎时形成次级肌纤维，在80天左右胚胎时肌纤维数量就已经确定，而出生后仔猪的生长与其肌纤维数量呈正相关。在母猪妊娠中期提高能量饲喂水平可改善仔猪出生后的生长性能，但对胚胎数、胎盘重及胎猪重没有影响。母猪泌乳力取决于乳腺上皮细胞的数量。乳腺上皮细胞增殖的关键时期是在母猪妊娠75～90天。此时，乳腺中原先体积较大的脂肪细胞发生了去分化，变为体积较小的梭状去分化脂肪细胞，从而为乳腺上皮细胞的增殖提供了空间。因此，如果妊娠中期母猪能量过剩、体脂沉积过高，就会对乳腺上皮细胞的增殖产生不利影响，从而不利于后续泌乳量的提高。生产上通常饲养标准的能量(DE)水平为$(2.5～2.9)\times10^{7}$ J/天，随妊娠时间的推移逐渐增加，并根据母猪体况差异进行适当的灵活调整。

(3)妊娠后期　妊娠后期是胎儿快速生长阶段，为满足胎儿生长，此期母猪营养需要量呈指数增加。此期母猪能量摄入不足则会动员自身体蛋白及体脂肪弥补繁殖所需。据NRC(2012)估算，在妊娠90天后，母猪通常需要额外补充400 g/天的玉米-豆粕型日粮，以满足支持孕体的生长增加所需的能量需要。这些补充量随着预期的窝产仔数和平均仔猪初生重而变化。采食量适度渐进增加可提高仔猪初生重，但此在经产母猪中的作用却十分有限。增加采食量超过孕体生长所需时，将会增加母体脂质沉积，这将使分娩时体况过肥，会增加分娩问题，减少哺乳期食欲，并减少母猪繁殖力和使用年限，因此，妊娠后期母猪的采食量(DE)至少应达3.1×10^{8} J/天，当适当提高到3.9×10^{7} J/天时可降低母猪泌乳的背膘损失。

从妊娠的105～115天，母猪维持是妊娠后期能量需要的主要部分，母猪需要大约39 MJ/天的代谢能，其中最高的比例(79%)作为热能而损失掉。剩余的21%保留在生殖组织或产物中，例如初乳(3.6 MJ/天)、胎儿生长(2.6 MJ/天)、乳腺发育（1.6 MJ/天）以及子宫、胎盘、羊水和胎膜(0.3 MJ/天)。热损失是维持、初乳生产、胎儿生长、乳腺发育和子宫组织生长所需要的。能量需要在妊娠晚期相当恒定,并且从妊娠第105天到分娩,由于母猪的代谢体重仅少量增加,因此能量需要几乎没有增加。

2.2.2 蛋白质和氨基酸

妊娠母猪的蛋白质和氨基酸需要包括妊娠母猪维持需要和妊娠期母体沉积需要的总和。妊娠期间母猪对氨基酸和蛋白质的需要量比哺乳期低,一旦胎儿生长所需要的蛋白质得到满足,其余部分可用作母体生长和组织修复。

1. 维持需要

根据生长猪的数据准确估算出每日母猪单位代谢体重的维持氨基酸需要量,目前,有关需要量的估计报道存在差异,见表2-8。

表2-8 每日氨基酸的维持需要($mg/W^{0.75}$与赖氨酸的比例)

(王若军主译,2005)

氨基酸	Baker等(1970)		Fuller等(1987)		Fuller等(1989)	
	mg/kg $W^{0.75}$与赖氨酸的比例/%		mg/kg $W^{0.75}$与赖氨酸的比例/%		mg/kg $W^{0.75}$与赖氨酸的比例/%	
赖氨酸	25	100	30	100	36	100
苏氨酸	39	156	44	147	53	147
蛋氨酸	—	—	3	10	9	25
蛋氨酸+胱氨酸	26	104	39	130	49	136
缬氨酸	21	84	8	27	20	56
异亮氨酸	30	120	9	30	16	44
亮氨酸	20	80	1	3	23	64
苯丙氨酸	21	84	11	37	18	50
苯丙氨酸+酪氨酸	—	—	25	83	37	103
色氨酸	5	20	8	27	11	31

在考虑妊娠期母猪维持需要时,赖氨酸是要考虑的第一要素,表2-9以母猪活重200 kg、胎儿增重20 kg、母体增重25 kg为例列出了母猪维持、胎儿和母体增重所需的氨基酸量。

表 2-9　妊娠母猪日蛋白质和赖氨酸需要量

(母猪活重 200 kg,胎儿增重 20 kg,母猪体增重 25 kg)

(王若军主译,2005)　　g/天

项目	总赖氨酸	回肠可消化赖氨酸	回肠蛋白质
维持[1]	2.1	1.9	32.5[5]
胎儿增重[2]	4.4[3]	4.0[4]	30.7
母体增重[2]	5.5[3]	5.0[4]	38.4
总需要量	12	10.9	101.85

[1] 每天需要氨基酸 36 mg/kg $W^{0.75}$(Fuller 等 1989),消化率 90%;[2] 粗蛋白质 17.5%,114 天妊娠期;[3] 1 g 体组织蛋白质需要 0.143 g 总赖氨酸(NRC 1998);[4] 1 g 体组织蛋白质需要 0.129 g 真回肠赖氨酸(NRC 1998);[5] 由赖氨酸除以 0.065 计算所得(Fuller 等,1989)。如果加上日粮设计时多出的数量,粗蛋白质的数值会更高。

在模型驱动的氨基酸需要的估算中,维持的氨基酸需要包括肠道的内源性氨基酸损失,体表脱落的皮屑、毛发的氮损失和最低的内源性氨基酸代谢损失。其中,最低的内源性氨基酸代谢损失与基础的体蛋白周转、最低的含氮代谢产物有关。然而,由于至今仍不清楚在维持需要中,特定氨基酸用于含氮产物代谢的最低量。因此,NRC(2012)通过吸收后氨基酸的未利用比例来估算氨基酸的维持需要,即认为吸收的氨基酸未被利用的部分包含了所有的维持氨基酸需求。在实际计算中,维持的氨基酸需要等于内源性氨基酸损失、体表脱落的皮屑和毛发的氮损失和除以氨基酸用于维持的效率。由于母猪体表脱落的皮屑和毛发氮损失量很少,因此一般均忽略不计。

对于肠道的内源性氨基酸损失而言,NRC(2012)引用了一项 1999 年的研究,即妊娠母猪肠道的内源性赖氨酸每千克干物质采食量(dry matter intake,DMI)损失为 0.522 g。在计算其他氨基酸损失时,可参考生长猪内源性氨基酸损失的比例关系。一般认为,总的肠道内源性氨基酸损失的量为回肠末端氨基酸损失量的 110%,因此可以根据回肠末端氨基酸损失量来计算全肠的氨基酸损失量。

需要特别注意的是,内源性氨基酸损失由基础性的内源性氨基酸损失和特异性的内源性氨基酸损失两部分组成。理论上讲,与干物质采食量相关的是基础性内源损失;而特异性内源损失则受日粮营养成分影响,特别是纤维含量高时特异性内源损失会增加。在 NRC(2012)引用的研究中,半纯合无氮日粮含有 5%的纤维素。因此,如果妊娠母猪日粮中纤维水平与之有较大差异时,应适当考虑增加或减少氨基酸的维持需要。

此外,由于现代母猪的瘦肉率显著提高,蛋白质周转速率明显增加,因此维持的氨基酸需求也会增加。NRC(1998)和 InraPorc 基于 1960～1980 年的研究结果规定,妊娠母猪每千克代谢体重的可消化赖氨酸维持需要为 36 mg。基于 NRC(2012)

的估计，妊娠母猪的标准回肠可消化（SID）赖氨酸维持需要为 35 mg/kg $W^{0.75}$。然而，2008 年研究指出现代高产母猪的可消化赖氨酸维持需要可能已经达到 49 mg/kg $W^{0.75}$。对于妊娠母猪而言，维持的营养需要比较大。

2. 妊娠内容物增长的氨基酸需要

母猪的妊娠内容物包括胎儿、胎盘、羊水、子宫和乳腺，因此，进行妊娠内氨基酸需要的估算时，可以分别对各部分的氨基酸需要进行估算后求和，或将其当为整体来进行估算。不管采用哪种方法，一般均是首先估算赖氨酸需要量，然后依据理想蛋白质模型，分别计算出其他氨基酸需要量，对于赖氨酸需要量的估计使用的公式是：

SID 赖氨酸需要量＝净蛋白沉积量×蛋白库中赖氨酸比例/SID 赖氨酸利用效率

当 110 天胎儿总重为 14.3 kg、总产仔数为 10 头时，每个胎儿在母猪妊娠 0～70 天中的蛋白质增重为 17.5 g，平均每天的蛋白质增重为 0.25 g。在妊娠 71～114 天时，每个胎儿的蛋白质增重为 203.7 g，平均每天的蛋白质增重为 4.63 g，是前期的 18.52 倍，因此，提出了固定每个胎儿的蛋白质需要，来估计在预期产仔数下用于胎儿增重的蛋白质需要。例如，如果母猪怀有 14 个胎儿，所有胎儿在母猪妊娠前期和后期的蛋白质总增重将分别达到 3.5 g/天和 64.8 g/天。然而，随着现代母猪产仔数的逐渐提高，仔猪初生时的体重则逐渐下降，这也必然造成了每个胎儿增重的蛋白质需求减少。因此，如果固定每个胎儿的蛋白质增重来计算净蛋白需要，则可能出现偏差。针对该问题，可将其转变为以单位质量的胎儿增重中蛋白质含量来计算。例如，依据美系母猪数据，平均每千克胎儿增重中，蛋白质含量为干物质含量的 57.5％。

在妊娠过程中，母猪的胎盘、羊水、子宫和乳腺中的蛋白质沉积与胎儿的生长并不同步。乳腺的蛋白质沉积规律与胎儿的较为类似，但在母猪妊娠 80 天后的沉积速率比胎儿的慢。胎盘的蛋白质沉积主要发生在母猪妊娠 40～60 天，并在随后的妊娠时间中保持稳定。而子宫的蛋白质沉积随妊娠时间呈现轻微的线性增长，但仍然对妊娠母猪的总蛋白质净沉积有显著贡献。值得注意的是，如果母猪的产仔数不为 12 头，或者有效乳腺数发生变化时，应考虑适当增加对胎盘和乳腺蛋白质沉积量的估计。

3. 妊娠期母体氨基酸沉积需要

经产母猪的体蛋白沉积也是妊娠天数的函数。但与妊娠内容物的氨基酸沉积需要随妊娠进程的发展逐渐增加不同，母体蛋白质沉积的需要量在母猪妊娠过程中逐渐降低。

母体蛋白的赖氨酸含量和氨基酸比例中，赖氨酸占母体蛋白质含量的 6.74％。对于 SID 赖氨酸转变为母体蛋白的效率而言，NRC（2012）中认为该效率为 49%。

值得注意的是，现代高产母猪在哺乳期更容易损失体蛋白。因此，在实际生产中，对于哺乳期体况损失较为严重的群体，应该给予更高的氨基酸水平，以快速恢复体蛋白。这就使得在使用商业饲料产品时，除非加强了饲料的氨基酸水平，否则很难实现在妊娠早期恢复体况损失严重母猪的体蛋白。而在模型驱动的营养需要估算的基础上，配合自动控制的喂料设备，实施个体水平的精准饲喂可能是解决这一问题的有效方案。

4. 妊娠母猪氨基酸需要量的试验研究

(1)赖氨酸的需要量　对于赖氨酸的需要量而言，GfE 等(2008)设定的回肠可消化赖氨酸摄入量在母猪妊娠的第 1～85 天为 9.4 g/天，第 85～115 天为 14.6 g/天。Srichana(2006)发现，在妊娠早期和妊娠中期，初产母猪对可消化赖氨酸的需求量没有不同，均为 15.0 g/天；但是在妊娠后期的需求量有所上升，为 18.0 g/天；第二胎母猪妊娠早期和妊娠后期的总赖氨酸需求量分别为 13.1 g/天和 18.7 g/天；对于第三胎母猪，妊娠初期和妊娠后期日粮的总赖氨酸含量分别要达到 8.2 g/天和 13.0 g/天。

(2)其他氨基酸的需要量　对母猪妊娠期其他氨基酸的试验研究相对较少。对于经产母猪而言，从妊娠早期到妊娠后期，可消化苏氨酸总需要量从 5.0 g/天增长到 12.3 g/天；第二胎母猪的可消化色氨酸需要量则从妊娠早期的 1.7 g/天增长到妊娠后期 2.6 g/天；第四胎母猪可消化异亮氨酸的需要量在妊娠早期为 3.6 g/天，妊娠后期则增长到 9.6 g/天。对于第二胎母猪而言，在 SID 赖氨酸为 0.71%时，妊娠期 SID 蛋氨酸∶赖氨酸的适宜值为0.37。在该比例下，母猪产仔的初生窝重最高，弱仔率最低。

5. 母猪妊娠对氨基酸代谢的影响

进入妊娠期，母体血液中的部分氨基酸水平会显著下降，并在整个妊娠期维持较低水平。这些氨基酸主要是生糖氨基酸(包括丙氨酸、丝氨酸、苏氨酸、谷氨酸和谷氨酰胺)以及尿素循环中的关键氨基酸(包括精氨酸、鸟氨酸和瓜氨酸)。与此同时，进入妊娠期后，母体的尿素合成和排出也下降，并在妊娠期保持较低的水平。因此，妊娠期母体表现出蛋白质合成效率增加，同时氨基酸分解和尿素生成减少，最终提高了整体蛋白质的净沉积。

在妊娠后期，胎儿快速增长，其血液中的氨基酸浓度显著高于母体血液中的氨基酸浓度，表明氨基酸经由胎盘高效地向胎儿转运。大多数氨基酸在胎儿血浆中的浓度高于在母体血浆中的浓度，表明氨基酸穿过滋养层细胞(胎盘中负责运输和生产激素的上皮细胞)在胎儿体内积累。氨基酸在母体和胎儿间定向转移需要 20 多种氨基酸转运蛋白的协同作用，这些氨基酸转运蛋白定位于母体侧和胎儿侧胎盘血管内皮细胞膜上，可以被广泛地分类为累积转运蛋白、交换蛋白或促进转运蛋白。累积转运蛋白从母体或胎儿血液中向滋养层细胞的净吸收，利用 Na^{+} 的电化学梯度或跨膜电位差来主动转运氨基酸，从而提高细胞内中性氨基酸和带电氨基酸的浓度。交换蛋白使用一种抗逆性机制，将滋养层细胞中积累的氨基酸排出体外，并允许必需氨基酸进入胎盘。促进转运蛋白将氨基酸沿浓度梯度向低浓度侧扩散。这个重要的过程使累积的氨基酸从滋养层细胞中流出并进入胎儿循环，从而使胎儿净吸收氨基酸。

2.2.3　维生素

1. 脂溶性维生素

(1)维生素 A　母体血浆维生素 A 水平升高，有利于胚胎存活。研究发现，卵泡的成熟、黄体和子宫上皮细胞的正常功能、子宫环境的维持、胚胎发育等生理过程都需要维生素 A。此外，维生素 A 还可以刺激三级卵泡合成雌激素和黄体合成孕酮。

母体内维生素 A 极度不足时，受精卵发育受阻。Braude 等(1941)研究报道，成年母猪饲粮中不添加维生素 A 并不影响前三次妊娠过程，但在第四次妊娠时会出现维生素 A 缺乏症。研究表明，注射维生素 A 可以提高母猪窝产仔数和断奶仔猪数。近年来研究发现，在断奶和配种时，给青年母猪(1 和 2 胎次)肌内注射高剂量的维生素 A(250 000 IU 或 500 000 IU)可线性提高窝产仔数和断奶仔绪数，然而，对 3～6 胎次母猪的窝产仔数却没有影响。这表明母猪的年龄不同，满足最大繁殖性能的维生素 A 的需要量不同。青年母猪(第一次妊娠)饲粮中维生素 A 缺乏时引起胎儿的瞎眼和严重的小眼症。妊娠动物维生素 A 的需要量特点：随着胎儿发育、胎儿肝储存以及母体储存的增加而增加，但确定妊娠母畜维生素 A 需要量十分困难，因为母畜可储存能满足 2～3 胎繁殖所需要的维生素 A。我国饲养标准规定，妊娠母猪维生素 A 的需要量为每千克饲粮 3 200～3 300 IU 或 10.5～11.4 mg。NRC(2012)推荐妊娠母猪每千克饲粮 4 000 IU 维生素 A。

β-胡萝卜素除作为维生素 A 的前体物外，还具有很强的抗氧化作用，可以保护卵泡和子宫细胞。研究发现，从配种到断奶，给母猪每周注射 228 mg β-胡萝卜素可以显著降低胚胎死亡率，提高窝产仔数、出生和断奶时的窝重。与此相似，Coffey 和 Britt(1993)研究表明，在断奶时给经产母猪单次注射 β-胡萝卜素，随着 β-胡萝卜素注射水平(0 mg、50 mg、100 mg、200 mg)的增加，窝产仔数也呈线性增加趋势。但是不清楚产仔数增加是否与排卵数增加或胚胎死亡率降低相关。

(2)维生素 D　维生素 D 对钙磷代谢十分重要，是母畜维持、妊娠和泌乳所必需的维生素。妊娠动物有关维生素 D 对猪繁殖性能的研究非常少。目前妊娠和哺乳母猪维生素 D 的推荐量（每千克饲粮）从 200 IU/kg（NRC，1998）到 800 IU/kg（LUS，2002），或 800 IU/kg（妊娠母猪）和 1 000 IU /kg 维生素 D（泌乳母猪）（BSAS，2003）。我国肉脂型猪饲养标准为 160 IU，NRC（2012）推荐为 800 IU。BSAS（2003）指出，维生素 D 的摄入水平应是上述推荐量的 2 倍。由此可见，维生素 D 及其代谢物在母猪繁殖中的用量尚需进一步研究。

研究表明，维生素 D 在母体-孕体的相互作用中具有重要作用。除影响钙磷吸收之外，1,25$(OH)_2D_3$ 的免疫调节和抗增殖作用也为我们所熟知。相比之下，尽管有报道表明维生素 D 与雌性和雄性动物的繁殖性能有关，但是 1,25$(OH)_2D_3$ 对繁殖的影响知之甚少，比如，在维生素 D 缺乏的小鼠模型中，雌鼠的繁殖力显著下降。维生素 D 对动物繁殖力的影响与钙依赖性的作用机制无关。最近研究发现，维生素 D 缺乏可以降低雌性动物的繁殖力，可以推测 1,25$(OH)_2D_3$ 的局部合成对胚胎的着床或胎盘形成具有重要作用，这可能与 1,25$(OH)_2D_3$ 的免疫调节作用或调控胚胎着床相关的基因表达相关。

（3）维生素 E　维生素 E 在机体抗氧化和提高免疫机能等方面具有重要作用。繁殖动物严重缺乏维生素 E 会导致死胎和胎儿重吸收。许多研究表明，谷物饲粮中添加维生素 E 可以提高窝产仔数。Mahan（1994）研究了饲粮中不同水平的 *dl*-α-生育酚乙酸酯（22 IU/kg、44 IU/kg、66 IU /kg）对母猪繁殖性能和血液、初乳和常乳中 α-生育酚含量的影响，该研究持续研究了母猪的 5 个胎次。结果表明，随着饲粮维生素 E 水平的提高，产仔数增加，而乳腺炎、子宫炎和乳缺乏症发病率则降低。此外，初乳和常乳中的 α-生育酚含量也随维生素 E 水平的升高而升高。如前所述，因为胎盘只能转移少量的维生素 E 给胎儿，所以仔猪出生时维生素 E 比较缺乏。但是出生后的很短时间（4 天），哺乳仔猪血浆维生素 E 的含量就能提高。研究发现，提高泌乳母猪饲粮中维生素 E 的水平，可提高断奶时仔猪血液和组织中维生素 E 的含量。

推荐妊娠母猪每千克饲粮维生素 E 44 IU，高于此水平，可增加初乳的微生物 E 含量，改善母猪或仔猪抗氧化能力，有利于仔猪健康。

2. 水溶性维生素

（1）硫胺素和泛酸　自从 ARC（1981）和 NRC（1998）发布以来，有关硫胺素和泛酸对母猪繁殖性能影响的研究未见任何报道。在 1947 年仅有一篇关于硫胺素的报道之后，ARC（1981）认为“动物繁殖对硫胺素的需要量与维持动物最佳生长性能所需的硫胺素量并无差别”。同样对于泛酸，ARC（1981）和 NRC（1998）并没有最新的研究报道，最近的一篇关于泛酸对母猪繁殖性能的研究要追溯到 1971 年 Teague 等发表的文章。

（2）生物素　生物素是中间代谢过程中催化羧化反应的许多种酶的辅酶，对各种有机物质的代谢均有影响，与脂肪酸合成有关。有研究表明生物素可以提高动物的繁殖性能，然而也有一些研究表明生物素对动物繁殖性能没有影响。Lewis等(1991)以不同胎次的 300 窝仔猪为试验对象，发现母猪饲粮中添加 330 μg/kg 的生物素并不影响窝产仔数，但是增加了 21 日龄断奶仔猪的数量，Komegay 等也有类似报道。但 2006 Garcia-Casilo 等研究报道，与对照组(0.7 ppm 的生物素)相比高剂量的生物素(10 ppm 和 28 ppm)对后备母猪的繁殖性能无影响，该试验是从母猪发情前期(70 kg)开始持续到初次泌乳结束。然而，由于该试验的每个处理组只有 7 头后备母猪，因此这篇最新的研究报道提供的信息尚需进一步验证。

(3)核黄素　1988 年以前的研究表明，核黄素在猪繁殖中具有重要作用。在 20 世纪 80 年代早期，研究发现，配种 1 周后的母猪子宫可以分泌大量的核黄素。Bazer 和 Zavy(1988)研究发现，妊娠第 4 天到第 10 天，给猪饲喂 100 mg/天的核黄素，提高了母猪的窝产仔数，这可能与胚胎成活率的提高有关。

研究发现，核黄素缺乏导致青年母猪不发情和生殖力衰竭。Gorodetsky(1991)报道，在母猪日粮中添加 5 mg/kg 核黄素，母猪产奶量、窝仔数、断奶窝重和成活率明显提高。Petti-grew 等(1996)发现，从配种到妊娠 21 天，日粮中添加核黄素 60 mg/天比 10 mg/天提高了母猪的产仔率。核黄素的需要量受动物的生长速度及环境温度影响，猪在低温下核黄素的需要增加(Mcdowell,1989)。

(4)吡哆醇　有关吡哆醇对窝产仔数影响的研究报道并不多，而且这些研究资料大都发表于 20 世纪 60 年代以前，NRC(199R)和 ARC(1991)并没有正式给出吡哆醇的推荐量，仅给出了此建议。80 年代早期，Easter 等(1983)和 Russell 等(1985)研究表明，饲粮中添加 2.0～30 mg/kg 的吡哆醇可以满足组织需要并提高了动物的繁殖性能。Knights 等(1998)认为，饲粮中添加 16 mg/kg 吡哆醇可以提高断奶后吡哆醇的水平和妊娠母猪表观氮沉积率，缩短母猪的发情间期，但是并不影响母猪的其他繁殖性能。

(5)尼克酸　20 世纪 90 年代，有些研究报道了尼克酸对母猪的影响。然而，令人疑惑的是 NRC(1998)并没有提到尼克酸。事实上，Ivers 等(1993)发现饲粮中不添加尼克酸或者添加少量的色氨酸(尼克酸的前体，0.12%)就足以满足妊娠期和哺乳期猪对尼克酸的需要。

(6)胆碱　自 NRC(1998)发布以来，目前还没有关于胆碱对母猪繁殖性能影响的新的报道。Donovan 等(1997)报道了母猪分娩前 12 h 到分娩后 28 天间初乳和常乳中不同结合形式的胆碱的含量。他们发现，初乳和常乳中大部分胆碱(75%～85%)与磷脂结合在一起，仔猪似乎对这种形式的胆碱利用率较高。事实上，乳汁中的胆碱既可被仔猪代谢并氧化生成甜菜碱(再次甲基化)，也可以被仔猪直接利用(参与膜的完整性和神经递质的功能)。后面的功能是通过节省内源性合成的胆碱和减少甲基化来体现的。仔猪对乳汁胆碱的这种利用方式可能与调控体内高同型半胱氨酸的合成相关。

(7)叶酸　叶酸参与一碳基团的中间代谢，对DNA、RNA和蛋白质合成具有促进作用。叶酸可增加子宫PGE2的分泌，降低胚胎细胞中17β-雌雌二醇的合成量，从而有利于提高胚胎存活率。

另外叶酸与维生素B_{12}代谢有关。叶酸和(或)维生素B_{12}缺乏会导致机体或组织同型半胱氨酸升高，从而提高心血管疾病、流产和先天畸形的发生率。叶酸缺乏可使嘌呤和嘧啶的合成受阻，核酸形成不足，使红细胞的生长停留在巨幼红细胞阶段，最后导致巨幼红细胞性贫血。同时也影响血液中白细胞的形成，导致血小板和白细胞减少。叶酸对于维持免疫系统功能的正常也是必需的。

大量研究表明，给妊娠母猪饲喂叶酸可以提高10%的产仔率。叶酸提高产仔率可能与其在妊娠早期降低胚胎死亡率有关(表2-10)。叶酸通过两种途径来发挥这种作用：直接影响胚胎发育(DNA、蛋白质和雌激素分泌)；间接刺激子宫分泌促生长因子(如细胞转化生长因子β，TGFβ，)和胚胎附植相关的因子(如前列腺素E)。但是，叶酸对胚胎和子宫的作用效果也与母猪的胎次有关。事实上，与初产母猪相比，在经产母猪上，叶酸提高产仔率、促进子宫分泌PEG和TGFB的效果更显著一些。关于叶酸在不同胎次的母猪上的效果存在差异，有不同原因分析。目前的研究认为，叶酸对初产母猪效果较小的原因可能与维生素B_{12}(可以影响同型半胱氨酸的平衡)的代谢活性降低有关。Matte等(2006)指出，叶酸对母猪生理和繁殖性能的作用受母猪胎次的影响，这种影响似乎与同型半胱氨酸的平衡有关。有些研究支持了这一观点：同型半胱氨酸改变滋养层细胞的完整性；促进胞外花生四烯酸(C_{20}:4n-6，PEG的前体物质)的产生，进而降低胞内花生四烯酸的水平。Matte和Girard(1999)等研究了不同叶酸水平对妊娠母猪的影响，发现对窝产活仔数为12～13头的妊娠母猪，饲粮中叶酸的最佳添加水平约为10 mg/kg。

表2-10　母猪胎次和叶酸对妊娠30天尿囊液成分、胚胎死亡率和每窝产活仔数的影响

(尹靖东主译，2015)

项目	初产母猪		经产母猪	
	－	＋	－	＋
每窝产活仔数	9.1	9.3	11.5	13.5
胚胎死亡率/%	14.4	12.8	39.2	32.6
尿囊液总PGE2	1 574	1 750	1 890	2 318
尿囊液总TGFB2	81.1	66.0	66.7	138.1

“＋”表示添加叶酸，“－”表示不添加叶酸。

研究表明，在母猪妊娠早期（45～60 天以前）每千克饲粮中添加 5～15 mg 叶酸可明显降低胚胎死亡率，提高产仔数，平均每窝多产 1 头仔猪，经产母猪的效果更明显。但只有还原型叶酸才有这一效果。近年来研究还发现，母体叶酸添加可通过表观遗传修饰机制影响后代仔猪生长发育和健康。

（8）维生素 B_{12}　目前维生素 B_{12} 在繁殖中的作用尚不清楚。研究维生素 B_{12} 需要量的方法与其他水溶性维生素不同，因为与其他水溶性维生素相比，诱导出维生素 B_{12} 缺乏症（如即将分娩的母猪流产）需要相当长的时间（至少 1 年）。如前所述，叶酸可能通过影响同型半胱氨酸的含量来影响动物的繁殖功能，这同样也引起了人们对维生素 B_{12} 的关注。而在过去的 30～40 年里，维生素 B_{12} 在猪营养中的作用一直被忽视。NRC（1998）也指出，自从 1940 年以来，关于维生素 B_{12} 对猪繁殖性能的影响只有很少的几篇报道。Guay 等（2002a）研究表明，初产母猪血液维生素 B_{12} 的含量比经产母猪血液维生素 B_{12} 的含量低 2～3 倍，其原因可能与竞争利用维生素 B_{12} 有关。和其他维生素一样，初产母猪的繁殖可能与生长和维持竞争维生素 B_{12}。当母猪达到体成熟后，更多的维生素 B_{12} 可供给动物的繁殖功能需求。此外，由于妊娠早期大量的维生素 B_{12} 转移至子宫，因此妊娠早期似乎需要更多的维生素 B_{12}，事实上，妊娠第 15 天，子宫角总维生素 B_{12} 的含量是血液总维生素 B_{12} 含量的 180%～300%，而血液大约占体重的 4%。尽管在子宫组织中发现了维生素 B_{12} 的一个转运载体（转钴胺蛋白Ⅰ）。但是如此多的维生素 B_{12} 由母猪血液转移到子宫的生理机制仍不清楚。Guay 等（2002b）通过检测妊娠早期（第 0～15 天）母猪血液维生素 B_{12} 含量的变化，发现饲粮添加 0.16 μg 的维生素 B_{12}，可以有效提高母猪维生素 B_{12} 的水平。由于目前的维生素 B_{12} 的推荐量（0.15 μg；NRC，1998）是由很少量的研究资料得出的，因此对维生素 B_{12} 的最佳需要量应进行重新测定。在这方面，ARC（1981）认为“现阶段发布的维生素 B_{12} 的需要量 15 μg/kg 是暂时性的，根据试验结果，动物对维生素 B_{12} 的需要量可能增加 10 倍”。近期，Simard 等（2007）估测了初产母猪对维生素 B_{12} 的需要量。他们发现，妊娠期母猪饲粮中添加 164 μg/kg 和 93 μg/kg 的维生素 B_{12} 可分别使血浆维生素 B_{12} 含量达到最高和血浆同型半胱氨酸含量达到最低。妊娠期母绪饲粮中添加维生素 B_{12} 同样也影响维生素 B_{12} 由母体到仔猪（子宫或初乳）的转移，而且也会降低哺乳仔猪体内同型半胱氨酸的聚积。

（9）维生素 C　由于目前尚不清楚维生素 C 对猪的繁殖性能是否有益，因此饲养标准并没有给出维生素 C 的推荐摄入量（ARC，1982；NRC，1998）。然而，在维生素 C 合成缺陷的母猪上的研究表明，组织中充足的维生素 C 对胎儿的发育非常重要。Wegger 和 Palludan（1994）研究发现，给猪按每千克体重饲喂 50 mg 维生素

C时,卵母细胞的成熟、受精、胚胎和胎儿的发育等均能正常进行,且母猪和胎儿血浆中维生素C的含量分别为(0.58±0.04)mg/dL和(1.27±0.09)mg/dL,而未添加维生素C组母猪和胎儿血浆中维生素C的含量分别为(17±8)mg/dL和(18±6)μg/dL。在妊娠期的任何阶段,若停止饲喂维生素C达24～38天后,胎儿出现水肿,皮下和骨膜下出血,且骨骼钙化显著降低。因此维生素C对维持卵巢的正常功能十分重要,尤其是对于三级卵泡的成熟和黄体功能。

维生素C和维生素E一样,在保护机体免受氧化损伤方面具有重要作用。Pinelli-Saavedra等(2008)从母猪怀孕开始一直到仔猪断奶(21天断奶),在母猪饲粮中添加维生素E和维生素C,研究维生素E和维生素C在初乳、常乳、仔猪血液和组织中的沉积及对免疫反应的影响。结果发现,单独添加维生素C(10 g/d),提高了母猪淋巴细胞对ConA和PHA刺激的反应,但对仔猪淋巴细胞的活力没有影响。饲粮中添加维生素E(500 mg/kg)影响了维生素E在体内的沉积,而每千克饲粮中同时添加维生素E和维生素C(500 mg维生素E和10 g维生素C)提高了仔猪血液lgA和IgG的含量。Pinelli-Saavedra和Scaife(2005)发现,饲粮中添加维生素C(高达10 g/d)对母猪的繁殖性能和仔猪生长性能均没有影响。由于胎盘转移维生素C的效率随着母体血清维生素C含量的升高而降低,因此,仔猪从母体获得维生素C的主要途径是乳汁而不是胎盘。研究证实,仔猪血浆维生素C与母乳维生素C的含量呈显著正相关。

2.2.4 矿物质

矿物元素是一类无机营养物质,存在于动植物体内的各种化学元素中,除碳、氢、氧、氮外,其余各种元素无论含量多少,统称为矿物质。矿物质可分为三大类:常量元素、微量元素和非必需矿物元素。常量元素是指动物体内含量>0.01%的矿物质元素,机体需要量比较大(g/天或kg/天)的矿物元素,包括钙(Ca)、磷(P)、镁(Mg)、硫(S)、氯(Cl)、钾(K)和钠(Na)。微量元素是指动物体内含量<0.01%的矿物质元素,机体需要的微量元素(μg/天)包括铁(Fe)、锌(Zn)、铜(Cu)、锰(Mn)、硒(Se)、钼(Mo)、碘(I)、钴(Co)等。必需矿物元素(常量元素和微量元素)的功能已被证实,主要作为催化剂或调节剂参与调节机体的生理功能。还有很多种矿物元素在体内具有一定生理功能,但并不是机体所必需的,且没有典型的缺乏症,如氟(F)、铬(Cr)、钒(V)、硅(Si)、镍(Ni)、砷(As)、锂(Li)、铅(Pb)、硼(B)等。铜和锌除具有正常的生理功能外,还具有药理功能,这使得它们不再是简单满足动物需要的必需微量元素,而且还可以作为一种药剂。常量元素、微量元素及其主要作用和缺乏时症状见表2-11和表2-12。繁殖母猪的矿物质推荐量与供给量总结推荐量见表2-13。

表 2-11 常量元素及其主要作用和缺乏时症状

元素	主要作用	缺乏时症状
钙	构成骨、齿，参与凝血，保证肌肉神经正常活动，参与黄体孕酮的合成	骨质脆弱，跛行，强直，小猪佝偻病，大猪骨软化；肌肉抽搐；繁殖力下降
磷	构成骨齿，参加能量、脂肪代谢和蛋白质合成，参与黄体孕酮的合成	食欲不振，生长缓慢，异嗜，骨质脆弱，跛行，强直，小猪佝偻病，大猪骨软化；繁殖力下降
钾	保证体内正常渗透压和酸碱平衡，与肌肉活动和碳水化合物代谢有关	生长缓慢，消瘦，肌肉软弱
钠	保证体内正常渗透压和酸碱平衡；与肌肉收缩有关	食欲不振，生长缓慢
氯	保证体内正常渗透压和酸碱平衡；形成胃液中的盐酸	食欲不振，生长缓慢
镁	组成骨骼；降低神经兴奋性	食欲下降；过敏，不愿站立，痉挛，死亡
硫	组成体蛋白、维生素 B_1 和生物素；参加养分的代谢	生长缓慢；皮毛发育不良

表 2-12 微量元素及其主要作用和缺乏时症状

元素	主要功能	缺乏症
铁	组成血红蛋白；保证体内氧的传送	贫血；营养不良（初生仔猪易缺）
铜	促进血红蛋白形成；影响骨的形成和色素沉着	贫血；生长缓慢，骨质脆弱；腿软弯曲，跛行；被毛和皮肤生长不良、褪色
锌	参与体内酶的组成；参与上皮细胞和被毛的正常形态、生长和健康；维持激素的作用；维持生物膜的正常结构和功能	食欲下降，腹泻，生长缓慢；皮炎，不全角质化；母猪繁殖性能降低和骨骼异常；影响食欲和免疫力下降，缺锌母猪分娩时间延长和难产，死胎数增加
锰	组成骨骼；与蛋白质、脂肪代谢和繁殖有关	生长不良；骨发育不良，跛行或强直；繁殖障碍，死胎、弱仔多；肥猪易增体膘，缺锰会抑制胆固醇合成，影响卵巢产生类固醇激素
碘	为甲状腺素成分，甲状腺素能促进蛋白质合成，促进胎儿发育，妊娠期内，甲状腺功能活跃，故需甲状腺增高。影响能量代谢	甲状腺肿；食欲不振，生长缓慢，皮毛粗乱；繁殖障碍，死胎弱仔，出生无胎毛
硒	为谷胱甘肽过氧化物酶成分，能防止细胞膜被代谢中生成的过氧化物破坏；参与甲状腺代谢	食欲不振，生长缓慢；肌肉萎缩；肝脏坏死，体脂黄褐色；繁殖力下降，猝死

续表 2-12

元素	主要功能	缺乏症
钴	体内钴的营养代谢作用，实质上是维生素 B_{12} 的代谢作用	食欲差、生长慢或者失重、严重消瘦、异食癖和贫血
铬	可能是胰岛素的辅助因子，与碳水化合物、脂肪、蛋白质和核酸代谢有关	碳水化合物、脂肪、蛋白质代谢障碍，生长速度下降，血清胆固醇升高，寿命缩短，对应激更加敏感

表 2-13　繁殖母猪的矿物质推荐量与供给量总结推荐量

（王若军主译，2005）

元素	推荐量				建议供给量
	英国（ARC 1981；AFRC 1990）	美国（NRC 1998）		澳大利亚（SCA 1987）	
		妊娠期	哺乳期		
钙/%	0.9	0.75	0.75	0.82	1.0
总磷/%	0.7	0.6	0.6	0.73	0.8
磷(可利用)/%	—	0.35	0.35	—	—
钠/%	0.13	0.15	0.20	0.12	0.16～0.23
氯/%	—	0.12	0.16	0.14	0.27～0.37
钾/%	—	0.20	0.20	—	0.25
镁/%	0.02	0.04	0.04	0.04	0.04
铜/(mg/kg)	5	5	5	—	10
碘/(mg/kg)	0.5	0.14	0.14	0.4	0.4～0.5
铁/(mg/kg)	60	80	80	60	80～120
锰/(mg/kg)	15	20	20	10	20～40
锌/(mg/kg)	50	50	50	45	100
硒/(mg/kg)	0.15	0.15	0.15	0.15	0.3
铬/(pg/kg)	—	—	—	—	200
钴/(pg/kg)	—	—	—	—	0.1
盐/%	0.35	—	—	0.3	0.4～0.6

为了提供适当水平的矿物质来满足动物的需要，通常在日粮中添加矿物元素的无机盐，如氧化物、硫酸盐和碳酸盐。这些无机盐经过消化被不同程度地降解为离子，然后被机体吸收。无机盐的吸收可能是通过扩散作用或在某些情况下由载体作为媒介物而被吸收。但是，它们也可能与日粮中的其他分子复合而变得难以消化，如果完全复合，则生物学效价为零。因此，矿物质元素的利用率可能变化相

当大。由于这些不确定因素，日粮中矿物质的添加量经常高于发挥最佳生产性能的最低需要量，这不仅导致养分过剩和不必要的浪费，而且对环境产生明显的危害。

因而，人们对有机态和螯合态微量元素，如蛋白质螯合态微量元素，越来越感兴趣。蛋白质螯合态微量元素的生产过程：首先，水解蛋白源，形成氨基酸和肽的混合物；然后，矿物元素的硫酸盐和蛋白水解产物在适当的条件下发生反应，生成含螯合矿物元素的复合物。

水的营养需要请参看本书第 5 章水与母猪营养。

2.2.5 妊娠营养需要量模型的建立

确定家畜营养需要量最有效的方法之一是建立模型，即用一系列将遗传、营养、代谢、生理和环境等现象相联系的数学方程来模拟动物，此内容参考 W. H. Close，D. J. A. Cole 主编，王若军主译的《母猪与公猪营养》中第十章需要量和反应模型建立内容。对于妊娠母猪营养需要量模型的建立，主要目的是确定任意给定生产水平下，不同体重、体况、不同管理和环境条件下的母猪营养需要量，反之，在已知动物的饲料和营养物质采食量的情况下，也可以推算出体增重、体蛋白和脂肪含量、背膘厚度和母猪体况。具体计算公式及计算步骤如下：

首先，建立动物的特征，包括体重、体况、预期窝产仔数、仔猪出生重和孕期母猪的大致增重。通过这些可以确定平均体重、净体增重和窝出生重。见下例。

1. 确定动物特点

配种时体重：200 kg

配种时背膘厚度(P_2)：20 mm

品种体型：等级，3[肥胖(1)—清瘦(5)](维持需要量随品种体型和体况而变)

体况指数：等级，3[瘦(1)—肥(5)]

窝产仔数：12 头(这一数据将用于计算窝出生重和总分娩损失)

仔猪出生重：1.4 kg

母猪体增重：50 kg 由胎次决定，本例母猪为第 3 胎

温度：16 ℃

2. 计算胎体重(包括乳腺组织)和母体组织体重增加部分

仔猪总出生重＝仔猪数×仔猪体重

12×1.4＝16.8(kg)

胎体重＝仔猪总出生重÷0.75

16.8÷0.75＝22.4(kg)

(仔猪出生重代表分娩总失重的 75％)

妊娠期乳腺组织重＝4.6(kg)

总繁殖增重＝仔猪总出生重＋乳腺组织重

22.4＋4.6＝27.0(kg)

母猪孕期实际净母体增重＝总增重－繁殖增重

50－27＝23(kg)

母猪分娩后体重＝配种时体重＋母猪增重－繁殖增重

200＋50－22.4＝227.6(kg)

孕期平均体重＝(配种时体重＋分娩后体重)÷2

(200＋250)÷2＝225.0(kg)

3. 体增重和体成分

如前所述，在建立营养需要量和反应时，关键是要确定采食量和氮存留之间的关系。AFRC(1990)通过对一系列数据的分析对此作了综述。这些数据中最高平均值是 100 kg 体重时氮存留量为 16 g/天(NR max)。然而，考虑到动物基因的改良，现在这一数值已经上升到 18 g/天(112.5 g 蛋白质)。这是整个妊娠期的平均值，在怀孕早期可能比这一数值低 4～6 g/天，而到怀孕后期要高 4～6 g/天。此外，AFRC(1990)的综述中建议，根据正常生长速度，母猪成熟体重为 320 kg，母猪配种体重每增加 20 kg，NR Max 值降低 1 g/天(蛋白 0.31 g/kg 增重)。

增加蛋白质＝112.5－(平均体重－100)×0.31

112.5－(225－100)×0.31＝73.8 g/天

(根据品种体型，即胖、瘦基因型加以调整)

孕期总增蛋白等于 8.41 kg(73.8×114 天)

由于体内 1 kg 蛋白和 4.347 kg 水结合，蛋白和水的总量代表瘦肉量，于是瘦肉增重计算如下：

增加瘦肉重＝蛋白增重×4.347

8.41×4.347＝36.6(kg)

体增重代表肠道内容物、灰分、瘦肉和脂肪的增加。肠道内容物和灰分占总增重的 10%，于是可以知道增加瘦肉重，再通过差值计算出孕期脂肪增重。

脂肪增重＝(0.90×体增重)－瘦肉增重(kg)

(0.9×50)－36.6＝8.4(kg)

这样可以得到日增脂肪＝8.4 kg÷114 天＝73.7 g/天，于是孕期蛋白和脂肪的平均日存留量分别为 73.8 和 73.7 g/天。

孕期体脂的增加可以根据 P_2 值的增加量来计算。许多作者提出根据体重和背膘厚度预测体脂含量的方程。综合这些结果预测方程变为：

体脂(kg)＝0.161×体重(kg)＋1.44×P_2(mm)－11.6

配种时体脂含量为：0.161×200＋1.44×20－11.6＝49.4(kg)

怀孕终止时，体脂将增加到：49.4＋8.4＝57.8(kg)

重新调整方程，可以计算分娩时 P_2 值：

P_2(mm)＝[(11.6＋分娩时体脂重)－(0.161×体重)]＋1.44

P_2＝[57.8＋11.6－(0.161×227.61)]÷1.44＝22.7(mm)

因此孕期增加 P_2 值为：22.7－20.0＝2.7(mm)

如果体况指数每变化 0.5 相当于 P_2 变化 6 mm，这样体况指数将由 3.0 增加到 3.5。

4. 计算能量和赖氨酸需要量

能量和赖氨酸的需要量由维持需要、繁殖增重(胎体和乳腺组织增重)和母猪体重净变量决定。同时，由于已经计算出蛋白和脂肪增重，也可以利用这些数据计算能量和蛋白需要量。

维持能量需要量(MER)＝平均体重 $W^{0.75}$×0.455

孕期母猪平均体重为 225 kg。因而：

MER＝ $225^{0.75}$×0.445＝26.4(MJ/天)(DE)

需根据动物的品种体型进行调整：考虑到动物机体蛋白质的周转率不同，肥胖型可以减去 5%，而瘦肉型品种应该增加 5%。

繁殖能量需要(RER)，即是胎体和乳腺增重需要：

RER＝(组织总重×6.7)÷114

(27.0×6.7)÷114＝1.6(MJ/天)(DE)

母体增重能量需要(BER)：

BER＝(母体总增重×21.4)÷114

(23.0×21.4)÷114＝4.3(MJ/天)(DE)

日总能量需要(TER)＝MER＋RER＋BER

TER＝ 26.4＋1.6＋4.3＝32.3(MJ/天)(DE)

总能量需要也要根据母猪体况评分进行调整：体况评分每改变一个单位，饲料能量需要改变 7.5%。

由于知道动物日蛋白质(73.8 g)和能量(73.7 g)沉积量，由析因法将维持需要量、蛋白质和脂肪沉积需要最相加，也可计算出总能量需要量。

1 kg 蛋白质含有 23.8 MJ 消化能，妊娠期蛋白质体内净利用效率是 0.6。因此，1 kg 蛋白质需要代谢能为 23.8÷0.6＝39.7 MJ 或消化能 41.3 MJ/天。

蛋白沉积能量需要(PER)＝(蛋白沉积量×41.3)÷1 000

PER＝(73.8×41.3)÷1 000＝3.1(MJ/天)(DE)

同样，1 kg 脂肪含 39.7 MJ 的能量，在妊娠期能量用于脂肪沉积的效率为

0.8，那么，沉积 1 kg 脂肪需要 39.7÷0.8＝49.6 MJ 代谢能或 51.7 MJ 消化能。

脂肪沉积能量需要(FER)＝(脂肪沉积量×51.7)÷1 000

FER＝(73.7×51.7)÷1 000＝3.8(MJ/天)(DE)

总能最需要(TER)＝MER＋PER＋FER

TER＝26.4＋3.1＋3.8＝33.3(MJ/天)(DE)

这一结果和上一种方法的计算结果 32.3 MJ/天(DE)接近，说明这两种方法在计算能量需要时差异不大。

根据理想蛋白质的概念，赖氨酸是第一限制性氨基酸，其他氨基酸的需要量与赖氨酸直接相关。根据维持需要和沉积蛋白质需要可以计算出赖氨酸的需要量。Fuller 等(1989)认为日维持需要赖氨酸 0.036 g/$W^{0.75}$。

维持需要赖氨酸(MLR)＝平均体重$^{0.75}$×0.036

MLR＝ $22.5^{0.75}$×0.036＝2.1(g/天)

1 g 蛋白质含 0.07 g 赖氨酸，用于赖氨酸沉积的净利用率是 0.7。

蛋白质沉积所需可消化赖氨酸(PLR)：

PLR＝(沉积蛋白质×0.07)÷0.7

PLR＝(73.8×0.07)÷0.7＝7.4(g/天)

可消化赖氨酸总需要量(TDLR)＝MLR＋PLR

TDLR＝2.1＋7.4＝9.5(g/天)

如果赖氨酸的消化率已知(80%)，则可计算赖氨酸的总需要量(TLR)：TLR＝9.5÷0.8＝11.99(g/天)

于是，配种时体重为 200 kg 的母猪，妊娠期总体增重 50 kg，净体增重 23 kg，背膘厚度增加 2.7 mm，其赖氨酸需要量为 11.9 g/天，能量(DE)需要量为 32.3 或 33.3(平均 32.8)MJ/天，即赖氨酸：能量为0.36 g/MJ。

假定理想可消化赖氨酸为总赖氨酸需要量的 90%，则 TDLR＝10.7 g/天，或 0.33 g/MJ(DE)。赖氨酸的需要量已经得出，根据其他必需氨基酸和赖氨酸之间的平衡，可以计算出其他氨基酸的需要量。

5. 环境因素

计算动物的营养需要量时，一定要考虑动物的生活环境。首先需要计算动物的最低临界温度(LCT)，若环境温度低于这一温度，则动物要产生额外的热损耗。在维持能量水平下[ME，430 kJ 或 DE，448 kJ/($W^{0.75}$·d)]，隔热地板，无贼风的环境中，母猪的 LCT 是 23 ℃，母猪体重每增加 60 kg，LCT 降低 1 ℃。随着采食量的增加 LCT 随之下降。一些试验结果表明，采食能量每增加 80 kJ/($W^{0.75}$·天)，LCT 降低 1 ℃。当环境温度低于 LCT，动物产热增加，采食能量增加 18 kJ/($W^{0.75}$·天)，用以补偿产热损失。因此，要根据动物体重和饲料采食量调整 LCT。

根据体重调整：(平均体重－120)÷60

(225－120)÷60＝1.75(℃)

根据饲料或能量采食量调整：[(0.96×消化能平均采食量 MJ/天÷1 000 $W^{0.75}$)]－430÷80

[(0.96×32.8×1 000÷225^{075})－430]÷80＝1.40(℃)

则母猪妊娠期 LCT 是：

23.0－调整体重－调整能量采食量

LCT＝23.0－1.75－1.40＝19.85(℃)

如果环境温度低于 LCT 值，则需额外的能量补偿产热损失。额外能量需要(EER)：

ERR＝(LCT－环境温度)×18×平均体重$^{0.75}$÷0.96

(0.96 是将 ME 转化为 DE 的系数；同时要将 kJ 变为 MJ)

ERR＝(19.85－16.0)×18×225^{075}÷0.96÷1 000＝4.2(MJ/天)(DE)

如果 LCT 与环境温差是负值，则动物的环境温度在 LCT 值以上，这时不需额外的饲料消耗。

于是，校正能量需要(*r*TER)＝TER＋EER

*r*TER＝32.8＋4.2＝37.0(MJ/天)(DE)

配种时体重为 200 kg 的母猪，当环境温度较 LCT 低 3.8 ℃时，能量需要高13%，这表明，在 LCT 以下，温度每降低 1 ℃，采食量增加 3.5%。

表 2-14 列出了计算妊娠母猪和赖氨酸需要量的程序。

表 2-14 计算妊娠母猪营养需要示例

(王若军主译，2005)

1. 动物特点		
配种时体重	200 kg	
配种时背膘厚度(P_2)	20mm	
品种体型	等级：3	[肥胖(1)→清瘦(5)]
体况指数	等级：3	[瘦(1)—肥(5)]
胎次	3	
预期母猪体增重	50 kg	
窝产仔数	12 只	
仔猪出生重	1.4 kg	
温度	16 ℃	
日粮 DE	13.0 MJ/kg	

续表 2-14

2. 分娩增重部分		
窝仔重	12×1.4	16.8 kg
胎体重	16.8÷0.75	22.4 kg
乳腺组织重		4.6 kg
总繁殖增重	22.4+4.6	27.0 kg
母猪孕期实际净母体增重	50.0−27.0	23 kg
母猪分娩后体重	200+50−22.4	227.6 kg
孕期平均体重	(200+250) ÷2	225.0 kg
3. 增重内容和 P_2 值		
增加蛋白质	112.5−[(225−100)×0.31]	73.8 g/天
孕期总增蛋白	(73.8×114) ÷1 000	8.41 kg
增加瘦肉重	8.41×4.347	36.6 kg
脂肪增重	(0.9×50) −36.6	8.40 kg
日增脂肪	(8.4+114)×1 000	73.7g/天
配种时体脂含量	(0.161×200)+(1.44×20) −11.6	49.4 kg
怀孕终止时体脂	49.4+8.4	57.8 kg
分娩时 P_2 值	(57.8+11.6−0.161× 227.6) ÷1.44	22.7 mm
孕期增加 P_2 值	22.7−20.0	2.7 mm
4. 计算能量和赖氨酸和其他必需氨基酸的需要量		
能量:方法 1		
维持能量(DE)需要	$225^{0.75}$×0.445	26.4 MJ/天 (根据动物的品种体型调整)
繁殖能量(DE)需要	(27.0×6.7) ÷114	1.6 MJ/天
母体增重能量(DE)需要	(23.0×21.4) ÷114	4.3 MJ/天
总能量(DE)需要	26.4+1.6+4.3	32.3 MJ/天
能量:方法 2		
维持能量(DE)需要	$225^{0.75}$×0.445	26.4 MJ/天 (根据动物的品种体型调整)
蛋白沉积能量(DE)需要	(73.8×41.3)÷1 000	3.1 MJ/天
脂肪沉积所需能量(DE)	(73.7 × 51.7) ÷1 000	3.8 MJ/天
总能量(DE)需要	26.4+ 3.1+ 3.8	33.3 MJ/天(方法 1 和方法 2 的平均值是 32.8)

续表 2-14

赖氨酸		
维持需要赖氨酸	$22.5^{0.75}$×0.036	2.1 g/天
蛋白质沉积赖氨酸需要量	(73.8×0.07)÷0.7	7.4 g/天
可消化赖氨酸总需要量	2.1+7.4	9.5 g/天
赖氨酸的总需要量	9.5÷0.8	11.9 g/天 (根据和赖氨酸的相对百分比)
氨基酸	总量(g/天)	理想可消化量(g/天)
赖氨酸(100%)	11.9	10.7
苏氨酸(70%)	8.3	7.5
蛋氨酸(28%)	3.3	3.0
蛋氨酸+胱氨酸(55%)	6.5	5.9
缬氨酸(78%)	9.3	8.4
亮氨酸(100%)	11.9	10.7
异亮氨酸(70%)	8.3	7.5
苯丙氨酸(55%)	6.5	5.9
苯丙氨酸十酪氨酸(100%)	11.9	10.7
色氨酸(20%)	2.4	2.2
组氨酸(33%)	3.9	3.5
5. 饲料需要量和生产性能		
采食量	32.8÷13.0	2.52 kg/天(根据体况指数调整)
赖氨酸总需要量	11.9÷2.52	4.7 g/kg
理想可消化赖氨酸需要量	10.7÷2.52(日粮供给量应比此高 10%～20%)	4.3 g/kg
P_2 值增加		2.7 mm
分娩时 P_2 值为		22.7 mm
6. 环境因素		
根据体重调整	(225−120) ÷60	1.75 ℃
根据饲料采食量调整	[(0.96×32.8×1 000÷$225^{0.75}$)−430]÷80	1.40 ℃
LCT	23.0−1.75−1.40	19.85 ℃
温差	16.0～19.85 (如果温差为正值,即温度大于 LCT,则不需额外的营养添加)	−3.85

续表 2-14

额外能量(DE)需要	$3.85\times18\times225^{0.75}\div0.96\div1\,000$	4.2 MJ/kg
校正能量(DE)需要	32.8+4.2	37.0 MJ/天
校正采食量	37.0÷13.0 (根据动物体况调整)	2.85 kg/天

2.3 不同妊娠阶段的营养调控

2.3.1 妊娠早期(0～30 天)

1. 妊娠确立和胚胎死亡率

精子与卵子在输卵管上 1/3 壶腹部完成受精后形成合子。合子从输卵管的壶腹部到达子宫角需 24～48 h,合子到达子宫后,通过孕酮的作用将合子附在子宫系膜的对侧上,并在它的周围形成胎盘。母猪每次排卵 20 枚左右,卵子受精率在 95%以上,而母猪产活仔猪数大致 10 头左右,说明有一半的受精卵在胚胎发育过程中死亡。成功妊娠和胚胎存活率最大化最重要的是要形成足够的黄体组织。一旦黄体生成素(LH)激增引发在发情期和随后的两周期间的卵泡黄体化,则形成足够的黄体组织。排卵后猪黄体组织快速发育,在第 10～12 天达到其成熟尺寸,此时后备母猪总黄体量为 6～8 g,经产母猪为 10～15 g。影响黄体量的一个主要因素是排卵率,排卵率与黄体量之间的相关性在 0.45～0.62。这就是经产母猪比后备母猪和第一胎母猪有更多的黄体组织的原因。孕激素的全身浓度与总黄体量有关(r=0.26～0.45),但是这种关系可能被低估了。因为它通常用在不同时间点获得的血液样品检测孕激素而不是对黄体量的评估。血液中孕酮大约可以反映出黄体组织的发育情况。

在商业遗传品系中,猪产仔数出生前损失在 30%～50%。这些损失大多数发生在胚胎阶段(第 35 天之前),20%～30%损失在胚胎发育第 3 周,剩余 10%～15%损失是在胚胎期结束时。大量研究者研究发现,在妊娠期 30～35 天时,通过超排卵、诱导、子宫角结扎、卵巢切除和单侧输卵管结扎等技术限制子宫空间,结果发现胚胎损失显著增加,因此子宫容量会影响胚胎成活。大多数胚胎在第 12 天前存活(93%～96%)。第 12 天后,胚胎发生延长(第 11～13 天),空间增大并着床(第 15～17 天);然而,在这些早期阶段,很少有关胚胎损失的研究报告。对后备母猪的研究表明,在第 25 天,损失范围在 18%～35%,此时胚胎大部分具有独立空间,也就是说,妊娠 25 天后,子宫中空间是限制胚胎成活的一个重要因素。

在营养方面，根据预期，营养物质的竞争仅在妊娠 3 周后开始，此时空间限制开始影响着床区域的大小和胚胎的大小。因此，营养物质在 3 周之前不会影响胚胎生长，但特定的营养物质可能会影响胚胎的发育或胚胎发育改变。虽然其具体原因尚不清楚，但普遍认为，妊娠前 3 周胚胎发育的变化被认为是胚胎损失的主要原因，更确切地说，是在 12～21 天。发育不良的胚胎可能在着床时仅仅获得少量的空间来存活，同时也被雌激素所影响而造成损失，此时发育较好的胚胎也开始分泌雌激素。这些雌激素对发育不良的同窝仔猪胚胎直接影响，或通过对子宫环境的间接作用影响产仔数。

尚无研究结果表明营养影响胚胎的内在质量或营养管理策略对胚胎变化有影响。例如，减少一胎中发育迟缓的胚胎，或减少或暂时抑制其雌激素分泌的营养管理策略将对胚胎存活的动力学具有相当大的影响，这是个具有潜力的研究领域。

尽管妊娠前 3 周的胚胎发育可能不会受到营养方面的直接影响，但是在这些早期阶段营养显然间接影响黄体功能和子宫内环境。黄体功能和子宫内环境是十分重要的，因为随着胚胎发育，胎盘空间越来越受到限制，它们有助于创建更好的着床条件，以减少胚胎损失。毫无疑问，孕酮对于重建子官内膜是重要的，为胚胎成功着床、孕体供给营养。因此妊娠早期（排卵后 72 h）的全身孕激素与第 35 天时的胚胎存活相关。除了这一阶段，关于胚胎存活与孕酮相关的报道很少。

2. 妊娠失败

妊娠失败一般难以度量，因为在胚胎阶段的妊娠失败，母体会对孕体重吸收或在后期引起流产。在商业猪场生产条件下，妊娠失败发生率为 5%～40%，但是，其中有一些不是真正意义上的妊娠失败，可能妊娠本身就没有建立。在妊娠大约 15 天时，如果没有足够的胚胎数，可能会引起黄体溶解，进而引起妊娠失败，这主要可能是受精卵数量或卵子与精子结合失败引起的，可能与营养无关，但是在配种前的营养状况（例如头胎母猪或严重营养不良的情况下）限制了卵母细胞数量或排卵发生。并且在着床后，当功能性胎盘区域不再增加时，所提供的营养可能直接影响胎盘可用的营养物质，在黄体形成过程中，前期营养可能对子宫环境和胚胎存活具有重要作用，从而导致胚胎数量不足，不能维持雌激素信号和黄体正常功能。妊娠 15～25 天的胚胎损失可能导致溶黄体信号延迟，导致妊娠失败以及返情延迟，这主要是来自孕体的信号不足和黄体功能失常的结果。在一些气候带，胚胎损失以及妊娠失败的结果可能会在一年的特定时期加剧。这被称为季节性不育症。季节性不孕的机制知之甚少，但有迹象表明营养是重要的一个因素。同样，具体的管理条件，如大群饲喂条件下的饲料竞争可能会导致胚胎损失，可能导致妊娠失败。

排卵后，黄体的发育和孕酮的分泌至少在排卵后 10～12 天不受垂体 LH 分泌影响。因此，在本阶段潜在影响 LH 分泌的饲喂水平不会影响黄体组织形成。在排卵10～12天之后，LH对黄体功能具有重要的作用，尽管在一些研究中，促性腺激素水平的快速或缓慢降低均导致黄体衰退和妊娠失败。

3. 配种前营养对妊娠前期黄体功能的影响

配种前营养对黄体功能的影响尚未得到研究。然而，有大量关于卵泡发育和排卵率的研究。其中一些报道了营养对配种后黄体功能的延滞效应。在后备母猪黄体期的第2周进行饲料限制(20%～40%维持需求)，导致排卵后孕酮升高较慢。胰岛素抵抗这种体内效应，导致体外孕激素分泌增加。Ashworth等(1999)同样报道了在配种前饲喂高水平饲料(3.5 kg/天与1.15 kg/天相比)的后备母猪孕酮分泌量升高，黄体重量增加。在初产母猪模型，哺乳后期的限制饲喂对排卵后黄体功能具有相似的影响，孕酮浓度在限制性饲喂母猪体内分泌较低。Chen等(2012)研究发现，在哺乳后期饲喂添加淀粉/糖丰富的饲料，与饲喂富含脂肪饲料的母猪相比，在排卵后的第4天具有更多的孕酮，并提高了产仔数。在经产母猪断奶时，饲喂后胰岛素特征(峰值和平均浓度)与排卵后孕酮浓度呈正相关。这说明配种前采取营养干预措施，如饲料水平和胰岛素刺激制剂，能够总体上改善卵泡功能和发育，对排卵后孕酮的分泌具有积极的影响。这可能是在黄体生成后影响其分泌能力，进而产生对卵泡细胞数目或者质量的后期影响，并且该作用可能由与代谢相关的因子如IGF-1和胰岛素所介导。

4. 影响胚胎发育和生存的特定营养

在20世纪80年代和90年代，维生素作为与母猪繁殖性能相关的第一个功能性营养物质而被广泛研究，叶酸在那个时代受到了相当大的关注。Lindemann(1993)的研究得出结论，妊娠母猪日粮添加叶酸可以提高产仔数，但其机制尚不清楚。目前，大多数商业饲料中以0.2～15 mg/kg的剂量添加叶酸，叶酸是否在胚胎期发挥作用尚未得到充分证实。但结果显示叶酸可提高窝产仔猪数。在过去10年中，特定氨基酸在囊胚阶段、延伸和着床期间对胚胎发育的作用越来越受到关注。已经显示精氨酸通过精氨酸-NO途径来影响胎盘的血管形成，并且被认为有利于胎儿存活并提高产仔数。Ramaekers等(2006)和Wu等(2010)报道，当从妊娠14～28天或从妊娠第30天至分娩时，补充20～25 g/天精氨酸时，窝产仔数增加。Hazeleger等(2007)报道，妊娠16～28天饲喂40 g/天精氨酸的母猪妊娠第30天胚胎存活率增加，后备母猪主要采用超排处理提高排卵率。Novak等(2011)报道精氨酸对胚胎存活没有影响，但在第49天发现胎儿体重增加。

精氨酸仅在着床后添加(第15天起)。据我们所知，只有Li等(2010)从配种开始添加精氨酸，含量为0.8%，发现第25天胎儿数量减少。然而，他们的研究很难解释，因为精氨酸处理后的生长速度远远低于预期，血浆孕酮浓度低于对照组。可能的原因是功能性氨基酸影响着床前的胚胎和滋养层发育，如改善胚胎存活和生长。基于接近着床的子宫和滋养层液体中增加的浓度，Bazer 等(2013)提出，亮氨酸、精氨酸、谷氨酰胺、葡萄糖和果糖可能是影响胚泡发育和滋养层伸长的功能性营养物质。在体外，这些功能性营养素确实刺激了猪滋养层外胚层细胞的增殖和特异性细胞信号通路。这些功能性营养物质作为组织细胞复合物的一部分转运蛋白和分泌物的表达受孕酮和雌二醇的调节。在猪体内，这些功能性氨基酸在着床前的效应在体内仍有待确认。有趣的是妊娠早期孕酮补充对妊娠胚胎的生存和维持有负面影响。然而，在着床前，关于上述功能性氨基酸进行体内补充的实验尚未见报道。如果这些营养物质刺激胚泡伸长，胚胎损失将取决于同一窝的胚胎之间的差异是否保持不变、增加或减少，因为胚胎之间的差异已经被认为是胚胎损失的主要原因。

5. 营养对受胎率和胚胎存活率的影响

初产母猪在后备期和发情周期内，供给高水平营养会提高胚胎死亡率。虽然高能水平在妊娠早期可增加胚存活的时间，配种后 3 天内饲喂 1.5 倍维持需要比饲喂 2 倍维持需要的胚胎存活率高出 12.3%(86.5%－74.2%)；在妊娠前期(0～30 天)供给高能水平可能增加孕酮清除速率，而降低胚胎存活率。据报道，供给高能(ME)(38.12 MJ/天)饲粮时，配种后 25～43 天胚胎存活率为 67%～74%，而供给低能(ME)(20.92 MJ/天)饲粮的存活率为 77%～80%。尽管如此，能量水平对不同品种母猪胚胎存活率的影响有所不同。据报道，大约克夏母猪妊娠早期供给较高能量水平(14.2 MJ/kg)有利于胚胎存活，而梅山母猪却需要较低能量水平(11.4 MJ/kg)才能维持最佳胚胎存活率，不过同等能量水平供给下梅山母猪子宫内环境较优。

膳食纤维显著影响母猪胚胎存活率和产仔数，高纤维日粮(18%～22%NDF)连续多胎饲喂时促进了母猪胚胎存活数和产仔数量，单胎饲喂效果不如多胎次饲喂。要注意的是，对于头胎母猪而言，高纤维日粮可能影响青年母猪对能量、蛋白质的利用进而影响自身生长发育，因而不适宜高纤维日粮。

2.3.2 妊娠中期(30～90 天)

1. 胎盘发育

(1)胎盘发育特点　在妊娠 37～42 天时胎盘增重速度最快，母体子宫内膜细胞和滋养层细胞逐渐形成紧密相连的褶皱。至 50 天时，胎盘褶皱已经发育得十分规则，血管密度也逐渐增多。在妊娠中期，褶皱彼此相对较近，褶皱高度平均为 204 μm。妊娠中期即妊娠 60～70 天时胎盘已经接近最大，此期间的血管生成主要是满足胎盘发育的需要，并为妊娠 70～114 天时胎儿快速生长做好准备。妊娠 90 天，胎盘重量已经不再增加，但这并不意味着胎盘发育停止。在母猪妊娠 90 天时，胎盘细胞死亡和凋亡的数量最多，母胎交接区域发生重塑，胎儿胎盘基质生长到褶皱之间的区域中，在褶皱之间形成间质空间，并且次级褶皱进入该空间。

(2)营养与胎盘生长　胎盘是母体营养供应和胎儿发育之间的纽带，所以最近有些学者致力于改善胎盘发育和功能的研究。对于胎儿的成功发育和减少仔猪初生重低的发生率，良好的胎盘发育至关重要。与普通的玉米-豆粕型饲粮相比，从妊娠第 30～114 天饲喂含高浓度的精氨酸及其代谢产物(如一氧化氮、多胺)的饲粮，可以改善胎盘的生长和功能，从而增加窝产仔数、提高同窝仔猪初生重的整齐度、降低侏儒猪的比例。精氨酸被认为是一种“功能性氨基酸”。功能性氨基酸可能是必需氨基酸，也可能是非必需氨基酸，在添加量高于或超出维持、生长和繁殖传统需要量的时候，在机体中发挥特殊的生理功能。功能性氨基酸是一个相对较新的概念，未来可能成为妊娠母猪饲粮营养需要的一部分。

2. 胎儿发育

(1)胎儿发育特点　妊娠第 70 天之前每个胎儿的蛋白质日沉积量为 0.25 g，妊娠第 70 天之后平均每天增加至 4.63 g。妊娠第 40～110 天，蛋白质沉积量占 51%～64%，而脂肪沉积量只占 12.4%～16%。其中肠道生长增加明显，在妊娠第 40 天和第 110 天时分别占体重的 2.5%和 6.2%，是生长最快的器官(McPherson 等，2004)。

(2)营养与胎儿发育　妊娠期间母猪对蛋白质和氨基酸的需要量比哺乳期低，早期研究表明，给妊娠早期母猪饲喂低至 0.5%蛋白质的饲粮，不会影响仔猪初生重。甚至在饲喂无蛋白质的日粮时，母猪也能生产出正常和健康的仔猪。在可利用蛋白质含量波动的情况下，有试验已表明，蛋白质水平对窝产仔猪数或出生体重无影响。分析原因是妊娠母猪能动员母体组织来保护胎儿的生长，从而能经受住蛋白质的缺乏。然而，体储的动员将会加剧母猪哺乳期间的分解代谢，断奶后的发情也会被延迟。

3. 乳腺生长

(1)乳腺发育特点　在妊娠的头一个月，在孕酮和泌乳刺激素的影响下，乳腺导管增生扩散进入未分化的组织块中。在妊娠中期，这些组织块开始分化成由乳分泌细胞构成的腺泡小叶，乳分泌细胞围绕着微型球(腺泡)内部排列。Ji 等(2006)也报道了在妊娠期 45～112 天乳腺重量明显增加，在第 75 天后乳腺增生加速发生。到了妊娠的最后 1 个月，腺泡小叶清晰可辨，腺泡完全成形并充满了糖浆样的分泌液。在妊娠最后 1/3 的时间里，大部分的发育在那层靠着最新形成的腺泡内表面的活跃的造乳细胞中进行。初乳中丰富的抗体是在妊娠的后 1/4 时间内合成的，并随乳房组织的生长呈指数增长。妊娠后期随着更多的导管和分泌组织代替脂肪而使乳腺的质量和体积增大，最终变得坚固。Hacker 等(1972)报道在第

75～112 天，由于脂肪和基质组织被腺泡组织广泛代替，腺体经历了较多的组织学变化。在妊娠最后的一周里，随着细胞数和它们合成速度的快速增加，乳腺的分泌速度也加强。分娩前 24 h 乳汁就可能从乳头排出。妊娠晚期活跃的乳腺组织快速发育，在开始分泌乳汁时存在的所有的分泌细胞，其大部分的形成只花费了整个发育时间的一小部分。

(2)营养对乳腺发育的影响　妊娠期间的营养会影响妊娠结束时的乳腺发育。妊娠后期和哺乳期乳腺发育加快，能量蛋白质需要量增加，能量和蛋白质不足均会影响母猪乳腺的发育，导致乳量和哺乳仔猪生产性能降低。为了确定妊娠结束时最佳乳腺发育所需的理想身体状况，有试验通过控制蛋白质和能量摄入来改变母猪的身体组成的研究表明，在妊娠结束时，过度肥胖的后备母猪(背膘厚度 36 mm)和更瘦的后备母猪(背膘厚度 24 mm)具有相似的乳腺重量，但与更瘦的后备母猪相比，过度肥胖的后备母猪的乳腺 DNA 浓度（即细胞数)急剧下降(约 3 倍)。然而，这些身体状况并不代表商业生产中看到的，并且当根据现行标准比较时，不知道肥胖、胖瘦适宜和瘦的后备母猪是否具有这种乳腺 DNA 的差异。

从妊娠第 75 天到妊娠结束时日粮能量的增加(24.07～43.93 MJ/天)，降低了妊娠 105 天时的乳腺实质重量。另外，增加蛋白摄入量对乳腺发育没有影响。这一发现后来被 Kusina 等(1999)证实，他们认为，妊娠 25～105 天的赖氨酸摄取量为 4 g/天、8 g/天或 16 g/天，并没有改变妊娠结束时乳腺的发育。

在妊娠前 10 周限饲(提供对照饲料的 70%蛋白质和 DE)，然后 10 周后超额补给(提供对照饲料的 115%蛋白质和 DE)直到妊娠结束，在妊娠结束时实质组织较少，实质组织组成没有变化。该研究的目标是考虑补偿性饲喂对乳腺发育的影响，尽管过度饲喂期的增长率有所增加，但这一增加不足以补偿在早孕限饲期间的体重减轻。需要开发更好的适应性饲喂方式，以便能够真正评估补充饲喂对妊娠后备母猪乳腺发育的影响。

最近有报道显示，妊娠和哺乳期母猪的营养可能影响其后代的乳腺发育。Farmer 等(2008)报道从妊娠第 63 天到哺乳期结束时，饲料中补充 10%亚麻籽增加了后代在发情期时乳腺实质质量。这是第一次证明了这种猪子宫内膜效应，并且在促进乳腺发育的饲养策略上开发了新的途径。

Nielsen 等(2001)研究表明，仔猪窝生长速度与乳腺大小呈正相关。妊娠期乳腺生长的特征是，妊娠后 1/3 期乳腺实质质量和乳腺组织 DNA 浓度显著增加，这与胎儿蛋白质沉积速率的增长一致。单个乳腺的平均蛋白质日沉积速量在妊娠期缓慢发育阶段(第 1～75 天)为 0.08 g，在妊娠期迅速发育阶段(第 75～112 天)则平均达到 1.05 g。假设有 12 头仔猪，14 个乳腺，将饲粮氨基酸在胎儿和乳腺池之间进行分配，以满足组织蛋白质沉积的需要量，在妊娠期缓慢发育阶段，乳腺和胎儿蛋白质合成利用的氨基酸分别占27%和73%；在妊娠期迅速发育阶段，为了满足胎儿对蛋白质沉积的需要，这种分配发生了改变，乳腺沉积只占21%，而胎儿沉积占79%。虽然变化较小，但是这种改变可使妊娠前期和中期的饲粮氨基酸比妊娠后期更多地用于乳腺组织蛋白质沉积。这说明最大限度地降低乳腺脂肪沉积、提高氨基酸用于乳腺蛋白质沉积的重要性，尤其是在妊娠期缓慢发育阶段，这种最大化依赖于适当的氨基酸平衡。例如，缓慢发育阶段和迅速发育阶段的过渡与组织学结构的变化一致，妊娠早期脂肪小叶胶原组织形成丰富的网状结构，妊娠中期输乳管延伸，以及妊娠后期上皮结构发育。因此，乳腺蛋白质组成可能随着基质细胞蛋白质的改变而改变，与上皮细胞蛋白质相比，基质细胞蛋白质包含更多的羟脯氨酸。

虽然妊娠早期和妊娠后期乳腺组织氨基酸的组成和比例尚不明确，但是这可能为析因法计算妊娠期饲粮氨基酸比例提供帮助。另外，对决定妊娠期乳腺氨基酸摄取的因素也缺乏研究。考虑到妊娠后期乳腺发育明显加快，所以乳腺氨基酸的利用率和氨基酸缺乏很可能会增加。

最后，妊娠期的能量摄入会降低妊娠期迅速发育阶段（75～105天）乳腺实质组织的蛋白质沉积，因此很可能会影响氨基酸的利用率。初产母猪摄入过多能量，会降低DNA合成、乳腺实质组织的RNA和总蛋白。虽然提高饲粮蛋白质水平不会增加乳腺实质组织中的总蛋白，但是会降低乳腺实质外基质的重量。因此，妊娠期5～105天提高饲粮蛋白质水平，不利于乳腺的发育，高能量饲粮对乳腺分泌组织的发育也是有害的。

2.3.3 妊娠后期(90天至分娩)

1.妊娠后期生理特点

从胚胎到胎儿时期的转变发生在胚胎的细胞开始分化出胎儿身体的主要器官开始。这一变化大约发生在妊娠的第30天。到了这个时期，胎儿身体的主要器官已经形成，心脏血管系统已经确立，并且具有了功能，在妊娠结束前只经历很小的变化。胎盘功能健全，并且有效地充当胎儿胃肠消化道、肺、肾、肝和内分泌腺的角色。在妊娠第30天到妊娠结束是胎儿和胎盘快速生长的阶段。胎盘膜在20～60天快速生长，生长速度超过了胎儿；随后它们的生长速度减慢，胎儿的生长速度加快。在第70～100天胎盘的重量恒定，而胎儿的重量在60天到出生前呈指数增长。

猪的胎盘是分散的上皮绒毛膜胎盘。这是因为在营养交换上它没有深入的结构（像反刍动物胎盘的附属物），并且所有母体和胎儿的膜都是完整的（母体血管内皮、结缔组织、子宫内膜上皮；胎儿绒毛膜上皮、结缔组织、血管内皮）。在妊娠早期,子宫内胎儿胎盘的膜都是一层一层清晰可辨。在子宫角内的胎儿都是头面朝足的方向。妊娠的后 2/3 的时期,胎儿胎盘膜连接处的末端出现了黏附和融合,与牛的雄犊双生的雌犊(freemartins)不同,在膜之间通常没有血管的连接。

胎盘的主要作用是将母体的营养传给胎儿。胎盘转运营养和氧气的效率由和子宫壁接触的表面积(绒毛膜绒毛表面)和母体-胎儿的血流量决定,主要是依靠胎盘转运的动力传输。猪是非侵入的分散上皮绒毛膜胎盘,母体血液很好地与可吸收绒毛膜表面分开。氧气的转运率受到血流量的限制。相比之下,丰富活跃的特定的转运蛋白调节胎盘葡萄糖、氨基酸、离子和分子的转运。胎盘葡萄糖的转运是通过载体易化扩散完成的,包括几个葡萄糖转运体的亚型。许多氨基酸也是通过胎盘转运的,运用了逆反胎儿-母体浓度梯度的能量依赖性机制。这些包括钠依赖和非依赖的氨基酸转运系统,它们拥有不同的活性。

胎盘糖无氧代谢产生的葡萄糖和乳酸为胎儿提供了主要的能源。正常情况下,胎儿体内碳水化合物的氧化大约要消耗 75%的氧气。尽管转运给胎儿的氨基酸有一部分被有氧代谢当作能量使用,但大部分还是用来形成新的组织。

同一窝中胎盘和胎儿重也会有很大差别,青年母猪和母猪每窝中大约有 1/3,最少也会有一头仔猪明显比其他仔猪小很多。这些发育不全的或是子宫内生长滞后的仔猪死亡率和发病率都很高,它们在达到上市体重前都需要额外的投资。仔猪初生重可以反映妊娠 30 天的胎儿重,可以看出妊娠早期那些脱离其他同胞的生长发育不健全的胎儿。现在还是没有好的方法来减轻低初生重造成的影响。总而言之,所有的结果表明我们提高母猪多产的策略应该是改善妊娠期同窝胎儿发育的一致性。

高产与母猪子宫容受性有关,子宫的容受性是指所能容纳的胎儿的最大数,子宫容量大可为每个发育中的胎儿提供可用的物理空间,而且还包含母体提供营养和转移废物的能力。子宫的容受性受到母猪胎次和基因型的影响,“高产”系和梅山猪为子宫容受性的提高提供了依据。

2.营养调控

(1)胎儿生长、仔猪初生重和窝产仔数　胎儿生长在整个妊娠期呈指数增长,并且主要发生在分娩前的最后 10 天。事实上,胎儿 1/3 的体重增加几乎是在这么短的时间内完成的。胎儿生长(和其后的出生重)对于哺乳期和断奶后的仔猪存活和生长性能都很重要。在母猪营养方面,高胎儿生长率增加了妊娠晚期的蛋白质和氨基酸需要。通常营养物质优先于后代,如果母体饲料供应不足,或者如果饲料组成对于妊娠晚期母猪不是最佳的,则将动员身体脂肪和蛋白质库以确保胎儿和其他生殖组织的生长。与此相应,增加采食量或增加能量供应,对妊娠晚期的母猪通常没作用,或只是对仔猪出生重有轻微效果。然而,*L*-肉碱似乎能够在妊娠期刺激胎儿生长，其作用模式被认为是通过增加胎盘生长，导致更多的营养转移给仔猪。最近经遗传改良提高了现代高产母猪品系的窝产仔数，而增加窝产仔数可能降低了仔猪平均出生重，但还是增加了母体对胎儿生长和其他繁殖组织生长的营养物质供应。从营养学角度来看，最好应根据实际的窝产仔数，来为围产期母猪提供更优的营养供应。然而，从实践的角度来看，这是不可能的，因为在分娩前窝产仔数是未知的。但在分娩后，最终窝产仔数通常等于哺乳第 1 天或第 2 天的活仔数，可用此指标来代表实际窝产仔数。

(2)新生仔猪的糖原储备　新生仔猪非常容易因能量供应不足而死亡。在初乳期，新生仔猪通过动员来自肝和肌肉的大量糖原，以应对子宫外环境中的低环境温度，并且由于仔猪的高体表面积与体积比率，而导致非常大的热损失。糖原在妊娠晚期储存在胎儿中（不仅在最后 10 天），其目的是为新生仔猪提供能量。在胎儿生命期间，增加仔猪存活率的遗传选择可能是通过增加了肝脏和肌肉组织中的糖原沉积实现的。保留在一窝 17 头新生仔猪中的糖原总计约为 1 kg，该量大致相当于 2 kg 标准母猪妊娠饲料中的淀粉含量。由于糖原储备库在分娩前的最后 2～4 周期间积累，并且妊娠期日粮中淀粉非常丰富，因此，新生仔猪的糖原储备从营养数量角度看可能并不缺乏。然而，从福利和经济的角度来看，确实有必要研究是否可以通过改变母猪营养来改善糖原储备。Seerley 等（1974）报道了当母猪在妊娠第 109 天开始以玉米淀粉额外补充能量时，新生仔猪肝脏中糖原浓度较高。根据 Jean 和 Chiang（1999）报道，与大豆油相比，从妊娠第 84 天直到分娩饲喂 10％中链脂肪酸或 10％椰子油豆油，可提高出生后 4 h 仔猪的肝糖原含量。然而，Boyd 等（1978）报道，当母猪从妊娠的第 100 天直到分娩额外添加玉米淀粉或牛油时，新生仔猪的肝糖原浓度并未提高。同样，Newcomb 等（1991）报道，在母猪妊娠期的最后 14 天，饲喂淀粉、大豆油和中链甘油三酯，均未对新生仔猪的肝糖原含量产生影响。

(3)胎盘、子宫、羊水和胎膜　胎盘和子宫也在妊娠晚期以指数增长，因此，在妊娠的最后 10 天营养物质沉积量很大。相反，羊水体积在妊娠的第 80 天左右达到峰值，并且胎膜增长相当缓慢，因此羊水和胎膜在妊娠晚期的营养物质需要量可以忽略。胎盘和子宫（肌肉增长）增长所需的能量相当低，可以忽略，但是它们的肌肉增长所需的氨基酸的量是相当大的。在分娩过程中，胎盘、羊水和胎膜被从母猪中排出，因此，保留在这些繁殖组织中的营养物质也随之从母猪丢失。相反，子宫恢复会在分娩后的第一周开始，这一过程中释放了可用于泌乳的营养物质。从子宫恢复供给母猪循环的能量很少并且可以忽略，但是大量的蛋白质和必需氨基酸被释放回血液中，因此围产母猪营养最好考虑到这一点。目前尚不清楚母猪营养是否影响胎盘和子宫组织的增长和复旧，但因为这些生理过程与后代存活相关，而且是高度优先的，因此推测营养的影响可能相当小。

(4)乳腺发育　大部分乳腺发育发生在妊娠期的最后1/3,但分娩前10天乳房仍然相当小。在妊娠晚期乳腺发育速度的模式尚不清楚,但毫无疑问,通过目测妊娠晚期母猪的乳房变化,就可知在妊娠期的最后10天里乳腺发育的速度在加快,见图2-2。

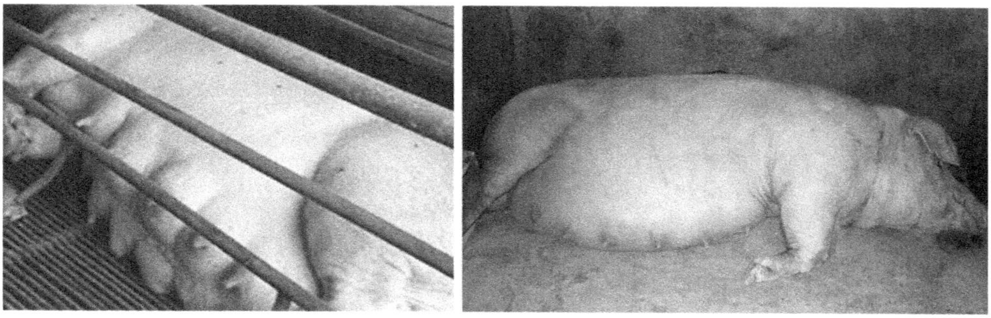

图2-2　临近分娩的母猪

乳腺持续发育到哺乳期第10天左右,但在分娩后的发育速度比分娩前慢,并且对营养需要产生影响。此外,如果乳腺由于某些原因在分娩后没有被吮吸,这些乳腺将在分娩后的第一周内复旧,此时,大量的氨基酸和少量能量将被再循环到血液中。然而,在现代高产母猪中,由于有大量的哺乳仔猪,非哺乳乳腺的数量较少,因此常常忽略了来自复旧乳腺的氨基酸动员。

(5)初乳合成　母猪在分娩前开始合成初乳,在妊娠期第80天左右,可在母猪血浆中检测到第一种已知的初乳成分(β-乳球蛋白),而乳猪血浆中α-乳白蛋白(催化乳糖合成的酶复合物的一部分)增加,是在妊娠期的最后一周。与此一致,Hartmann等(1984)报道,母猪血浆中乳糖含量在分娩前4天开始显著增加,这些研究表明,初乳乳糖主要在妊娠的最后几天产生。与之相反,目前尚不知道初乳中脂肪何时产生,也不知免疫球蛋白和生长因子何时合成。从营养学角度来看,生产乳糖、通过初乳分泌产生的能量并不是母体的主要投入,但是就蛋白质和氨基酸而言,初乳生产显然是一项重大投入。最近研究发现,实际初乳产量比以往报道的平均值要高30%,因此,就蛋白质和氨基酸而言,母体的投入甚至比以前认为的更大。据报道,母猪的初乳产量平均为(5.9±0.1) kg(n=126头母猪),但以个体计,其范围为2.7～8.5 kg。目前认为大多数的泌乳启动发生在妊娠的最后7～10天。然而,当初乳由仔猪吸出后,还可能在分娩开始后产生初乳。妊娠晚期的营养状况会影响母猪的初乳产量。要重点强调的是,初乳生产似乎不会对母猪的能量需要有很大的影响,因为它是在长时间里生产,而初乳产量会对母猪蛋白质和氨基酸平衡产生较大影响。除了初乳的数量之外,初乳质量对于仔猪可能也是很重要的,因为母猪的生产力，是要由初乳的体积和成分，来向仔猪传送营养物质和生物活性成分的。初乳含有乳糖和脂肪，具有向新生仔猪供应能量的重要作用。此外，初乳含有非常丰富的蛋白质，主要由高浓度的免疫球蛋白构成，还有生长因子存在。母猪营养可以增加脂肪的浓度，或者可能改变免疫球蛋白和生长因子的浓度，而可能不会改变乳糖浓度，因为乳糖会通过渗透作用将水吸入乳腺腔。从营养学角度来看，初乳的产量比其组成更重要，因为在各个母猪之间，初乳产量可能有 3 倍的差异，而初乳蛋白质浓度变化的程度要小得多。

2.4 妊娠母猪日粮配方示例

不同国家在妊娠期使用日粮的示例见表 2-15。后备母猪、初产母猪和经产母猪使用的日粮配方示例见表 2-16。

表 2-15 不同国家妊娠母猪日粮示例

（王若军主译，2005）

原料/%	英国	美国	德国	澳大利亚
大麦	22.1	—	15.0	26.0
小麦	30.6	—	10.0	30.0
小麦饲料	35.0	—	—	16.5
燕麦	—	—	—	10.0
燕麦饲料	—	—	36.0	—
玉米		77.8	10.0	—
玉米蛋白粉	7.5	—	—	—
黑小麦	—	—	12.0	—
豆粕	—	17.7	1.0	—
羽扇豆	—	—	—	10.0
脂肪	—	—	2.0	1.0
大豆酸油	0.84	—	—	—
肉粉	—	—	1.0	5.6
糖蜜	—	—	5.0	—
废糖蜜(strips)		—	5.0	—
向日葵	1.2	—	—	
赖氨酸盐酸盐	0.07	—	—	0.07
dl-蛋氨酸	—	—	—	0.01
石粉	2.01	0.8	—	0.08

续表 2-15

原料/%	英国	美国	德国	澳大利亚
氯化胆碱	—	—	—	0.04
磷酸氢钙	0.12	—	—	—
磷酸二氢钙	—	2.7	—	—
盐	0.31	—	0.5	0.5
矿物质+维生素	0.25	0.5	3.0	0.2

表 2-16　后备母猪(澳大利亚)、泌乳一胎母猪(澳大利亚)和一般母猪日粮(英国妊娠和泌乳)示例

(王若军主译,2005)

原料		后备母猪	一胎泌乳母猪	一般母猪(妊娠和泌乳)
日粮配合比例/%	大麦	25.0	12.0	15.0
	小麦	29.0	45.76	37.0
	小麦饲料	16.0	8.0	24.8
	玉米蛋白粉	—	—	7.5
	Hipro 豆粕	—	10.0	10.3
	脂肪	—	4.0	1.08
	大豆酸油	3.0	10.5	1.16
	羽扇豆	15.0	—	—
	双低菜籽粕	5.0	—	—
	肉粉	5.27	6.0	—
	血粉	—	2.0	—
	苏氨酸	0.2	0.1	
	氯化胆碱	—	0.01	—
	赖氨酸盐酸盐	0.19	0.03	0.14
	dl-蛋氨酸	0.04	0.10	—
	石粉	0.9	0.9	1.73
	磷酸氢钙	—	—	0.73
	盐	0.2	0.4	0.31
	矿物质+维生素	0.2	0.2	0.25

续表 2-16

	原料	后备母猪	一胎泌乳母猪	一般母猪（妊娠和泌乳）
营养成分	消化能/(MJ/kg)	13.5	14.5	13.3
	粗蛋白/%	16.7	20.0	16.0
	油/%	6.2	6.8	4.3
	纤维/%	6.4	4.4	5.0
	中性洗涤纤维/%			19.2
	灰分/%	5.4	5.5	6.0
	Ca/%	0.94	1.10	0.95
	有效 P/%	0.41	0.43	0.23
	Ca∶P/%	1.38	1.53	1.46
	盐/%	0.35	0.59	0.5
	赖氨酸/%	0.88	1.20	0.8
	有效赖氨酸/%	0.72	1.05	0.68
	蛋氨酸/%	0.27	0.36	0.24
	蛋氨酸+胱氨酸/%	0.58	0.70	—
	有效蛋氨酸+胱氨酸/%	—	—	0.45
	苏氨酸/%	0.59	0.78	
	有效苏氨酸/%	—	—	0.4
	色氨酸/%	0.19	0.23	0.18
	有效色氨酸/%	—	—	—

2.5 北美、丹麦等推荐的妊娠母猪饲喂程序

2.5.1 北美模式

北美模式母猪妊娠期分为 3 个阶段：第一阶段是妊娠早期(0～28 天)，关注胚胎成活率，限制采食量，通常建议母猪的饲喂量为 1.8～2.0 kg/天；第二阶段是妊娠中期(29～74 天)，关注母猪体况，增加采食水平，通常建议母猪的饲喂量为 2.2 kg/天左右；第三阶段是妊娠后期(75 天至分娩)，关注胎儿的生长，进一步提高

采食水平，通常建议母猪的饲喂量为 3.5 kg/天。北美模式下，推荐的饲喂量是基于代谢能 12.558 MJ/kg 的玉米-豆粕型基础日粮。由于从妊娠前期到妊娠中期再到妊娠后期母猪的饲喂量逐渐升高，因此这样饲喂模式也被称为“步步高”模式。

2.5.2 丹麦模式

丹麦模式也包括 3 个采食量调节的主要阶段。第一阶段是妊娠早期(0～28 天)，此期让母猪尽快恢复膘情体况，配种后 0～3 天是受精卵着床的关键期，也需要限制采食量，通常建议母猪的饲喂量为 1.8 kg/天左右；而 4～28 天，建议母猪的饲喂量为 2.8 kg/天左右。第二阶段是妊娠中期(29～90 天)，此期关注母猪体况的维持，通常建议母猪的饲喂量为 2.3 kg/天左右。第三阶段是妊娠后期(91 天至分娩)，为满足胎儿快速生长发育的营养需要，提高营养水平，此期通常建议母猪的饲喂量为 3.0 kg/天左右。丹麦模式下，推荐的饲喂量也是基于代谢能 12.558 MJ/kg 的玉米-豆粕型基础日粮。由于母猪妊娠期饲喂量是前期升高、中期降低、后期又升高，因此形成了“高低高”的饲养模式。

2.5.3 推荐饲喂模式

妊娠 0～7 天，此阶段受精卵游离在输卵管和子宫内。高能量饲料会导致血液中孕酮含量分泌不均匀，而导致胚胎死亡，特别是配种后的 48～72 h。按照体重 1%的重量饲喂，应在配种当天将饲喂量降低至 1.5～1.75 kg/天，不足 150 kg 的母猪饲喂 1.5 kg。妊娠 8～30 天，每天饲喂 2.75 kg 左右。胚胎 18～22 天完成着床，但 4 周以前胚胎不具备与母体胎盘进行物质交换的能力，需要子宫分泌子宫乳供应营养，因此需要饲喂高营养物质维持。妊娠 31～75 天，此时胚胎已具备与母体胎盘进行物质交换的能力，在此期间胚胎组织器官进一步形成和发育，如 35 天形成骨骼。胚胎重量可达 350 g 左右，因此饲喂量可在 2.0～2.5 kg/天。因此可在此期间调整母猪体况。根据背膘调整饲喂量，保持母猪八成膘。妊娠 76～95 天，这一时期是母猪乳腺二次发育期，禁止高能量饲喂，过多的饲喂量导致乳房中沉积大量脂肪，阻碍乳腺发育。因此建议饲喂 1.9～2.25 kg/天。妊娠 95～110 天，为促进胎儿的快速生长，每天饲喂 2.8～3.5 kg。产前(111 天～分娩)为预防便秘，顺利分娩，产前 24～36 h，喂量 2～2.5 kg/天，产仔当天可少喂或不喂。青年母猪增加日粮量 10%～20%，冬季可增加喂量 10%～20%，日喂 2 次。

思考题

1. 胚胎生长发育具有哪些规律?
2. 什么是孕期合成代谢?
3. 妊娠母猪需要采用限制性饲喂吗?
4. 简述叶酸对母猪营养调控作用。
5. 简述北美和丹麦妊娠母猪的饲喂程序。

第3章

哺乳母猪的营养调控

【本章提要】泌乳期是母猪繁殖周期中非常重要的阶段，此阶段主要目标是饲养出大量、健康和体重大的仔猪。本章将系统地从生理代谢特点、各营养素需要等方面介绍哺乳母猪健康高效生产的营养需要和日粮配制；主要从采食量以及与采食量密切相关的泌乳量、产后失重等方面探讨哺乳母猪的营养调控关键技术。

3.1 哺乳母猪营养需要

哺乳母猪是一个猪场管理的核心，管理水平直接影响全场生产效益的高低。母猪除维持自身正常代谢和增长体组织外，还要考虑泌乳哺育仔猪，泌乳量和乳成分取决于饲料营养成分的供给数量，同时泌乳量和乳成分又直接影响断奶体重和存活率，断奶后母猪的膘情直接影响下一胎的繁殖性能。

3.1.1 哺乳母猪的生理和营养代谢特点

1. 哺乳母猪的生理特点

母猪分娩后，消化机能下降，采食量低、食糜流通速度减慢，从而导致母猪肠道后段有很强的发酵能力，纤维分解菌的数量约为生长猪的 6.7 倍，在日粮中适当提高粗纤维水平对于母猪的繁殖性能与健康有益处；哺乳母猪的采食潜力很大，远大于其妊娠所需的量；哺乳母猪的营养需要一般较高，代谢旺盛，所需要的营养物质较空怀时提高很多。因此，日粮配制时对能量、蛋白质的需要也要按哺乳仔猪头数的增加而增加，矿物质和维生素对哺乳母猪的影响也很大，若长期供给不足，会导致母猪泌乳量下降，母猪消瘦，影响再次的发情配种，仔猪瘦弱，易患病。

2. 哺乳母猪泌乳特点

(1)母猪泌乳规律

①母猪乳腺结构　每个乳头有2～3个乳腺团，各乳头间互相没有联系，母猪的乳房没有乳池，不能随时排乳，产仔以后通过仔猪用鼻拱乳头的神经刺激将乳排出。

②泌乳次数　母猪每天泌乳20～26次，每次间隔1 h左右，一般泌乳前期次数较多，随仔猪日龄增加泌乳次数减少。夜间安静泌乳次数较白天多。

③泌乳量　母猪泌乳全期产奶量300～400 kg。每日泌乳5～9 kg，每次泌乳量0.25～0.4 kg。全期泌乳量的变化，一般在分娩后逐渐增加，至21天左右达到高峰，以后逐渐下降。母猪胎次不同泌乳量不同。初产母猪泌乳量低，3～5胎泌乳量最高，以后逐渐降低。

④不同乳头的泌乳量　同一头母猪不同乳头的泌乳量是不同的，前3对乳头泌乳量多，占67%，后4对泌乳量较小，占33%。（第1对＞第2～4对＞第5对＞第6对，第6对以后产乳量低）。

（2）初乳与常乳　初乳是指母猪分娩后3天以内所分泌的乳，分娩3天后所分泌的乳汁为常乳。同一头母猪的初乳和常乳的成分相比较，初乳有以下特点：

①初乳含干物质比常乳高1.5倍，蛋白质比常乳高3.7倍：

②初乳中水分、脂肪、乳糖和矿物质低于常乳。

3.哺乳母猪的营养代谢特点

（1）母体的营养物质代谢特点　在泌乳期，营养物质的代谢变化都与泌乳功能相关。在哺乳动物中，通常泌乳期的葡萄糖会偏向于在乳腺用于乳汁合成。肝脏代谢为乳腺外组织提供了主要的能量来源，其提供能量的形式主要为乳酸（0.89 mmol/h）。在泌乳期，肝脏自身主要利用脂质，占利用总能量底物的41%。

而对于母猪而言，泌乳期大多数母体内蛋白质和脂肪储备都会被动用，以参与乳汁合成。但当体重和蛋白质损失超过12%时，母猪可能会出现繁殖问题，如从断奶到发情期的间隔延长、受孕后怀孕率降低及产仔数减少。初产母猪面临的这种风险尤其明显，因为它们仍然有自身增重的营养需求，但同时饲料摄入量却较低，可供动用的脂肪和蛋白质储备也较少。由于断奶后至第一次再发情的间隔主要受泌乳期采食量的影响，因此提高泌乳期母猪的采食量对于母猪泌乳性能的发挥及缩短发情间隔尤为重要。

（2）乳腺的营养物质代谢特征

①氨基酸代谢　除葡萄糖外，乳腺在泌乳期还大量利用氨基酸以满足泌乳需要。在泌乳期，母猪乳腺对氨基酸的需求基本决定了氨基酸的总需求量。在哺乳母猪的乳腺中，赖氨酸几乎不发生其他代谢而作为蛋白质合成的唯一底物。此外，对于泌乳而言，蛋氨酸和缬氨酸也十分重要，是影响母猪泌乳量的限制性氨基酸。

②葡萄糖代谢　血糖是合成乳糖的主要前体。葡萄糖占母猪乳腺组织总碳质

量的 40%～60%。乳腺吸收的葡萄糖占身体总葡萄糖需求的相当大的比例。葡萄糖一旦进入乳腺，就被用作乳糖、甘油和脂肪酸合成的主要底物，另外还可能为与维持乳腺相关的代谢过程提供能量。按照 1 300 g 葡萄糖支持 11 kg 的产奶量进行估算，猪乳房每天可消耗约 2 000 g 葡萄糖，以维持每日 11.4 kg 的产奶量。每天乳腺要消耗来源于饲料消化产生葡萄糖的 54%。其中，乳糖产量与葡萄糖摄取之间的比例为(0.35～0.68)∶1。

③其他能量前体物质的代谢　除葡萄糖外，泌乳期母猪的乳腺也具有合成脂肪的能力，母猪乳腺还利用甘油三酯和乳酸。脂肪酸被乳腺摄入后，可被直接合成为甘油三酯而进入乳汁；另外，腺上皮细胞中表达脂肪酸从头相关的酶，因而乳腺上皮细胞还具有从头合成脂肪酸的能力。

④矿物质与维生素的代谢　哺乳母猪乳腺吸收矿物质和维生素也有差别。乳腺对于磷呈现出正向摄取，采食后磷在乳腺组织中的动静脉血差异增加，而钙的摄取在餐后保持不变。动脉血中钙和磷的提取率(分别为 4.1%和 3.1%)通常低于其他主要营养素的提取率(20%～35%)。此外，母猪乳腺对核黄素(3.4 pmol/mL)、叶酸(1.2 ng/mL)的摄取很少，甚至没有。

3.1.2　确定哺乳母猪营养需要量需要考虑的因素

1.母猪体重大小和损失

哺乳期间母猪掉膘最好不要超过 10 kg。断奶掉膘超过 10 kg 会导致断奶至配种间隔延长，而且断奶后 10 天内母猪发情率降低。经历分解代谢的(严重掉膘的)母猪的分娩率较差，窝产仔数也较少。

2.产仔数

母猪一窝带仔数多少与其泌乳量关系密切，窝带仔数多的母猪，泌乳量也大，但每头仔猪每日吃到的乳量相对较少。带仔数每增加 1 头，母猪 60 天的泌乳量可大约增加 25 kg。母猪的放乳必须经过仔猪的拱乳刺激脑垂体后叶分泌催产素，然后才放乳，而未被吃乳的乳头分娩后不久即萎缩，因而带仔数多，泌乳量也多。因此，调整母猪产后的带仔数(串窝、并窝)，使其带满全部有效乳头的做法，有利于发挥母猪的泌乳潜力。产仔少的母猪，仔猪被寄养后，可以促使其尽快发情配种，从而提高母猪的利用率。

3.采食量

哺乳期低采食量会显著影响随后的繁殖成绩，主要是延长断奶至配种的间隔。采食量高的母猪膘情合理，泌乳量会增加。将母猪日粮转化成奶水会使仔猪生长速度最大化。瘦肉型母猪赖氨酸需求比较高，哺乳料赖氨酸水平应达 1.1%～1.2%，蛋白质含量应达到 17%～18%。能量水平范围为净能 9.4～9.5 MJ/kg(消化能

13.3～14.5 MJ/kg)。记住每头母猪都是单独个体,不同母猪采食量也不尽相同。一胎母猪情况特殊,因受食欲限制,其对能量和赖氨酸的需求量比经产母猪更高。可以通过饲喂早期生长料(1.3%赖氨酸,14.5 MJ/kg 消化能)或使用 50%的生长料来满足一胎母猪对营养的需求。可人工在初胎母猪的哺乳饲料中添加鱼粉 150 g/天;每吨哺乳料中添加 1.5 kg 葡萄糖可以增加饲料的适口性。这样有助于缩短断奶和配种间隔。哺乳期母猪产后 3 天开始应根据其食欲自由采食哺乳料,但要注意不要引起消化不良;每天至少喂 2 次,每次饲喂量应足够,使母猪在 1.5 h 内吃完;晚上一餐的饲喂量应最多,保证母猪在夜间凉爽时可以采食;许多猪场给产后 14 天内母猪每天喂 2 次,14 天以后每日 3 次;避免在炎热的中午喂料,母猪喜欢在清晨和傍晚采食;水流量需要达到至少每分钟 2 L,应考虑饮水器的类型与可获得性;哺乳母猪在产后第 18 天的采食量应达到 10 kg 以上。不同品种的母猪在哺乳期间的采食量差异较大。保证哺乳母猪达到最大采食量。许多母猪在哺乳期第 2 周与第 3 周采食量会有所下滑,这会影响泌乳量和仔猪断奶重。要确保采食量下降不是因水量不足或流速缓慢引起的。有研究表明,逐渐增加哺乳母猪采食量可以提高仔猪断奶重。这种说法颇具争议,而且也与饲料质量有关。建议管理者根据自己的情况判断。哺乳期的前 2 周摄入足够的能量和赖氨酸有助于刺激卵巢卵泡的发育,并能提高下个情期的排卵数。

3.1.3 哺乳母猪的营养需要

1. 哺乳母猪的能量需要量

泌乳能量需要包括维持能量需要与产乳能量需要,产乳量是影响哺乳母猪能量需要的主要因素。产乳量取决于母猪的遗传潜力、窝仔猪数和泌乳天数。产乳的遗传潜力主要通过仔猪的生长速度来体现,这也是最先测定哺乳母猪产乳能量需要的方法。与产乳量相关的能量含量可以通过仔猪生长速度和窝产仔数来估计。

哺乳母猪自由采食非常重要。限制采食量对年轻哺乳母猪的代谢、繁殖及相应组织动用的影响要比对老年母猪更大。饲喂高能饲粮(通过降低饲粮纤维和增加饲粮脂肪含量)可增加哺乳母猪能量摄入量。当能量摄入经常不足以支持产乳需要时,导致母猪需要动用贮存的体脂和蛋白质去支持泌乳,因此期望哺乳母猪能有最大的采食量。

哺乳母猪 ME 转化为产乳的效率为 0.67～0.72(NRC,2012),推荐为 0.70。哺乳母猪饲粮的 ME 很少能满足产乳的能量需要,母猪体组织因此被分解用于产乳的能量需要,体组织能量转化为产乳的效率范围为 0.84～0.89。

2. 哺乳母猪的蛋白质和氨基酸需要量

(1)蛋白质需要量　哺乳母猪每天泌乳中含有 0.41～0.54 kg 蛋白质,泌乳前

8～9 天内，从乳中分泌出的蛋白质相当于母猪在 14 天妊娠期内增长体组织和胎儿沉积的蛋白质，因此泌乳期饲粮蛋白质需要量比妊娠期高。据报道，饲料中蛋白质含量从 12%提高到 18%时，母猪的日采食量由 5.0 kg/头增加到 6.3 kg/头，而且泌乳量增加。氮平衡试验表明，为了最大限度地提高氮的沉积，日粮蛋白质水平应不低于 202 g/kg(赖氨酸 12.8 g/kg)。

(2)氨基酸平衡和需要量

①氨基酸平衡 饲粮氨基酸平衡模式影响哺乳母猪必需氨基酸在体内的利用率，母猪摄入适宜比例的必需氨基酸饲粮才能使其生产潜能最大化。哺乳母猪摄入的必需氨基酸超过 90%被乳腺细胞摄取用于合成乳蛋白质和维持乳腺的正常功能。赖氨酸、蛋氨酸和组氨酸主要参与乳蛋白质的合成，而缬氨酸、亮氨酸、异亮氨酸和苏氨酸等除了参与乳蛋白质合成外，还参与乳腺的发育及维持乳腺细胞正常等功能。20 世纪 90 年代初期建立哺乳母猪理想氨基酸模式，主要是以乳中各种必需氨基酸比例为依据建立的。随着研究方法和技术的不断改进，通过乳腺动静脉插管技术，研究者发现乳汁氨基酸比例不能准确代表乳腺氨基酸摄取比例，尤其是支链氨基酸和精氨酸，其摄取量超出乳中含量的 20%～50%。同时，在建立理想蛋白质氨基酸模式时应把母猪在泌乳期间的体重损失考虑其中。经过动物营养学家的大量研究，目前已建立了多个哺乳母猪理想蛋白质氨基酸模式，表 3-1 列出了比较经典的哺乳母猪理想蛋白质氨基酸模式。

表 3-1 哺乳母猪理想蛋白质氨基酸模式(总氨基酸) %

氨基酸	AEC (1993)	NRC (1998)	ARC (2003)	InraPorc 模型	NRC (2012)
赖氨酸	100	100	100	100	100
蛋氨酸＋胱氨酸	56	49	55		52
苏氨酸	70	64	66	66	67
色氨酸	20	18	18		19
苯丙氨酸＋酪氨酸	114	110	114	115	115
亮氨酸	114	107	112	115	113
异亮氨酸	70	55	60	60	56
缬氨酸	70	85	76	85	87
精氨酸	30	51		67	54
组氨酸	39	39	40	42	40

②氨基酸需要量 哺乳期母猪乳腺良好发育和充足产乳量是保证仔猪快速增长的前提。哺乳期特别是初产母猪的哺乳期，一定要使母体蛋白质损失最小，否则会影响以后的繁殖性能。体组织损失过多是降低母猪繁殖性能的重要原因，会使

母猪的利用年限缩短。

近年来国内外学者也对哺乳母猪氨基酸需要量进行了一些研究。Huang 等(2013)发现，与饲喂 0.95%总赖氨酸的饲粮相比，饲喂 1.10%总赖氨酸的饲粮可减少初产哺乳母猪体重损失，而且有缩短断奶至发情时间间隔的趋势。赵世明等(2001)报道，在生产条件下，大长二元母猪泌乳期饲粮赖氨酸水平以 0.80%～1.00% 为宜，赖氨酸的摄入量为 42 g/天。董志岩等(2013) 报道，在低蛋白质(15. 05%)氨基酸平衡饲粮的条件下，哺乳母猪赖氨酸适宜摄入量为 50.05 g/天，饲粮赖氨酸浓度为 0.95%时能获得较好的生产性能。陈熠等(2009) 研究了饲粮中添加缬氨酸对哺乳母猪生产性能的影响，结果表明，哺乳母猪饲粮缬氨酸含量为 1.09%，日采食 59 g 缬氨酸时仔猪可获得最大断奶窝重和断奶窝增重。李方方等(2013)报道，饲粮中添加缬氨酸提高了乳脂、乳蛋白质和非脂固形物的含量，降低了乳糖含量，当缬氨酸与赖氨酸的比例为 120%时效果最好。研究表明，在饲粮可消化赖氨酸与可消化缬氨酸、苏氨酸、含硫氨基酸和色氨酸比例为 100∶85∶66∶60∶19，哺乳母猪赖氨酸摄入量为 59 g/天时，哺乳母猪获得最高的氨基酸利用率和最好的生产性能。

3.哺乳母猪的碳水化合物需要量

猪饲料中最重要的碳水化合物是无氮浸出物和粗纤维。无氮浸出物主要由淀粉构成。

(1)淀粉需要量　淀粉主要存在于谷物籽实和根、块茎(如马铃薯)等中，很容易被消化。淀粉被食入后，在各种酶的作用下，最后转化成葡萄糖而被机体吸收利用。

(2)粗纤维需要量　猪对粗纤维的消化能力比其他草食家畜要低些，但粗纤维对猪消化过程具有重要意义。粗纤维在保持消化物的稠度、形成硬粪以及在消化运转过程中，起着一种物理作用。同时粗纤维也是能量的部分来源。粗纤维供给量过少，可使肠蠕动减缓，食物通过消化道的时间延长，低纤维日粮可引起消化紊乱、采食量下降，产生消化道疾病，死亡率升高；日粮中粗纤维含量过高，使肠蠕动过速，营养浓度下降，则仅能维持猪较低的生产性能。研究结果表明，仔猪和生长育肥猪日粮中粗纤维含量不宜超过 4%，母猪可适当增加，但也不要超过 7%。

4.哺乳母猪的脂类需要量

母猪饲料中添加油脂具有重要的营养和生理作用。在母猪泌乳期饲粮中添加油脂，能提高其能量和必需脂肪酸的摄入量，产乳量和乳脂含量显著提高，同时降低母猪泌乳期体重和背膘损失，为下一个繁殖周期做准备。在饲粮能量水平相同的条件下，添加油脂不会影响母猪泌乳期的采食量。添加油脂有利于提高哺乳母猪饲粮中能量的利用效率。在高温条件下，母猪采食量急剧下降，随着油脂水平的升高，母猪平均日能量摄入量呈线性增加。

母猪在泌乳期产生大量乳汁，若以单位体重来计算产乳量，1 头母猪 1 天的产乳量为 60 g/kg BW，而 1 头奶牛 1 天的产乳量仅为 50 g/kg BW，但母猪泌乳期营养物质摄入量有限，大多数母猪都处于严重的分解代谢状况，从而导致母猪泌乳期体重和背膘损失。在饲粮中添加油脂有利于降低母猪泌乳期体重和背膘损失，但在饲粮有效能值水平相同的条件下，添加不同来源的油脂对母猪泌乳期体重和背膘损失没有显著影响。而在相同的油脂添加水平条件下，高能量饲粮显著降低了母猪泌乳期体重和背膘损失。

泌乳期体重和背膘损失是影响母猪下一个繁殖周期繁殖性能的重要因素之一。在泌乳期饲粮中分别添加动植物油，对下一个繁殖周期繁殖性能有改善作用；与不添加油脂组相比，添加油脂组断奶后 8 天配种率、受孕率和分娩率显著提高，而淘汰率显著降低；随着母猪饲粮中添加油脂水平（0、2%、4%和 6%）的升高，下一个繁殖周期总产仔数和产活仔数呈线性升高。

5.哺乳母猪的水需要量

哺乳母猪通常建议自由饮水，这是由于哺乳母猪需要大量饮水来满足每天分泌乳汁及排泄而造成的水的流失，其饮水量范围为 12～40 L/天。哺乳母猪的饮水量与饲粮中食盐的浓度有关。水流速度对哺乳母猪饮水量的影响不显著，比如 2 L/min 与 0.6 L/min 的水流速度相比，哺乳母猪的饮水量没有明显改变。当哺乳母猪处于热应激时，水的温度对饮水量影响很大。与给予 22℃ 的水相比，给予 10℃ 或 15℃ 的水可以明显增加哺乳母猪的饮水量和采食量，降低直肠温度和呼吸频率，缓解哺乳母猪热应激，同时还可显著提高哺乳仔猪的窝断奶重和日增重。

6.哺乳母猪矿物质和维生素需要量

(1)矿物质需要量　猪乳中有 1%左右的矿物质，其中钙 0.21%，磷 0.15%，钙、磷比例为 1.4∶1。日粮中钙、磷不足或比例不当，一方面影响母猪泌乳量，影响仔猪生长发育；另一方面影响母猪的身体健康，出现瘫痪、骨折等不良后果。NRC(2012)推荐的钙、磷供给量为钙 0.63%～0.80%、总磷 0.56%～0.67%，同时要求哺乳母猪日粮至少为 4～5 kg，如果日粮低于这个数字，应酌情增加日粮中钙、磷的浓度，使母猪日采食钙至少 40 g，磷至少 31 g，从而保证母猪既能正常发挥泌乳潜力，哺乳好仔猪，又不会使自身健康受到影响，减少母猪计划外淘汰率，提高养猪生产经济效益。

其他矿物质如铁、铜、锌、硒、碘、锰等也应根据 NRC(2012)推荐标准酌情执行。据报道，哺乳母猪日粮中添加高铜可使仔猪断奶体重增加。母猪日粮中硒缺乏，会导致哺乳仔猪出现白肌病、营养性肝坏死和桑葚心等，降低仔猪育成率。

哺乳母猪日粮中食盐的含量应为 0.5%，夏季气候炎热、舍内无降温设施、母猪食欲减低时，可添加到 0.6%左右。增加盐的前提条件，必须保证清洁、卫生的饮水。

(2)维生素需要量　各种维生素不仅是母猪本身所需要的,还是乳汁的重要成分,仔猪生长发育所需要的各种维生素及矿物质几乎都是从母乳中摄取,从表 3-2 可知,哺乳母猪饲料中必须添加足够量的维生素才可满足仔猪对维生素的需要,保证仔猪的生长发育。

表 3-2　初乳和常乳中维生素和矿物质含量

(李观题,李娟,2015)

养分	初乳	常乳
维生素/(mg/100 mL)		
维生素 A	169	96
维生素 D	158	0.95
维生素 E	390	26
维生素 C	7.2	8.42
维生素 K_2	9.68	9.37
维生素 B_{12}	—	0.15
硫胺素	—	0.07
核黄素	—	0.28
烟酸	—	0.74
泛酸	—	0.46
叶酸	—	0.39
生物素	—	1.4
矿物质/(mg/100 g)		
钙	68.6	162.8
磷	101.7	118.3
钾	11.0	58.7
钠	68.5	39.3
镁	7.9	9.0
铁	0.2	0.2
锌	1.6	0.7
锰	—	3.6
铜	0.4	0.2

3.1.4 哺乳母猪的营养标准和饲喂

1. 哺乳母猪的营养标准

(1) 哺乳母猪每头每日营养需要量(表 3-3)

表 3-3 哺乳母猪每头每日营养需要量

(李观题,李娟,2015)

项目	体重/kg			
	120 以下	120～150	150～180	180 以上
采食风干料重/kg	4.80	5.00	5.20	5.30
消化能/MJ	58.28	60.70	63.13	64.35
粗蛋白质/g	672	700	728	742
赖氨酸/g	24	25	26	27
蛋氨酸+半胱氨酸/g	14.9	15.5	16.1	16.4
苏氨酸/g	17.8	18.4	19.2	19.6
异亮氨酸/g	15.8	16.5	17.2	17.5
钙/g	30.7	32.0	33.3	33.9
磷/g	21.6	22.0	23.4	23.9
食盐/g	21.1	22.0	22.9	23.3

(2)哺乳母猪每千克饲料养分含量(表 3-4)

表 3-4 哺乳母猪饲料养分含量

(李观题,李娟,2015)

项目	含量
消化能/(MJ/kg)	12.13
粗蛋白质/%	14.0
赖氨酸/%	0.50
蛋氨酸+半胱氨酸/%	0.31
苏氨酸/%	0.37
异亮氨酸/%	0.33
钙/%	0.64
磷/%	0.46
食盐/%	0.44

2. 哺乳母猪的日粮推荐配方

(1)哺乳母猪的日粮营养水平建议值(表 3-5)

表 3-5　哺乳母猪的日粮营养水平建议值

(卢德勋,2016)

母猪重/kg	175	175	175	175	175	175
仔猪增重/(kg/天)	0.15	0.20	0.25	0.15	0.20	0.25
母猪体重损失/kg	0	0	0	10	10	10
喂料量/(kg/天)	4.3	5.4	6.4	3.5	4.6	5.7
ME 摄入量/Mcal/天	14.1	17.5	20.9	11.6	15.1	18.5
粗蛋白质/%	7.4	7.9	8.3	7.8	8.4	8.7
粗蛋白质/(kg/天)	0.70	0.93	1.17	0.63	0.88	1.08
赖氨酸/%	0.37	0.41	0.44	0.40	0.44	0.47
赖氨酸/(g/天)	11.5	22.0	28.1	14.3	20.4	26.45

(2)哺乳母猪日粮推荐配方(表 3-6)

表 3-6　哺乳母猪日粮推荐配方

(卢德勋,2016)

成分		日粮编号									
		1	2	3	4	5	6	7	8	9	10
原料/lb	玉米	1 573	1 419	1 243	—	—	—	—	—	807	—
	高粱	—	—	—	1 559	1 410	1 234	—	—	—	804
	小麦(硬红冬麦)	—	—	—	—	—	—	1 660	1 496	807	805
	次粉	—	—	400	—	—	400	—	—	—	—
	豆粕(44%)	305	310	285	365	320	295	265	235	310	315
	干苜蓿粉(17%)	—	200	—	—	200	—	—	200	—	—
	碳酸钙	19	12	25	20	13	25	20	13	19	20
	磷酸氢钙	43	44	32	41	42	31	40	41	42	41
	盐	10	10	10	10	10	10	10	10	10	10
	维生素预混料	5	5	5	5	5	5	5	5	5	5
	总重	2 000	2 000	2 000	2 000	2 000	2 000	2 000	2 000	2 000	2 000

续表 3-6

成分		日粮编号									
		1	2	3	4	5	6	7	8	9	10
营养成分	粗蛋白/%	14.62	14.76	14.94	15.05	15.09	15.24	15.96	16.00	15.29	15.46
	赖氨酸/%	0.70	0.70	0.70	0.70	0.70	0.70	0.70	0.70	0.70	0.70
	色氨酸/%	0.18	0.20	0.18	0.19	0.20	0.19	0.22	0.24	0.20	0.20
	苏氨酸/%	0.55	0.56	0.55	0.52	0.53	0.53	0.53	0.55	0.54	0.53
	蛋+胱氨酸/%	0.51	0.51	0.49	0.43	0.44	0.42	0.56	0.56	0.53	0.49
	钙/%	0.90	0.90	0.91	0.90	0.90	0.90	0.90	0.90	0.90	0.91
	磷/%	0.70	0.70	0.70	0.70	0.70	0.70	0.70	0.70	0.70	0.70
	代谢能/(kcal/lb)	1 473	1 403	1 439	1 420	1 354	1 396	1 417	1 352	1 446	1 418

1 lb=0.453 6 kg

3. 哺乳母猪的饲喂程序

(1)哺乳母猪的饲养方式

①前高后低方式　这种方式一般适用于体况瘦的经产母猪，有的经产母猪妊娠期间由于受到限饲，体况不肥，产仔后又由于泌乳，体重失重会过大。为了保证一定的泌乳量和防止体重失重过大，必须给体况较瘦的经产母猪充足的营养素供应，可采用前高后低的饲养方式，既能满足母猪泌乳的需要，又能把精料重点使用在关键性时期。

②一贯加强方式　这种方式一般适用于初产母猪和高产母猪，当然也可适用于妊娠期体况较差的哺乳母猪。用较高营养水平的饲料，在整个哺乳期对母猪不限量，吃多少给多少，充分满足母猪本身生长和泌乳的需要。

(2)哺乳母猪的分阶段饲喂方案　正确的饲喂技术能够使泌乳期母猪保持强烈的食欲，而确保妊娠期间不要过度饲喂，是提高母猪泌乳期饲料采食量的方法之一。此外，母猪产仔后到断奶前喂料量不宜平均化，一般母猪分娩当天不喂料，但应提供饮水；而产后立刻供充足的饲料也会影响母猪的食欲，导致以后采食量下降。产仔后的母猪第 2 天的饲喂量在 1 kg 左右，以后每日增加 0.5～1 kg，最晚到第 7 天，达到最大采食量，1 周后自由采食，以适应现代母猪泌乳期产奶量高峰提前的特点，直到断奶前为止。据美国对 24 000 窝母猪的统计资料表明，产后 1 周尽快达到最大采食量的母猪繁殖性能最好，而产后食欲不振或过分限制饲喂的断奶后，母猪会延迟发情。

(3) 哺乳母猪的饲喂要注意的问题

①保证日饲喂量　哺乳母猪日饲喂量应达到 5～6 kg，饲喂时根据营养需要特点灵活掌握；青饲料不可过多，以免影响对全价料的采食量。

②饲料质量要好　饲料不宜随便更换，且饲料质量要好，不喂发霉变质的饲料；饲喂的青饲料也要保证干净、卫生。

③保证充足的饮水量　母猪泌乳每天需要25～35 L清洁水，夏季更高达35～40 L，粗略要求饮水器的流量要达到2～2.5 L/min，才能满足母猪的需求。饮水不足或不洁影响母猪采食量及消化和泌乳功能，因此，哺乳期母猪的饮水应不限量供应。如果是水槽式饮水，则应一直装满水，如果是自动饮水器，则勤观察、勤检查，保证水流畅通无阻，而且要求水流速、流量达到一定程度。饮水应清洁，符合卫生标准。

3.2　哺乳母猪营养调控

现代养猪生产倡导早期断奶，而仔猪较高的断奶重更有利于早期断奶。哺乳仔猪的营养需求90%以上由母猪供给，而哺乳母猪的泌乳量主要受采食量影响。因此，哺乳期营养调控的核心是如何提高母猪的采食量和泌乳量。此阶段调控的目标要求哺乳母猪体重损失不得超过15 kg，分娩时母猪体况不可低于3.5分，断奶时体况不低于3.0分，背膘厚分娩时达到24 mm，任何阶段不低于18 mm；仔猪出生18～25天时至少存活10头，窝重不低于65 kg。

3.2.1　提高哺乳母猪采食量的营养调控

提高哺乳母猪饲料营养物质摄入量是保证母猪乳产量、提高仔猪断奶重和成活率、减少哺乳期母猪自身失重和及时发情配种的必要条件，也是此阶段营养调控的核心。

1.提高母猪饲料采食量的重要性

(1)保证母猪泌乳量的需要　对于哺乳母猪来说，采食的饲料中营养物质首先满足自身的维持需要，多余的部分用于泌乳。研究表明，母猪泌乳期每天多采食1 kg饲料可以多产1 kg奶，相对应的全窝仔猪的增重就会多出250 g/天。

(2)保证仔猪日增重和成活率的需要　哺乳仔猪的营养来源主要为母乳，尤其是未采食开食料之前，完全靠母乳来满足生长发育需要。研究表明，哺乳母猪的泌乳量直接影响仔猪的日增重、健康和断奶成活率，而哺乳期足够的采食量是保障母猪奶水充足的前提。

(3)维持母猪正常体况和下一胎次繁殖的需要　如果泌乳期母猪采食量不足，母猪则会动用体储来满足泌乳需要，引起背膘损失过多而导致严重的繁殖问题，如延长母猪断奶后发情间隔，加速初产母猪泌乳早期未被吮吸乳腺的衰退速度，进一步降低排卵率、胚胎成活率，缩短利用年限。因此，泌乳期提高母猪采食量通常能增加仔猪 21 日龄仔猪增重，降低母猪体重损失，降低断奶后延迟发情或返情母猪比例。

(4)初产母猪生长发育的需要　初产母猪产仔时机体仍处于生长发育阶段，因此需要提供额外的营养满足机体生长的需要。初产母猪产仔时应激水平较经产母猪严重，因此更容易造成采食量不足。此外，初产母猪的泌乳量和繁殖性能对营养物质的摄入不足较经产母猪更为敏感，因此，需要特殊关照初产母猪，满足其采食量的需求。

2.影响哺乳母猪饲料采食量的因素

(1)品种　现代基因型的种猪，选择高瘦肉生产能性状的同时导致食欲下降，这是一对矛盾的基因，选择时很难兼顾。在现代基因型猪的各品种间，食欲也是有差别的，杜洛克的食欲显著高于汉普夏，父系大白的母猪食欲要略高于父系为长白的母猪。

(2)胎次　母猪体重的增加要持续到第 5 胎，体重越大，维持能量需要越多，窝产仔数亦可能增加，产奶量也相应增加，因此采食量也会增加。哺乳母猪最大采食量出现在第 5 胎产后 20～30 天，可以达到 10 kg/天以上。

(3)带仔数　带仔数越多，拱奶吮乳次数多，产奶就多，母猪食欲也会增加，多一头仔猪会让母猪增加 0.5 kg 左右的采食量。

(4)环境因素　各种造成母猪应激反应的环境因素，均不利于母猪采食，其中高温高湿可引起母猪热应激，对母猪影响最大。产仔房有效的环境温度是影响哺乳母猪采食量的最重要的环境因素。要尽量避免母猪暴露在高温环境中(22℃以上)，减少环境应激。研究表明，当气温从 21℃上升至 27℃时，哺乳母猪日采食量从 5.2 kg 降至 4.6 kg，下降了 11.4%；当气温从 16℃升到 27℃时，日采食量从 5.6 kg 降至 4.2 kg，下降了 25.2%；处于高温的母猪呼吸速率较快，仔猪断奶体重较轻。当皮肤温度上升至 35℃时，猪只便开始对热应激产生气喘反应。猪汗腺不发达，难以通过体表皮肤散热，大猪怕热(皮下脂肪丰富)就是这个道理。因此炎热夏季防止阳光直射猪身上，减少阳光直接射入猪舍，有条件的还可以通过人工制冷、水帘降温、加强空气对流(通风)等措施降低产房温度，减少哺乳母猪热应激。高温又高湿对哺乳母猪危害更大。栏舍冲洗和给猪身冲洗时不宜时间过久，采用流水到母猪头部降温时更应控制好流水量，以免湿度过大。漏缝地板会比实心地板凉爽。气流、湿度和产房的隔热性也会影响环境温度。在冷环境中，母猪会增加采食量，额外的能量可通过代谢产热以维持体温。

(5)营养与饲养　主要包括饲料配方营养水平、饲料原料组成和贮存等。

①能量　哺乳母猪采食量受日粮能量浓度的影响。研究表明，随着能量水平的增加，泌乳母猪的采食量呈逐渐下降趋势。当日粮含“高能”饲料成分(脂肪或

油)时,哺乳母猪的采食量往往会减少,饲喂加入脂肪/油的日粮,其采食量大约下降5.0%,但与对照日粮相比,日代谢能的摄入量却增加了大约6.5%。这是因为补加脂肪/油的日粮,每千克的含能量较高。因此,通过在日粮中补加脂肪来提高哺乳母猪能量摄入量是一种很好的方法,特别适用于处于热应激状态的母猪。哺乳母猪通常需要采食5~7 kg/天。当摄入的能量高于其维持和泌乳需要时,多余的能量会转化为体脂肪储存于体脂中。

②蛋白质和氨基酸　日粮蛋白质和氨基酸也可影响哺乳母猪的采食量。通常情况下,日粮蛋白水平越低,采食量越低,体重损失越多。泌乳期低蛋白日粮饲喂会延长母猪断奶后的发情周期,降低怀孕率;高蛋白水平日粮可提高泌乳水平,进一步提高仔猪断奶重。但是,不能只看日粮的蛋白水平,同时要考虑蛋白中氨基酸是否平衡。当饲喂氨基酸不平衡或某种氨基酸缺乏的日粮时会影响母猪的采食量,其中不平衡或缺乏程度低时,母猪会通过增加采食量来弥补氨基酸缺乏;当某种氨基酸严重缺乏或过量时,母猪采食量会急剧下降。研究表明,饲料中蛋白质水平从11.5%增至22.2%,赖氨酸水平从0.16%增至1.15%时,母猪的泌乳量呈线性增加。

③饲料添加剂　在饲料中添加诱食剂等添加剂可以掩盖饲料中潜在的不良气味,增加母猪的采食量,从而起到增加泌乳量的目的。

④饲料原料和日粮的适口性　适口性是指饲料的滋味、香味和质地的综合特性,是动物在觅食、定位和采食过程中视觉、嗅觉、触觉和味觉等感觉器官对饲料或饲粮的综合反映,决定饲料被动物接受的程度,与采食量密切相关。生产中,适口性好的配方如果没有好的原料就体现不出配方价值,要制定原料标准,严格入库关。有条件的养殖场要对饲料原料的水分、粗蛋白含量、是否霉变等作检测,不合要求的坚决不用,特别是有霉变的饲料原料。感官正常不作理化检测的饲料原料,特别注意添加防霉脱霉剂,减轻或消除有毒有害物质对哺乳母猪及仔猪的危害。此外,母猪吃湿料比吃干料多。

⑤饲料原料和日粮的贮存　猪的嗅觉异常灵敏,不新鲜有异味的饲料很容易导致母猪采食量下降或不食。饲料原料或配合料如果贮存不当,可能会引起发霉变质,影响母猪采食量。因此,要将饲料原料及配合饲料贮存于阴凉干燥处,保证无发霉变质,无污染酸败,防止虫鼠破坏。大多数猪场哺乳母猪料自行配制,要保证新鲜,现配现用。

⑥妊娠期日粮可溶性纤维含量　在妊娠日粮中使用一定含量的可溶性膳食纤维(如糠麸类、菊粉等),有助于扩大肠胃道容量,为哺乳期多采食打下基础。妊娠母猪采食量大,过精细的饲料易导致饥饿,采用可溶性纤维饲料,可消除或减少其饥饿感,同时扩充肠胃道容量。

⑦饲料制粒　实践证明，制粒既能提高日粮营养物质的利用率，也能提高哺乳母猪采食量。制粒后的饲喂效果优于未制粒，但是成本有所提高。

(6)管理因素

①饲喂技术　正确的饲喂技术能使哺乳母猪保持较好的食欲，其中饲喂频率影响较大，即采食量随着饲喂频率增加而增多。

②饮水　饮水是否充足及水的品质是影响采食量的重要因素，充足饮水和保证水的品质，才能获得足够的采食量，进而获得充足的乳汁分泌。

③健康状况　患病或处于亚临床感染的母猪通常表现为食欲下降或废绝，因此要采取多种措施保证哺乳母猪的健康。

3.提高哺乳母猪饲料采食量的营养调控策略

哺乳母猪因哺育仔猪任务其维持需要大大增加，营养需要也增多。即使提供足够的营养物质，母猪哺乳期也常常因采食量少而动用体内储存来保证泌乳的需要导致母猪减重，对于泌乳量高的母猪更是如此。母猪哺乳期若减重过多，则会影响下次发情配种，甚至生病死亡。为了实现母猪产奶需要、获得理想的仔猪增重，哺乳母猪的日粮要求营养水平高，且必须是全面的、平衡的，并最大限度提高采食量，同时要控制哺乳母猪体重，以保障仔猪断奶后能正常发情排卵，提高终生繁殖力。

(1)采食量调节和饲喂方案的选择　哺乳母猪并非整个泌乳阶段都需要提高采食量，通常需要在刚产仔后和断奶前后几天进行适当限饲。因此哺乳阶段的饲喂方案非常重要。采食量的调节需要根据母猪生产阶段、哺乳仔猪头数、自身体况和失重情况综合考虑。生产中，如果母猪体况不是过瘦，通常在分娩前两天将投料量降至 2.5 kg/天·头，分娩前 10～12 h，最好不要喂料，但要有充足的饮水。分娩当天可投喂 1.2 kg 饲料或稀汤料，然后逐渐增加，2～5 天逐渐增加到最大采食量，不可突然加料，否则会引起消化不良。此后，哺乳母猪自由采食或分次喂给足够的饲料。现代培育的母猪品种个体通常较大，体重 200 kg 的母猪按产仔 10 头计算，每天采食量通常可达 6～8 kg。如果产仔数小于 6 头，应限制其进食量，产仔数大于 6 头时，让其自由采食。为防止断奶前后母猪患乳腺炎，通常在断奶前后 2～3 天减少饲料投喂量，以减少泌乳量，可增加一些青粗饲料，以满足饱腹感。

要确保母猪随时可以吃到饲料，可适当增加饲喂次数，母猪产仔 0～3 天可日喂 2 次，3 天以后则日喂 3 次。增加饲喂频率可以增加哺乳母猪的采食量，每天饲喂 3 次或多于 3 次时采食量通常高于只饲喂 1 次或 2 次。料槽设计对于母猪是否能够吃到饲料很关键，通常需要深一些，以存放足够多的饲料；饮水器要安装在料槽上面或旁边，以保证及时饮水。凸出、对开、窄边及死角较少的料槽也有利于母猪的采食和减少饲料浪费。合适的加料方案能够促进母猪采食，即料槽中剩料很多时不要加新料，剩少量料时或料槽空时再加料，对于料槽中剩余过多料时要及时清除，及时查找不吃料的母猪并分析原因。在夏天，过夜的料容易变质，尤其是在料槽中超过 4 h 时极易污染变质，特别是湿拌料，变质料容易引起消化道疾病。

(2)提高饲料的适口性　饲料原料的适口性会影响哺乳母猪的采食，生产中通常通过以下几方面来提高饲料的适口性。

①饲料原料的选择和加工　通常选择易消化、适口性好的饲料原料，要防止饲料原料的发霉变质和带有异味。霉菌毒素不仅降低母猪的免疫力影响母猪的健康，同时还是导致母猪繁殖障碍的主要原因，因此配制母猪饲料用的原料应避免霉菌毒素的污染。对饲料原料进行适当加工能够提高适口性和消化率。可以将饲料制成颗粒料，即用颗粒机将混合好的精饲料粉碎料加水和黏合剂压制而成，具有便于饲喂、利于消化吸收、损耗少、易保存、不易发霉等优点。母猪饲料的粉碎粒度为 400～600 mm，也可对玉米、大豆等原料进行膨化，提高适口性。此外，与干料相比，母猪更喜欢湿拌料，因此可以给哺乳母猪饲喂湿拌料。

随着生物发酵技术的进步，越来越多的养殖场尝试给母猪饲喂发酵饲料。在饲料发酵过程中，酵母菌和芽孢杆菌等好氧菌的代谢提供肠道厌氧环境进而促进乳酸菌大量繁殖，产生大量乳酸，降低肠道 pH，提高消化能力，使饲料拥有酸香味，软化食物纤维硬度，改善适口性，促进采食，减少饲料浪费，同时可以起到减少含氮类物质的排放，预防疾病，促进猪只健康的作用。但发酵饲料品质受发酵底物、菌种、发酵工艺和包装等多种因素影响，因此给母猪饲喂时要注意鉴别。

②添加剂的选择　矿物质和微量元素的超量添加会降低饲料的适口性，尤其是无机类矿物质添加剂。例如，硫酸锌味涩，大量添加时不仅会增加成本，而且会降低饲料适口性。因此可以选用有机微量元素，提高吸收利用率和适口性，同时降低添加剂总量。猪一般喜甜味，可以考虑添加适量甜味剂，以增加饲料的适口性，掩盖饲料原有的不良味道，提高采食量。生产中可以选择在饲料中添加适量糖精钠；另外，天然的甜味菊、甘草提取物等植物来源甜味剂口感更好，可以提高葡萄糖耐受性和调节血糖水平，起到调节采食量的效果。

(3)提供充足的饮水　哺乳母猪日均饮水量为 30～40 L，比妊娠后期饮水量增加较多。只有充足的饮水，才能有效调节电解质平衡，预防自身酸中毒或碱中毒。因此，必须保证母猪良好的水源。生产中，部分猪场存在供水水压不足，水质不达标，夏季水温过高，冬季水温过低，饮水器水流不畅或安装位置不当等问题引起饮水不足。对于哺乳母猪来说，出水水压要比其他阶段高一些，保证每分钟出水量大于 2 L。

通常情况下，母猪采用水槽比饮水器时饮水量要多，因此有条件的猪场尽量采用饮水槽。水质是否清洁、是否有异味也会影响猪的饮水量和采食量，因此猪场选址时要对当地水源的各项指标进行检验分析，以防水质不好。此外，夏季由于气温较高，哺乳母猪对水的需要量较大，饮水量的增加会引起电解质的流失，因此要考虑在夏季给哺乳母猪补充电解质。通常在夏季哺乳母猪每吨饲料中添加 3～4 kg 的食盐，1～2 kg 的小苏打或硫酸钠，以补充流失的电解质，同时可以起到防止母猪便秘的作用。

(4)增加饲喂次数　增加饲喂次数能促进哺乳母猪采食量。饲喂新鲜饲料，增加饲喂次数，增加饲喂一次可提高采食量 7%，冬、秋、春季改 2 餐为 3 餐，夏季改 3 餐为 4 餐。研究表明，自由采食情况下，每天饲喂 3 次时的母猪在整个泌乳期的采食量为 108.4 kg，而饲喂 1 次时仅为 101.6 kg，而体重损失也从 22.5 kg 升至 28.5 kg。

(5)降低分娩舍温度　哺乳母猪体重和新生仔猪体重差别很大，对温度要求不一样。母猪最适温度通常为 18～22℃，而 2 周龄前的仔猪要求在 32℃ 比较合适。但是，母猪和仔猪必须饲养在同一个圈舍内，因此必须调整好圈舍内温度。生产中通常采用红外灯或暖气将母猪舍加温，但是效果不佳。因此，需要单独安装保温箱给仔猪供暖。也可以参考国外，在仔猪躺卧的地面或卧床下安装循环热水管，而母猪卧床下没有热水管，由房间内供给的热气来取暖。也可将较大的哺乳猪舍隔断为几个较小的舍，根据母猪的生理状态来确定舍内最佳温度，例如母猪刚产仔时，把温度调高点，没有产仔的母猪舍温调低一些，这样能够减少仔猪吃奶和休息时外界温差过大的情况，同时有利于消毒防疫和采用全进全出制，对于提高仔猪健康和成活率至关重要。

(6)营养管理方法的制定与调整　母猪妊娠期能量较高摄入量会降低泌乳期采食量，增加泌乳期体重和背膘损失，延长母猪断奶后至发情间隔时间。因此，在母猪营养分配上应遵循繁殖优先规律，着眼于全繁殖周期母猪能量需要，调控妊娠期母猪能量需要，对于泌乳期母猪提高采食量至关重要。妊娠期间的饲料采食量应适度，以免减低泌乳期间的采食量及泌乳期组织分解代谢过旺。为了减少妊娠期饲喂对于泌乳期母猪采食量的影响，妊娠期母猪根据“维持＋生产”的生理特点，采取青粗饲料日粮和“前低后高”的饲养方式，即妊娠期前 84 天仅供给胎儿和子宫内容物增长所需总能量的 1/4，其余的 3/4 在妊娠期后 28 天中供给，生产中第 84 天开始加料就是遵循此原理。同时，还需要根据 10～11 肋间膘情、体重、妊娠阶段、气温等来确定母猪饲料能量水平和饲喂量，在限饲的同时要保证蛋白质、矿物质、维生素满足妊娠母猪的需要量。生产中，对于配种体重 180 kg 左右、背膘 3 cm 的妊娠母猪，每餐定量，日喂 2 次，妊娠前期和中期可以饲喂 1.8 kg，后期饲喂 3.0 kg；哺乳母猪日喂 3 次，分娩后第 1 和第 2 天分别按照 1.2 kg/天和 3 kg/天提供日粮，第 3 天起增加 0.5 kg，泌乳前两周最多加至 5.5～6 kg/天，后 2 周最多喂

6.5～7.0 kg/天，断奶前 4～5 天逐渐减少喂料，转入配种舍 1～5 天，日定量 2 kg，未发情的母猪可适当加料催情。

3.2.2 提高母猪泌乳量的营养调控

生产中，断奶仔猪越重，随后的生长速度越快，达到上市所需的周期越短。而产奶量是决定仔猪生长速度的最重要因素，因此我们需要采取措施来提高哺乳母猪的泌乳量。

1.母猪的泌乳生理

泌乳是哺乳母猪饲养的重要环节。哺乳母猪除本身代谢维持消耗外，每天还要产出 5～8 kg 乳汁，如饲养管理不当则会对母猪及仔猪产生一系列不良影响。母猪在泌乳期代谢十分旺盛，各个器官负担繁重。母猪一次泌乳量 250～400 g，平均每天泌乳 5～9 kg，整个泌乳期泌乳量可达 250～500 kg。母猪泌乳次数随着产后天数的增加而逐渐减少，一般在产后 10 天左右泌乳次数最多，日泌乳次数多的母猪泌乳量也高。分娩后 3 天左右为母猪初乳期，初乳富含免疫球蛋白和蛋白质，其中产后免疫球蛋白含量迅速下降，到 24 h 后其成分接近常乳。泌乳期内母猪的泌乳量呈曲线变化，一般在分娩后 5 天左右开始上升，至 15～25 天达到高峰，之后逐渐下降。猪常乳的营养成分随品种、日粮组成和营养水平及泌乳期而发生变化。母猪有十几个乳房，不同乳房的泌乳量不同，其中前面几对乳房的乳腺和乳管数量比后面几对多，排出的乳量也较多，尤以前面第 3～5 对乳房的泌乳量最高。仔猪有固定乳头吸吮的习性，利用乳头分泌乳量不同的特性，可通过人工辅助方法将弱小仔猪放在前面的几对乳头上，从而使同窝仔猪生长发育均匀。

2.影响母猪泌乳量的因素

影响母猪泌乳量的因素很多，主要包括日粮营养水平、品种、胎次、带仔数、体况等。

(1)日粮营养和采食量　母乳中的营养物质源于采食的饲料，若不能满足母猪需要的营养物质需要，则其泌乳潜力就无法发挥，因此日粮营养水平及采食量是决定母猪泌乳量的主要因素。在配合哺乳母猪饲料时，要保证适宜的能量、蛋白质和必需氨基酸水平，同时要保证矿物质和维生素含量。如果泌乳期饲养水平过低，除了会影响母猪的泌乳和仔猪发育及健康外，还会引起母猪泌乳期失重过多，同时会影响母猪断奶后的发情配种及繁殖率。

(2)品种　不同品种或品系，母猪泌乳力存在差异。通常情况下，地方高繁品种母猪泌乳量高于国外或培育的品种，大型肉用型品种的泌乳力高于小型脂肪型猪种。

(3)胎次　初产母猪的泌乳量通常低于经产母猪，主要是由于初产母猪乳腺未完全发育，对于仔猪吸吮刺激敏感度过高，排乳速度也较慢。泌乳量一般从第 2 胎开始增加，6～7 胎后开始缓慢下降。我国繁殖力较高的地方品种猪的泌乳量下降程度晚于培育品种猪。

（4）带仔数　窝带仔数可影响母猪的泌乳量，窝带仔数越多，母猪泌乳量越大，但每头仔猪每天吃到的乳量相对较少。母猪的放乳必须经过仔猪的拱乳刺激脑垂体后叶分泌催产素后才放乳，而未被吃乳的乳头分娩后不久即萎缩，因而带仔数多，泌乳量也多。因此，可以通过串窝、并窝等方法来调整母猪哺育的仔猪数，使其带满全部有效乳头，有利于发挥母猪的泌乳潜力。产仔少的母猪，可以将其仔猪寄养，促使其尽快发情配种，从而提高未哺乳母猪的利用率。

（5）分娩季节　春秋两季的天气温和凉爽，母猪食欲旺盛，因此在这两季分娩的母猪，其泌乳量一般较多。夏季虽青绿饲料丰富，但天气炎热，容易造成母猪热应激，而冬季严寒使得母猪体热消耗过多，因此冬夏季分娩的母猪其泌乳会受到影响。为了避免冬夏季对母猪泌乳量的影响，可以考虑增加春秋两季分娩的母猪比例。

（6）饲养管理因素　干燥、舒适而安静的环境有利于母猪泌乳。因此，哺乳舍内应保持清洁、干燥、安静，禁止粗鲁对待母猪，保持饲喂程序和人员的稳定，以免干扰母猪的正常泌乳。若此阶段饲养管理不当，不但会降低母猪的泌乳量和断奶窝重减低，还可降低母猪免疫力，推迟断奶后发情配种，增加非生产天数。

3.提高母猪泌乳量的营养调控措施

（1）控制妊娠期母猪饲料能量水平　母猪在妊娠期的营养水平及饲料的采食量，直接影响到其产后的泌乳能力和采食欲望。在母猪妊娠中前期要严格控制饲料投喂量，避免过量饲喂能量饲料导致母猪过肥，影响到后续的分娩。当母猪进入妊娠中后期后，胎儿快速生长发育，机体对营养物质的需求量不断增加，此时应该逐渐增加饲料营养水平，满足机体生长发育和胎儿生长发育所需。但是，要防止饲料能量水平过高，主要是由于饲料能量水平对乳腺发育有重要的影响，妊娠期过高的能量水平会造成乳腺发育受阻。同时，妊娠期高能日粮还容易引起母猪妊娠高血糖症、胎儿过大，造成产程过长，产道损伤严重，乳房水肿多发，影响产后采食量和泌乳量。

此外，妊娠期母猪容易出现临产前便秘现象，也会影响母猪的泌乳性能，主要是由于怀孕后期热应激、运动不足、采食量减少、饮水不足及饲料中粗纤维不足等引起，因此在控制妊娠后期日粮能量水平的同时，要增加日粮中高纤维原料（如糠麸类、菊粉等）含量，有助于扩大肠胃道容量，减少便秘的发生。

（2）保证泌乳期母猪营养物质的摄入量　泌乳期日粮蛋白质含量的高低，可直接影响母猪采食量和体况，最终影响母猪的泌乳能力。如果给哺乳母猪投喂蛋白质不足的日粮，会导致母猪自身蛋白质分解增加，泌乳量下降，母猪断奶后发情期延长，影响到下一个周期的正常配种。因此要结合母猪泌乳量高低，适当增加日粮中蛋白质的水平，蛋白质含量通常高于15%。

在哺乳母猪日粮设计时要特别关注赖氨酸和能量的比值(Lys/DE)及摄入量。对于体重150～300 kg母猪，当泌乳期间体重下降15 kg时，日粮赖氨酸和能量的比值应为0.34～0.64 g/MJ(可消化能)。高产母猪每天需要45～60 g赖氨酸才能获得最大仔猪窝增重。实际生产中，日粮赖氨酸水平通常为9～10 g/kg。提高日粮的营养浓度可以增加母猪的营养摄入，因此高蛋白、高营养浓度的日粮已经成为哺乳母猪的标准日粮。每天能量(ME)摄入不足或较低(27.2 MJ)时，会限制赖氨酸在哺乳母猪日粮中的作用，进一步限制母猪的泌乳量，此时增加赖氨酸摄入量不会增加泌乳量。当每天能量(ME)摄入增加到69.0 MJ时，赖氨酸则成为泌乳量多少的第一限制性因素，随着赖氨酸摄入的增加，母猪的泌乳量也增加。但是，日粮能量水平不是越高越好，饲料能量水平过高时会引起血脂与血糖过高，抑制母猪采食量，乳腺组织中会累积过多脂肪，抑制乳腺腺泡的发育，发生乳道堵塞，出现乳房水肿等现象，最终导致母猪泌乳不足。另外，日粮营养水平要考虑实际采食量，例如夏季天气较热或初产母猪食欲通常较差，此时应适当提高日粮营养浓度，而冬季较冷的环境或经产母猪食欲较好时应适当降低日粮营养浓度。甜菜、麦麸等高纤维饲料原料可以加在妊娠母猪日粮中作为轻泻物以防便秘，但会降低日粮能量浓度，限制母猪的总能量摄入，因此高纤维饲料原料不应加在哺乳母猪日粮中。

添加油脂可以提高日粮的能量浓度，虽然会降低母猪的采食量，但增加了能量摄入总量。日粮中添加油脂可以提高乳中脂肪和能量的浓度，提高断奶仔猪窝重，使母猪体重损失稍微降低，但是否对母猪的繁殖性能有益尚有争议。适当增加泌乳期投喂次数能够促进母猪采食，进一步促进泌乳量。分娩后的母猪转入到正常饲喂后，应该每天投喂3次，进入泌乳高峰期后，夜间可以再增加饲喂1次。研究表明，通过适当增加哺乳母猪的投喂次数，能增加母猪的采食量，减少过量泌乳导致的体况损失。

哺乳母猪日粮设计不合理，饲喂低能低蛋白饲料，日粮中缺乏某些微量元素、维生素、必需氨基酸(如赖氨酸、苏氨酸和缬氨酸等)等，会引起母猪过瘦或采食量过多，肠道营养消耗增加，导致母猪泌乳营养不足。此外，饲料原料选择不当，如饲料的发霉变质、麦角毒素与赤霉烯酮中毒等，会造成母猪迅速回乳，引发母猪泌乳量下降与仔猪腹泻的现象。猪奶中含水量为83%左右，因此在满足蛋白质、能量等营养物质供应充足的情况下，保证母猪饮水的充足和水的品质达标，才能保证充足的泌乳量。哺乳期内，饲料要相对稳定，不要频变、骤变饲料原料种类和饲料品种，控制饲料品质，以免造成母猪产奶量不稳定及乳成分改变而引起仔猪腹泻。

(3)采取分阶段营养管理方案　对于母猪哺乳阶段，应做好两个重要过渡，即由妊娠向泌乳阶段过渡和由泌乳向下一个繁殖期过渡，营养管理成功与否决定着母猪饲养的成败。母猪分娩前1周进入产房，让其在圈内自由运动，做好饲料喂量调整，原则上要求前后少、中间多。分娩后要依膘给料，即膘情和乳房发育良好的母猪分娩当天可不喂或少喂饲料，膘情和乳房发育不好的母猪则不要减料，还应适当喂一些蛋白质含量较高的饼粕类饲料或动物性饲料，应饲喂稀的温麸皮盐水汤。产后2～3天开始逐渐增加饲料喂量，5～6天恢复正常饲喂量，10天后开始加料，至泌乳高峰期过后停止加料。泌乳高峰期要保证母猪自由采食，不限制饲喂，随时吃到新鲜的易消化饲料，最大限度地满足母猪健康与产奶，以及断奶后配种的需要。如果母猪产后7天仍不能正常泌乳，要检查日粮营养成分，尤其是日粮钙磷水平是否正常，同时排除饲料中是否含有有毒有害物质及母猪是否患病。有条件的猪场可以考虑给哺乳母猪提供湿拌料，能够提高母猪的采食量和泌乳量，但是由于产仔舍温度较高，如果饲料不能及时吃完，容易发生霉变或酸败，因此饲喂湿拌料时要做到少喂勤添。

(4)加强后备母猪的选种选配　为了减少品种和胎次对母猪泌乳力的影响，对后备母猪选留要仔细观察和严格选择。脐前乳头要确保3对以上，杜绝火山口乳头、瞎乳头、小乳头、乳头分布不均匀或左右不对称等发育不良的后备母猪被留作种用(二维码3-1，图3-1)，不可过分强调母猪的体型如腹部平直等，避免引起乳房发育空间受限和不均衡。不选留青年母猪妊娠后期乳腺发育不良的后代，以及经产母猪乳房肿胀、水肿现象严重母猪的后代。另外，不选留淘汰繁殖性能低于全群平均水平的老龄母猪后代，主要是由于老龄母猪年老体衰，乳头甚至乳房受损严重，其泌乳性能比较差，可能会影响其后代的泌乳性能。

二维码3-1　依据外形对母猪进行选种(视频)

后备母猪通常要求在240日龄、体重达到130～140 kg且在第3次发情时配种为佳，但在实际操作过程中往往出现配种过早或初配体重不达标的现象，使得后备母猪机体和乳腺发育不成熟，骨盆狭窄，胎儿过大，导致产程过长，容易造成子宫、阴道的机械性损伤，产后感染、水肿和痛疼现象多发，会直接引起母猪泌乳力下降。

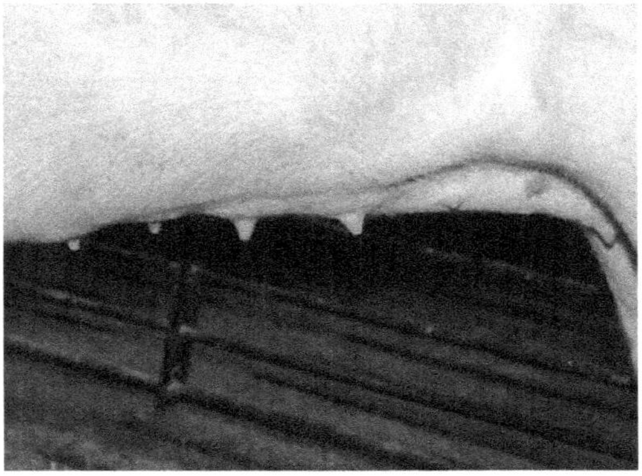

图3-1　乳头发育不良

(5)饲养管理因素　饲养管理不当，也会影响母猪的泌乳量。例如，母猪分娩前后及哺乳期间注射了应激反应大的疫苗，泌乳期间对母猪转栏，分娩舍内噪音过大，粗暴对待母猪，接产不规范，临产时没有做好清洁消毒乳房乳头而导致乳房发炎，均可影响母猪泌乳。为了防止夏季高温和环境差引起泌乳期母猪采食量的下降，应注意控制舍温，保持环境干燥和加强通风，及时清扫粪便，供应充足饮水，选用合适的饲槽，减轻热应激反应，防止子宫内膜炎、乳房红肿、产后无乳综合征等疾病的发生，促进母猪的泌乳性能的发挥。冬季防寒保暖，哺乳母猪产房应用取暖设备，防止贼风侵袭。

要保护母猪的乳房，特别是头胎母猪，一定要使所有的乳头都能被均匀利用，以免未被仔猪吸吮的乳房发育不好，影响其泌乳量。圈舍和猪栏内要平坦，检查排除可能划伤乳头或乳房的尖锐异物。

思考题

1. 为什么初产母猪的营养供给要高于经产母猪？
2. 提高哺乳母猪采食量的优点有哪些？
3. 哺乳母猪是否需要限饲？为什么？
4. 怎样通过哺乳母猪的营养调控措施来提高仔猪的日增重和成活率？

第4章

空怀母猪的营养调控

【本章提要】空怀母猪通常是指从断奶到下一次发情配种这一阶段的经产母猪。空怀期会维持1周左右，时间虽短，但是承前启后。该阶段的饲养目标主要是恢复体况，缩短发情再配种时间，提高排卵数，进而提高母猪的繁殖性能。本章节主要介绍空怀母猪的生理特点和营养需求、调控生殖和体况的营养策略，并展示多组空怀母猪饲料配方。

4.1 空怀母猪营养需要

4.1.1 空怀母猪的生理特点

经产母猪由高负担的带仔哺乳期转为空怀期，空怀母猪开始新一轮的卵泡发育，主要任务是尽快恢复种用体况，促进母猪卵泡的生长发育和卵母细胞的成熟，缩短断奶至再发情的时间间隔。配种前营养调控对母猪繁殖性能的影响主要在于卵泡发育，从而影响排卵数。其中促黄体素(LH)和促卵泡素(FSH)起重要作用。

母猪在哺乳期受到哺乳刺激，一定程度上抑制母猪下丘脑分泌促性腺激素释放激素(GnRH)，进而抑制垂体前叶分泌促黄体素(LH)和促卵泡素(FSH)，抑制母猪卵泡成熟和性腺机能的发育。在正常情况下哺乳期母猪的卵巢处于静止状态，不表现发情，当母猪断奶后，没有仔猪吮乳刺激，相应地对GnRH的抑制作用解除。一方面，母猪断奶后进行大栏混群饲养，由于母猪间相互打架、乳房发胀和脱离仔猪等因素，导致母猪出现强烈的应激。另一方面，小群饲养后的母猪运动量增大，全身血流量增大，新陈代谢也更加旺盛，同时卵巢机能也慢慢开始变化，断奶后黄体迅速退化。这些来自各方面的因素促进了母猪下丘脑分泌GnRH，在GnRH的作用下LH和FSH分泌也相应增加，母猪卵巢在生殖激素的刺激下卵泡开始发育。正常情况下，绝大多数母猪到断奶后3～5天可见外阴部发红肿大，见图4-1，第7天便可配种。

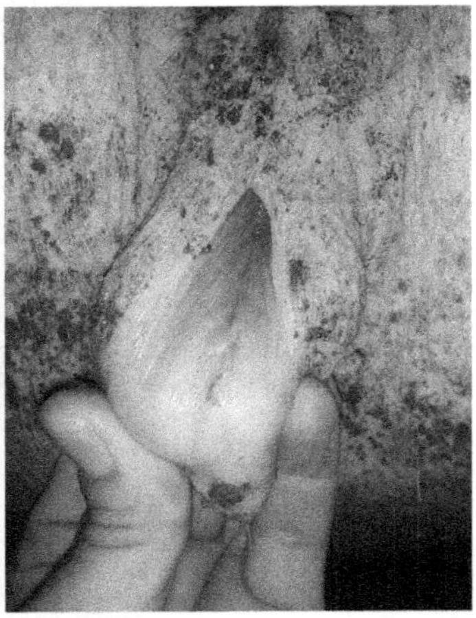

图4-1　空怀母猪配种前外阴红肿

研究表明，空怀母猪断奶时的背膘与断奶至发情的时间间隔、排卵数和受胎率等有较大的关联度。为了泌乳，母猪会动用体储，造成背膘和体重的严重损失，若未做好哺乳母猪饲养管理，甚至可以造成断奶后母猪掉膘达到10 mm，体重损失30 kg。因此，做好空怀期母猪体况恢复和生殖营养供给是至关重要的。

4.1.2　空怀母猪营养需要

母猪空怀阶段没有其他的生产负担，看似其营养需要比其他母猪要少，但很多母猪在哺乳期饲养管理不当，很容易出现母猪与再发情的种用猪体况差距较大的情况，因此空怀阶段母猪的营养需要重视。配种前饲粮营养通过影响排卵数、子宫内环境、受精卵附植率等途径显著影响母猪的繁殖性能，因此配种前可以适当提高饲粮营养浓度，适当增加饲料中蛋白质、某些氨基酸、矿物质和维生素的含量，以提高母猪的繁殖性能。表4-1为空怀母猪推荐的营养水平。

表4-1　空怀母猪饲料推荐营养水平

（刘敏，2020）

指标	小麦-大麦-豆粕型日粮		玉米-豆粕型日粮	
	最小值	最大值	最小值	最大值
平均日采食量/(kg/天)	3.5	4.5	3.0	4.0
净能/(MJ/kg)	9.5	9.7	9.7	9.9
净能/(kcal/kg)	2 270	2 320	2 320	2 370
SID-Lys/(g/kg)	5.9	6.1	6.1	6.2
SID-Lys∶净能/(g/MJ)	0.63	0.63	0.63	0.63
SID-Lys∶净能/(g/Mcal)	2.60	2.63	2.63	2.63
淀粉＋糖/(g/kg)	400	—	450	—
钙/(g/kg)	7.0	7.5	7.5	8.0
可利用磷/(g/kg)	3.4	3.6	3.6	3.8
可消化磷/(g/kg)	2.5	2.7	2.7	2.9

SID-Lys表示标准回肠可消化赖氨酸。

可利用磷和可消化磷为不添加植酸酶时的推荐值；若添加植酸酶，磷水平必须做相应调整。

从实际生产中使用的空怀母猪料指标来看，表 4-1 营养指标更像是妊娠母猪料和哺乳母猪料的结合体。然而，需要注意的是空怀母猪料的能量来源与哺乳母猪料有很大的不同，表 4-2 总结了实际生产中空怀母猪料的营养水平范围。

表 4-2　实际生产中空怀母猪料的营养指标

（刘敏，2020）

营养指标	空怀母猪料
粗蛋白/%	13～14
粗纤维/%	6～7
粗灰分/%	5～6
粗脂肪/%	4～5
钙/%	0.6～0.8
总磷/%	0.4～0.5
钠/%	0.2～0.3
赖氨酸/%	0.60～0.81
蛋氨酸/%	0.22
6-磷酸-植酸酶/(FTU/kg)	1 000～2 500

1. 能量

能量是一切生命活动的热量基础，如果能量供给不足，将影响母猪卵泡的生长发育和卵母细胞的成熟排卵，影响胚胎及胎儿的正常生长发育。空怀母猪具体能量需要量很少有研究资料，但可以肯定的是该阶段的能量需要和营养策略与泌乳期的体重损失有直接的关系，并且该阶段的能量来源以糖和淀粉等碳水化合物为主，不建议将哺乳母猪料作为空怀母猪的饲料。

(1)能量对卵泡发育的影响　卵泡的发育对于母猪的发情有重要的影响，卵巢上卵泡发育状况决定了母猪的排卵率和胚胎的存活率，断奶后卵泡的尺寸是影响母猪断奶到发情和排卵的重要因素之一。目前大部分的研究都认为黄体期较高营养水平对母猪卵泡的大小以及卵母细胞的成熟率有积极的影响。众所周知，卵泡的生长、卵母细胞的发育及成熟与 FSH 和 LH 的释放有着密切联系。研究表明，在发情周期中饲喂较高营养水平的饲粮母猪，LH 的分泌频率以及 FSH 在血液中的平均浓度比低营养水平组高，这也很好地解释了高营养水平对母猪卵母细胞发育具有积极影响的观点，卵泡发育大，其卵母细胞的质量越好，母猪发情率也越高。营养不良抑制了促性腺激素释放激素（GnRH）系统的生产和促性腺激素的释放，结果使支持卵泡发育的促性腺激素不足。同时，日粮能量水平低下使得代谢循环中葡萄糖、胰岛素、IGF-1（胰岛素样 1 号生长因子）等的浓度降低，对卵巢活性产生影响，当能量严重不足时，这种影响表现在下丘脑 GnRH 分泌的减少，引起 LH 的脉冲频率下降和血浆中 LH 浓度降低。综上所述，高能量水平通过促进胰岛素、胰岛素样生长因子和瘦素的分泌，继而通过间接刺激 LH 分泌或者直接作用于卵巢和卵泡，最终增加排卵数目。

能量来源不同对卵泡发育有不同影响。研究发现，葡萄糖对血液中胰岛素水平增加效果比较明显。淀粉性饲粮与脂肪性饲粮相比，经产母猪排卵后的 LH、孕酮和雌激素浓度更高，在同一个能量水平中，高淀粉饲粮的卵泡发育更好，猪的发情持续时间更长，其中高能量的高淀粉水平组，卵泡发育最好。

（2）能量对母猪背膘厚度的影响　背膘厚度可以有效地反映母猪体况变化，反映母猪在不同生理阶段的营养状况和能力储备，并影响繁殖性能。研究发现，当哺乳期背膘损失过大时，母猪的断奶发情间隔显著变长，且母猪哺乳期的背膘损失对下一胎的产活仔数和出生窝重有显著影响，日粮中的能量水平与背膘厚度呈正相关，断奶母猪至少需要增加 3～4 mm 的背膘，才能达到种用体况，因此，能量是母猪恢复体况重要营养物质。

综合研究结果和实际使用情况，给空怀母猪提供的能量营养水平一般是延续哺乳母猪的能量（DE）水平即 3 200～3 300 kcal/kg，并且保证优质的淀粉（玉米、面粉）和优质脂肪（植物油）的充足和适当比例。

2. 蛋白质

母猪恢复体况和增重时，蛋白质和能量是最重要的营养成分。蛋白质供应不足，会影响卵泡和卵子的正常发育，使排卵量减少，降低受胎率。因此，适当高水平的蛋白质有利于空怀母猪恢复种用体况。一般按照 17%～17.5%设计饲粮，并且适当添加动物性蛋白质来源，促进营养物质的吸收利用。

蛋白质营养最终也是氨基酸营养，蛋白质的质量问题实质上是必需氨基酸的数量和比例是否恰当的问题。不平衡的氨基酸模式会导致血液氨和尿素浓度的提高，不利于胚胎的着床和胎儿的发育。其中，赖氨酸是猪的第一限制性氨基酸，对母猪繁殖性能有重要影响；苏氨酸与畜禽的免疫有着重要联系，是形成免疫球蛋白分子主要的限制性氨基酸；精氨酸是近年来国内外研究的热点，它可促进机体释放生长激素和胰岛素，而胰岛素与母猪排卵有重要关系。因此，这三种氨基酸在饲粮中的添加量，与空怀母猪的体况恢复和健康有密切联系，但目前尚无较多对于空怀母猪的研究报道。按照延续哺乳母猪营养的思路，可以参照哺乳母猪氨基酸营养水平。

3. 维生素

母猪对维生素的需要量敏感。维生素种类众多，其中与空怀母猪的繁殖性能有关的，主要有维生素 A、维生素 E 和生物素，其中维生素 A 参与母猪卵巢发育、卵泡成熟、黄体形成、输卵管上皮细胞功能的完善和胚胎发育等过程。若饲粮中维生素 A 不足，不仅会影响生殖系统上皮组织的正常功能，降低性活动能力，影响卵泡成熟，而且会使受精卵难于着床而死亡。维生素 E 的功能多样，在饲料中以生育酚的形式存在，主要表现在生物抗氧化、维持生物膜结构完整、增强机体免疫力以及调节生物活性物质的合成与代谢。维生素 E 还参与调节花生四烯酸的代谢，花生四烯酸是细胞膜的必需脂肪酸和前列腺素的前体物质，在配种前补充适量的维生素 E 可以增加母猪排卵率，减少不发情率。在 B 族维生素的研究中证明，母猪每天补充 7.5mg 的维生素 B_2（核黄素）可减少不发情率。生物素与肢蹄角质化及蹄部完整性有关，补充生物素可减少舍饲青年母猪和繁殖母猪肢蹄病发病率；生物素影响母猪窝产仔数、受胎率及发情间隔等繁殖性能，生物素还参与能量代谢，并可刺激雌激素的分泌，降低不发情率。

实际生产中饲粮维生素的总供应量一般都高于 NRC(2012)的最低推荐量，尤其是种猪更高于 NRC 标准，其中以脂溶性维生素的含量更高。荷兰的蒂斯曼公司(DSM)的优选维生素营养(OVN)(2016 版)推荐从断奶至受孕期间每头母猪每天饲喂 300 mg 的 β-胡萝卜素，以改善母猪繁殖率。

4. *矿物质*

矿物质营养中，以钙、磷对母猪的肢蹄健康度、种用年限的影响最为重要，空怀母猪饲料中钙、有效磷含量一般都是延续哺乳母猪的营养水平，分别为 0.8%～0.9%和 0.4%～0.45%。

钾是动物体内仅次于钙和磷的第三大矿物元素，主要集中在动物肌肉和皮肤中。钾离子在维持机体电解质平衡和参与营养物质消化上也发挥重要作用，可缓解动物应激反应，提高动物生产性能。因为钾离子在体内不能大量储备，且容易流失，对环境和营养物质要求较高的母猪来说钾更是一种必需的营养成分，特别是应激时补充钾离子有利于母猪维持较好的生产性能。

微量元素中因为铜、锌、锰参与维持蹄、趾等强度和健康，随着母猪胎次年龄的增长，机体对营养物质的吸收利用率下降，特别是高产母猪，需要强化相应的营养元素。

铬的添加可以提高母猪的繁殖力，葡萄糖有增加空怀母猪血液中胰岛素水平和排卵速度的作用，而铬就是通过对葡萄糖的调节而起作用的。铬与胰岛素在细胞膜上协同作用，使更多的葡萄糖进入卵巢，从而为排卵提供了能量。在母猪的整个繁殖期添加有机铬可以缩短母猪的繁殖周期，使窝产仔猪数以及仔猪的初生重都有所增加，甚至使配种受胎率和分娩达到 100%，母猪的繁殖性能得到很大的改善。

总体来说，空怀母猪的能量营养水平一般是延续哺乳母猪的能量(DE)水平即 3 200～3 300 kcal/kg，并且保证优质的淀粉（玉米、面粉）和优质脂肪（植物油）的充足和适当比例。蛋白质水平按照17%～17.5%设计饲粮，赖氨酸0.85%、苏氨酸0.53%；钙、有效磷水平分别达到0.8%～0.9%和0.4%～0.45%。维生素的总供应量高于NRC(2012)的推荐量，并且重视维生素A、维生素E和生物素的使用，可以额外补充β-胡萝卜素；适当添加铬、钙、磷等微量元素。另外，空怀母猪日粮中可以供给大量的青绿多汁饲料，这类饲料富含天然蛋白质、维生素和矿物质，对排卵数、卵子质量和受精都有良好的影响，也利于空怀母猪迅速补充泌乳期矿物质的消耗。同时，加强饲养管理措施，保证空怀母猪的营养摄入，尽快恢复体况，进行发情配种。

4.2 空怀母猪营养调控

4.2.1 空怀母猪生殖营养调控

足够丰富的生殖营养是实现正常发情、排卵、受孕的必要物质条件，此阶段最重要的任务是母猪卵泡的发育和卵母细胞的成熟，因此必须给予高水平、优质、平衡、全面的营养，要特别重视蛋白质以及能量的供给和质量，其次是维生素、微量元素对卵泡的发育及母猪繁殖性能的影响。

1. 维生素E

当母猪外表健康，膘情适当，食欲正常且生殖器官没有出现器质性疾病，但在适宜配种的年龄没有正常发情或者只有极其轻微的发情征兆，不容易被发现，此时可给其直接喂服适量的维生素E，或者添加在饲料中混饲。每头乏情母猪每次使用200～300 mg维生素E，每天2次，1个疗程连续使用7～10天，通常服用1个疗程后即可发情配种。如果服用1个疗程没有明显效果，可停止使用2天，接着再继续使用1个疗程。

2. 葡萄糖

右旋葡萄糖不仅可以增强胚胎和仔猪的活力，还可以促进母猪繁殖机能的恢复，增加排卵速度。根据国内外的研究和实际使用经验，从断奶前一周起每头母猪每天采食的右旋葡萄糖应不低于150 g，葡萄糖日投饲量为600 g时成本和作用是最佳的。但其他方面的因素也会影响投饲葡萄糖处理后母猪的发情率、断奶发情间隔情况，如查情员的水平、母猪膘情和营养、饲养环境、葡萄糖质量及个体母猪用量，因此需要找到适合自己猪场的饲喂量。

3. 短期优饲

短期优饲又称催情补饲，指在配种前7～10天，为母猪提供高能量水平的饲料、增加母猪的饲喂量，排卵数量可提高 1～2 枚，进而增加母猪产仔数，是母猪在使用年限内创造更高的经济效益的方法。

对于正常体况，掉膘少的母猪饲喂全价配合饲料 2.5～3 kg/天；让体况较差的母猪进行自由采食；对过于肥胖的母猪，在断奶前后少量饲喂配合饲料，多喂青粗饲料，让其尽快恢复到适度膘情；断奶后 7 天内，可以在母猪饲料里面加林可霉素、葡萄糖粉、鱼肝油，促进母猪的发情配种。

4.2.2 空怀母猪体况营养调控

母猪体况偏瘦和过瘦，就意味着体内贮存脂肪的减少，体脂肪既是潜在的可动用能源，又可作为类固醇激素贮存、代谢和释放。消瘦母猪常表现为不发情、卵泡停止发育、安静排卵或形成卵泡囊肿，从而影响母猪的繁殖性能。

在生产中人们通常用目测评分对母猪体况进行评估，这是一种相对较为粗糙但很实用的方法。一般认为空怀母猪体况评分在 2.5～3.5 分较好，见图 4-2。

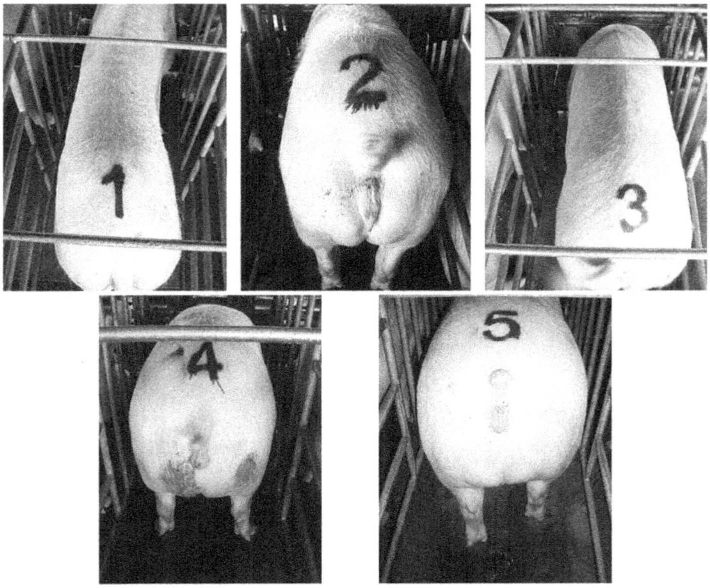

图 4-2 空怀母猪目测体况评分图

直接测定母猪的 P_2 点背膘厚能更好地为生产者评定母猪体况提供依据，背膘测定可以显示数值，更为直观，是定量评判；体况评分是结合评分员的“触觉＋视觉”来判断母猪的体况，是定性评判，背膘测定与体况评分是相互补充和对应的一项管理技术，相辅相成。在实际生产中，将两种方法相结合起来运用，可以方便在实际生产过程中的管理。具体结合评分方法见图 4-3。

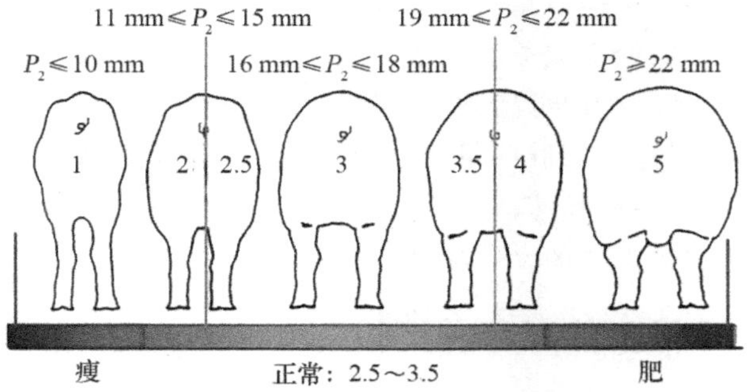

背膘测定部位（P_2点）：最后肋骨距背中线 4～6 cm处。

图 4-3　空怀母猪体况评分图

母猪背膘变化与其繁殖性能之间有高度相关性，空怀母猪的膘情影响着配种后的表现。俗话说，“空怀母猪七八成膘，容易怀胎产仔高”。背膘厚度适中的母猪，配种效果好。如果体况过瘦，妊娠期间容易导致流产，增加流产率；过肥则脂肪过多，导致子宫血液循环受阻，激素紊乱，严重影响配种效果。P2 点背膘厚能直观地反映出空怀母猪的营养状况，可据此及时进行营养调控，使母猪达到最佳繁殖状态，发挥出最好的生产水平。一些研究中发现，大白母猪配种前背膘厚度为 15.5～20.0 mm 时的产活仔数最高，初生窝重最重；长大二元母猪断奶和配种阶段背膘厚度在 16～19 mm 时，母猪的总产仔数、产活仔数最高及窝重最大，空怀母猪背膘厚度在 13～15 mm 的断奶至发情时间间隔最短。总的来说，配种前背膘在 14～22 mm 较为合适。

1. 根据 P_2 点背膘厚度决定空怀期饲养管理方案

对于空怀母猪的饲养，日喂量 2.5～3.0 kg，分 2～3 次饲喂，保证充足饮水，饮水水质符合 NY/T 5027—2008 标准。母猪断奶时若 P_2＜14 mm，应自由采食并添加合成孕酮类药物（烯丙基去甲雄三烯醇酮，每天按 15～20 mg 的剂量饲喂），当 P_2 背膘达到 16 mm 后，不再添加药物；若 P_2＞14 mm，在维持需要的基础上增加 1～1.5 kg，配种时若 P_2 在 14～16 mm，则按标准程序进行饲喂；若 P_2＞20 mm，可适当少喂。

2. 根据不同品种、胎次调整饲喂方案

母猪断奶背膘厚度根据品种、胎次、哺乳期饲养水平和环境等因素而有差异。因此需要根据本场养殖情况制定适合的饲喂方案。

(1)胎次　研究发现，不同胎次的母猪机体的抵抗力是不同的，身体的调节能力也是不一样的，断奶母猪的体重和体况也是有差别的。随着胎次增加母猪的体况会变差，特别是 8 胎之后的断奶母猪，背膘损失差异显著。初产母猪较经产母猪适应力和身体调节能力差异也较大。因此，对于初产的和胎次较高的空怀母猪需要提供更高营养水平的饲粮。

(2)品种 汉普夏、杜洛克、长白和大白等不同品种和不同品系的母猪，由于体型和繁殖重点不同，他们的断奶背膘以及最佳配种背膘也略有差异。有研究认为，丹系大白、丹系长白和美系大白均是背膘在 14～16 mm 时较好，而美系长白最适宜背膘厚为 17～19 mm。另外，不同品种采食量也有差异，长白猪采食量更高。因此，可以根据不同的品种、饲养管理、饲料和地域的不同，总结出适宜本场的膘情标准。

(3)其他 环境温度、湿度均对母猪采食量有影响。在夏季饲喂湿拌料，冬季饲喂颗粒料。不得饲喂发霉变质、冰冻和刺激性强的饲料。

3. 体重与背膘的关系

胎次增加，哺乳期母猪体重损失也相应增加，维持能量需要越高。3 胎以上的母猪所需要的用于体重和背膘增长的能量比青年母猪多，因为青年母猪更多的是增长体蛋白，而 3 胎以上母猪是增长体脂肪。

若在断奶后 5 天左右，发现背膘厚显著低于标准厚度(降低了 4 mm)，说明母猪哺乳期营养不足。体重损失严重(过瘦)是必然结果，大约损失 20～30 kg(背膘厚减少 1 mm，体重大约减少 5 kg)。母猪产仔时理想背膘厚是 22 mm，哺乳期背膘厚减少 3 mm(体重损失为 15 kg)以内，才能保证母猪断奶后具备合理背膘厚 16～20 mm，即断奶后的理想体况。这样，下一胎的生产水平不会受影响；如果超过 3 mm，则表示体储严重消耗，从而造成了断奶至发情间隔时间延长，排卵数减少，使窝产仔数减少。

总体来说，要合理搭配饲料，科学饲喂。饲料配合注意饲料的多样化，确保饲料的全价性。并注意各种添加剂的使用，供给一些青饲料。空怀母猪多采用湿拌料、定量饲喂的方法，每天喂 2～3 次。一般体重 120～150 kg 的母猪每天喂 1.7～1.9 kg，150 kg 以上的母猪每天喂 2.0～2.2 kg，中等膘情以上者每天饲喂 2.5～3 kg，中等膘情以下则自由采食。

4.2.3 空怀母猪免疫力营养调控

1. 避免断奶应激

在母猪断奶的初期仍能分泌很多乳汁，这时为了防止乳房炎，要改变饲喂方式。在断奶前 3 天开始减料饲养，同时控制饮水量。每天早上和中午定时饲喂(自由采食)，第一天饲喂 2.5 kg/天左右，之后 2 天减至 2 kg/天左右。在母猪断奶当天停料，或者投喂少量饲料，适量增加麸皮和多汁青饲料。在母猪的日粮中加入维生素 A、复合维生素 B、维生素 C 和维生素 E 硒合剂，既能减轻母猪断奶时的应激反应，又能促进母猪发情排卵。另外可以改变饲料类型，由泌乳期采用的稀粥料或湿拌料，改为风干颗粒饲料，也可以采用干粉饲料，以降低母猪的采食欲，并减少水的供给，从而起到减少乳汁分泌的作用。同时，风干颗粒饲料可以增强胃肠蠕动，消耗一定的体能，也起一定的断奶作用。

2. 预防霉菌毒素中毒

预防因霉菌毒素引起的屡配不受胎，要从饲料原料着手，玉米的质量控制至关重要。玉米的贮存要保持干燥、通风，防止发霉；对饲料进行霉菌毒素的检测化验；饲料中添加优质脱霉剂；饲料发霉后立即停止使用，补充维生素和添加葡萄糖解毒。

4.3 空怀母猪饲粮配方示例

根据空怀母猪的生理和营养需要特点、营养调控要点等，结合生产实际，总结和收集了近 40 个空怀母猪饲料的示例配方（表 4-3 至表 4-13），以期为不同饲养条件的空怀母猪饲料配制提供参考。

表 4-3 空怀母猪料示例配方 1

（刘敏，2020）

原料	添加水平/(kg/t)	营养成分	养分含量
大豆皮	41.00	干物质/%	87.89
甜菜粕	20.00	粗蛋白/%	13.00
玉米	409.30	粗脂肪/%	4.16
大麦皮	143.00	粗纤维/%	5.98
麦麸	100.00	灰分/%	5.13
米糠粕	20.00	盐分/%	0.69
一水葡萄糖	50.00	淀粉/%	33.65
蔗糖	20.00	总糖/%	9.48
大豆油	10.00	消化能/(kcal/kg)	3 270.00
全脂大豆	35.00	代谢能/(kca/kg)	3 120.00
大豆粕	73.00	净能(kcal/kg)	2 360.00
双低菜粕	20.00	赖氨酸/%	0.85
全脂亚麻籽	10.00	蛋氨酸/%	0.35
石粉	9.80	蛋氨酸+胱氨酸/%	0.58
碳酸氢钙	12.10	苏氨酸/%	0.61
氯化钠	5.00	色氨酸/%	0.14
硫酸镁	1.00	缬氨酸/%	0.62
氯化钾	1.50	钙/%	0.75

续表 4-3

原料	添加水平/(kg/t)	营养成分	养分含量
甘氨酸亚铁	0.60	总磷/%	0.56
L-赖氨酸硫酸盐	5.00	非植酸磷/%	0.30
DL-蛋氨酸	1.50		
L-苏氨酸	1.60		
单宁酸	0.30		
低聚木糖	0.30		
1%哺乳母猪核心料	10.00		
合计	1 000.00		

表 4-4　空怀母猪料示例配方 2

(邢荷岩,2018)

原料	添加比例%	营养成分	养分含量
玉米	59.00	消化能/(MJ/kg)	14.63
麸皮	6.00	粗蛋白/%	12.50
米糠	11.00	钙/%	0.65
豆粕	6.00	总磷/%	0.50
菜粕	7.00	粗脂肪/%	1.95
鱼粉	4.00	赖氨酸/%	0.72
酒糟	6.00	蛋氨酸/%	0.30
食盐	0.25		
预混料	0.75		

表 4-5　空怀期饲料配方 3～7

(钟正泽，刘作华,2009)

	配方编号	配方 3	配方 4	配方 5	配方 6	配方 7
饲料配合比例/%	玉米	46.50	48.00	48.50	48.50	48.00
	麸皮	51.00	36.50	30.00	30.00	30.50
	豆饼	—	—	—	19.00	10.00
	向日葵饼	—	14.00	19.00	—	9.00
	骨粉	2.00	1.00	2.00	2.00	2.00
	食盐	0.50	0.50	0.50	0.50	0.50

续表 4-5

	配方编号	配方 3	配方 4	配方 5	配方 6	配方 7
营养成分	消化能/(MJ/kg)	13.09	12.18	11.67	13.31	12.59
	粗蛋白质/%	10.08	11.00	11.00	16.00	15.10
	粗纤维/%	5.70	6.20	6.30	4.60	5.40
	钙/%	1.14	0.66	1.16	0.73	0.74
	磷/%	0.85	0.66	0.73	0.73	0.72
	赖氨酸/%	0.42	0.58	0.63	0.80	0.74
	蛋氨酸/%	0.32	0.45	0.49	0.27	0.37
	胱氨酸/%	0.15	0.22	0.24	0.19	0.22

表 4-6　空怀期饲料配方 8～12

（钟正泽，刘作华，2009）

	配方编号	配方 8	配方 9	配方 10	配方 11	配方 12
饲料配合比例/%	玉米	20.00	15.00	10.00	—	—
	碎米	30.00	35.00	40.00	50.00	55.00
	稻谷	15.00	20.00	25.00	18.00	16.00
	菜籽粕	5.00	5.00	4.00	4.00	5.00
	肉骨粉	4.00	5.00	6.00	7.00	3.00
	蚕蛹粉	4.00	3.00	3.00	2.00	6.00
	细米糠	15.00	13.00	5.00	12.00	10.00
	青饲料	5.00	2.00	5.00	5.00	3.00
	骨粉	1.20	1.20	1.20	1.20	1.20
	添加剂	0.50	0.50	0.50	0.50	0.50
	食盐	0.30	0.30	0.30	0.30	0.30
营养成分	消化能/(MJ/kg)	12.63	12.83	12.40	12.31	12.90
	粗蛋白质/%	13.60	13.70	13.30	13.50	14.00
	粗纤维/%	3.30	3.60	3.40	3.10	3.00
	钙/%	0.66	0.72	0.77	0.82	0.62
	磷/%	0.65	0.66	0.58	0.68	0.57
	赖氨酸/%	0.55	0.56	0.54	0.58	0.57
	蛋氨酸/%	0.23	0.23	0.22	0.22	0.25
	胱氨酸/%	0.19	0.19	0.18	0.19	0.20

表 4-7　空怀期饲料配方 13～17

（钟正泽，刘作华，2009）

	配方编号	配方 13	配方 14	配方 15	配方 16	配方 17
饲料配合比例/%	玉米	—	16.00	—	20.00	20.00
	大麦	32.00	20.00	—	35.00	20.00
	高粱	—	—	—	—	—
	次粉	—	—	50.50	—	—
	稻谷粉	8.00	10.00	18.00	—	—
	甘薯粉	—	—	—	—	21.50
	麸皮	20.00	15.00	17.00	5.00	10.00
	二八统糠	—	30.00	—	—	—
	草粉	—	—	—	10.00	15.00
	黄豆	—	—	6.00	—	—
	豆饼	—	—	—	12.00	12.00
	棉籽饼	—	—	8.00	—	—
	菜籽饼	10.00	4.00	—	—	—
	米糠饼	25.00	—	—	—	—
	蚕蛹粉	3.50	3.50	—	—	—
	骨粉	—	1.00	—	1.00	0.10
	贝壳粉	1.00	—	—	—	—
	食盐	0.50	0.50	0.50	0.50	0.50
营养成分	消化能/(MJ/kg)	12.51	9.79	12.89	12.13	11.88
	粗蛋白质/%	15.80	12.20	15.00	12.50	12.30
	粗纤维/%	8.60	4.40	4.70	6.50	7.40
	钙/%	0.71	0.50	0.64	0.43	0.45
	磷/%	0.84	0.48	0.51	0.29	0.30
	赖氨酸/%	0.71	0.59	0.57	0.53	0.52
	蛋氨酸/%	0.34	0.26	0.22	0.23	0.23
	胱氨酸/%	0.22	0.16	0.24	0.23	0.23

表 4-8　空怀期饲料配方 18～21

（钟正泽，刘作华，2009）

	配方编号	配方 18	配方 19	配方 20	配方 21
饲料配合比例/%	玉米	65.00	45.00	20.00	—
	麸皮	12.00	15.00	5.00	—
	碎米	—	15.00	45.00	65.00
	菜籽粕	3.00	4.00	4.00	5.00
	棉籽粕	3.00	4.00	3.00	4.00
	豆粕	3.00	—	2.00	—
	肠衣粉	4.00	5.00	5.00	6.00
	细米糠	3.00	5.00	9.00	13.00
	青饲料	3.70	3.70	3.70	3.70
	骨粉	2.00	2.00	2.00	2.00
	添加剂	1.00	1.00	1.00	1.00
	食盐	0.30	0.30	0.30	0.30
营养成分	消化能(MJ/kg)	12.46	12.31	12.25	12.10
	粗蛋白质/%	13.60	14.10	14.30	14.80
	粗纤维/%	2.70	2.80	2.30	2.20
	钙/%	0.68	0.92	0.71	0.73
	磷/%	0.60	0.65	0.62	0.63
	赖氨酸/%	0.52	0.55	0.59	0.62
	蛋氨酸/%	0.19	0.20	0.21	0.22
	胱氨酸/%	0.29	0.33	0.37	0.36

表 4-9　空怀期饲料配方 22～26

（钟正泽，刘作华，2009）

	配方编号	配方 22	配方 23	配方 24	配方 25	配方 26
饲料配合比例/%	玉米	66.00	65.00	41.00	20.00	—
	麸皮	15.00	15.00	—	—	—
	碎米	—	—	25.00	45.00	65.00
	细米糠	—	—	15.00	15.00	15.00
	菜籽粕	3.00	—	3.00	5.00	7.00
	棉籽粕	3.00	6.00	3.00	2.00	—
	豆粕	3.00	4.00	3.00	3.00	2.00
	粉浆蛋白粉	4.00	4.00	4.00	4.00	5.00

续表 4-9

	配方编号	配方 22	配方 23	配方 24	配方 25	配方 26
饲料配合比例/%	青饲料	2.70	2.70	2.70	2.70	2.70
	骨粉	2.00	2.00	2.00	2.00	2.00
	添加剂	1.00	1.00	1.00	1.00	1.00
	食盐	0.30	0.30	0.30	0.30	0.30
营养成分	消化能(MJ/kg)	12.95	13.10	12.90	12.81	12.64
	粗蛋白质/%	14.00	14.50	14.00	14.40	14.70
	粗纤维/%	3.10	3.10	2.90	2.80	2.60
	钙/%	0.65	0.66	0.65	0.66	0.66
	磷/%	0.62	0.62	0.70	0.71	0.72
	赖氨酸/%	0.60	0.63	0.65	0.68	0.72
	蛋氨酸/%	0.18	0.18	0.20	0.21	0.21
	胱氨酸/%	0.22	0.21	0.21	0.20	0.24

表 4-10 空怀期饲料配方 27～31

(钟正泽，刘作华,2009)

	配方编号	配方 27	配方 28	配方 29	配方 30	配方 31
饲料配合比例/%	玉米	20.00	16.00	10.00	—	—
	碎米	30.00	30.00	35.00	41.00	51.00
	稻谷	15.00	20.00	25.00	24.00	20.00
	菜籽粕	5.00	5.00	4.00	4.00	4.00
	肉骨粉	5.00	5.00	6.00	6.00	6.00
	蚕蛹粉	3.00	3.00	3.00	3.00	3.00
	细米糠	17.00	16.00	12.00	17.00	11.00
	青饲料	3.00	3.00	3.00	3.00	3.00
	添加剂	0.50	0.50	0.50	0.50	0.50
	骨粉	1.00	1.00	1.00	1.00	1.00
	食盐	0.50	0.50	0.50	0.50	0.50
营养成分	消化能(MJ/kg)	12.80	12.50	12.60	12.40	12.50
	粗蛋白质/%	15.10	14.90	15.00	15.50	14.80
	粗纤维/%	3.50	3.70	3.80	3.80	3.30
	钙/%	0.70	0.70	0.70	0.70	0.70
	磷/%	0.70	0.70	0.70	0.70	0.60
	赖氨酸/%	0.65	0.64	0.65	0.67	0.65
	蛋氨酸/%	0.30	0.29	0.28	0.29	0.29
	胱氨酸/%	0.20	0.20	0.19	0.20	0.20

表 4-11　空怀期饲料配方 32～36

（钟正泽，刘作华，2009）

	配方编号	配方 32	配方 33	配方 34	配方 35	配方 36
饲料配合比例/%	玉米	74.10	79.40	77.00	79.40	70.20
	豆粕	18.00	15.10	17.40	15.1	8.30
	菜籽粕	—	—	—	—	3.00
	麦麸	5.60	2.70	3.00	2.70	16.80
	磷酸氢钙	0.60	0.50	0.70	0.50	0.50
	石粉	0.70	0.70	0.50	0.70	—
	小苏打	0.10	—	—	—	—
	赖氨酸	0.10	0.30	0.20	0.20	0.30
	添加剂	0.50	1.00	1.00	1.00	0.60
	食盐	0.30	0.30	0.20	0.40	0.30
营养成分	消化能(MJ/kg)	13.39	13.51	13.63	13.51	13.02
	粗蛋白质/%	14.60	13.30	13.30	13.30	13.30
	粗纤维/%	2.30	1.70	1.80	1.70	3.10
	钙/%	0.50	0.63	0.46	0.63	0.50
	磷/%	0.42	0.40	0.41	0.41	0.45
	赖氨酸/%	0.71	0.77	0.75	0.77	0.61
	蛋氨酸/%	0.19	0.22	0.23	0.23	0.18
	胱氨酸/%	0.26	0.25	0.24	0.24	0.20
	苏氨酸/%	0.58	0.52	0.53	0.52	0.49

这是一组能量较高的饲料，适用于西南地区体况较差的母猪。

表 4-12　空怀期饲料配方 37

（钟正泽，刘作华，2009）

	原料	添加水平	营养成分	养分含量
饲料配合比例/%	玉米	24.00	消化能/(MJ/kg)	13.01
	小麦	16.00	粗蛋白质/%	14.50
	大麦	28.00	粗纤维/%	5.90
	酒糟	8.00	钙/%	0.52
	豆粕	—	磷/%	0.50
	黄豆	4.00	赖氨酸/%	0.54
	菜籽粕	8.00	蛋氨酸+胱氨酸/%	0.52
	蚕蛹	1.40	苏氨酸/%	0.52
	麦麸	8.00		
	磷酸钙	0.50		
	磷酸氢钙	0.80		
	添加剂	1.00		
	食盐	0.30		

该配方适用于西南地区，大麦品种为威 24。

表 4-13　空怀期饲料配方 38～40

（钟正泽，刘作华，2009）

	配方编号	配方 38	配方 39	配方 40
饲料配合比例/%	玉米	35.00	40.00	45.00
	麸皮	13.00	8.00	7.00
	大麦	—	—	28.00
	干草粉	—	—	6.00
	国产鱼粉	—	—	6.00
	豆饼	—	—	8.00
	豆粕	10.00	20.00	—
	高粱糠	40.00	30.00	—
	贝粉	1.60	1.50	—
	食盐	0.40	0.50	—
营养成分	消化能/(MJ/kg)	12.51	12.80	12.68
	粗蛋白质/%	12.76	15.61	15.40
	粗纤维/%	4.30	3.90	5.10
	钙/%	0.71	0.67	0.84
	磷/%	0.47	0.43	0.68
	赖氨酸/%	0.58	0.77	0.80

思考题

1. 什么是空怀母猪?
2. 空怀母猪的营养需求主要是什么?
3. 简述葡萄糖在空怀母猪上的作用。
4. 空怀母猪配种前适宜的背膘厚度以及体况评分范围为多少?
5. 主要参与空怀母猪营养调控的维生素有哪些?

第5章

水与母猪营养

【本章提要】尽管水的重要性已得到母猪生产者的普遍认同，但在实际生产过程中往往却最容易被忽视。因此，充分认识水的营养作用，并保证水的合理供给和饮水卫生，这对母猪营养调控、全生命周期的健康乃至高效生产都具有举足轻重的作用。

5.1 水营养与母猪营养

5.1.1 水的营养生理作用

猪体内水不是以化学上的纯水形式存在，而是以自由水和结合水的形式存在。水几乎直接或间接参与体内所有的代谢过程，是生物体赖以生存的关键物质。

1. 水是猪体内含量最多的物质

一头 1.5 kg 的初生仔猪空腹时体内水含量多达体重的 82%；成年猪体内含水量为 50%～60%。机体内的水分大部分与蛋白质结合形成稳定性高的胶体，使组织细胞呈现一定的形态、硬度和弹性。

2. 水是一种理想的溶剂

动物体内的所有物质以不同形式溶于水中，通过循环系统运至全身，并在血液、组织和细胞间进行营养物质、化学能、代谢产物、废弃物的交换，或排出体外，同时还能将激素从产生或释放部位运送至靶细胞或靶器官。

3. 水是机体代谢过程中化学反应的介质

饲粮中三大营养物质（碳水化合物、脂肪和蛋白质）的氧化会产生大量的代谢水，且这些物质在消化道水解时需要水作为反应物。机体内水合、氧化还原、有机物的合成、聚合、解聚合等化学反应都伴有水的结合和释放。

4. 水对体温的调节

水的比热大、导热性好、蒸发热高，所以可贮存热能、迅速传递热能和蒸发散失热能，有利于恒温动物体温的调节。血液循环中血液的快速流动、喘气和出汗、冷应激时限制血液流经体表等，均能有效维持机体体温的稳定。水的导热性比其他液体好，有助于深部组织热量的散失。如动物肌肉连续活动 20 min，正是通过水散热，防止蛋白质凝固。水的蒸发散热对具有汗腺的动物尤其重要。

5. 水维持酸碱平衡

水的 pH 为 7，与大部分组织理想的生理 pH 非常接近。此外，水是碳酸氢盐缓冲体系的主要组成成分，可以保持 H^+ 和 HCO_3^- 的平衡。

$$H^+ + HCO_3^- \rightleftharpoons H_2CO_3 \rightleftharpoons H_2O + CO_2$$

机体通过生成 H_2O 和 CO_2，可排泄体内正常代谢产生的大量的酸。血液中与血红蛋白有关的碳酸氢盐缓冲体系，也能清除 CO_2 等有毒分子，不会引起组织损伤和静脉 pH 变化。

6. 水具有润滑作用

猪体内的关节囊、体腔内和各器官间的组织液都含有水，这些水可以减少关节和器官间的摩擦力，眼睛中的水保持眼球湿润，以上均起到润滑作用。

5.1.2 缺水对母猪的危害

同其他营养物质一样，动物需水来进行组织和器官的生长和维持，缺水对动物健康和生产性能造成严重危害。当动物体失水量为体重 1%～2%时，即开始感觉干渴。动物缺水初期食欲明显减退，尤其是不愿进食干饲料；此后，随着失水程度增大干渴感觉越严重，可致食欲完全废绝，消化机能迟缓乃至完全丧失，机体免疫力和抗病力亦显著减弱。如果长期持续缺水，可导致体内水分大幅度下降。体内水分丧失若达 8%～10%即可引起代谢过程紊乱，超过 20%将引起死亡。

通常母猪每次妊娠都需要水分，因为体储备在上一个哺乳期被利用，所以必须重新恢复。妊娠母猪需要额外的水用于繁殖器官的生长，即胎儿的生长、胎膜的发育及用于保护子宫内胎儿的液体。泌乳母猪也需要额外的水用于产奶。

缺水可使母猪免疫力、生产性能等遭受严重影响，表现为体增重降低，泌乳量减少。研究表明，圈养母猪饮水不足将引起尿道感染（表 5-1）。

表 5-1 妊娠母猪的饮水量和严重感染的菌尿

（王若军主译，2003）

饮水量	<11.5 L/d	>11.5 L /d
样品数	53	129
严重的菌尿	6(11.3%)	3(2.3%)

在整个产期和哺乳期保证母猪的饮水量至关重要。在热环境和圈养下，母猪的活动减少了，这会导致饮水减少，饮水减少后果之一是粪便中干物质增加，进而引起母猪便秘，便秘又可使母猪患子宫炎、乳腺炎、无乳综合征，哺乳期的奶量降低。

5.1.3 水对母猪营养调控的影响

采食的数量和成分对动物需水量有很大影响，其中日粮蛋白质的质量、数量和矿物质的含量是影响动物需水量的两个重要因素，维持矿物质和氮平衡的需水量应受到重视。如果氨基酸的供给超出动物对蛋白质的需要，将被脱胺，氮则通过尿液被排出体外，猪对浓缩其尿中氮浓度的能力有限，要排除多余的氮必须增加饮水量。因而，如果饲喂蛋白质高出猪用于生产的数量，或蛋白质不平衡，将增加需水量。由于母猪吸收和利用氮的能力不同，导致需水量有差异。

增加饮水能提高氮的保留。提高群饲生长/肥育猪液体饲料中的水含量，其生长率和饲料转化率得到提高。代谢研究发现，提高日粮中的水分含量会显著改善动物对干物质的消化和氮的保留（表 5-2）。

表 5-2 日粮水分含量对消化的影响

（王若军主译，2003）

项目	水料比*			
	2∶1	2.67∶1	3.33∶1	4∶1
干物质消化率/%	79.12[a]	77.78[a]	80.34[a,b]	82.93[b]
DE 估测值/(MJ/kg)	15.16	14.96	15.41	15.80
存留的氮/[g/(kg $W^{0.75}$·d)]	1.49	1.40	1.63	1.74

* 定量饲喂；同一行右上标不同字母 a，b 表示差异显著。

如果供水不足，排氮需水将优于组织沉积或产奶需水。妊娠母猪很少发生这种现象，因为供应的饲料量相对低于其采食潜力。但是，泌乳母猪需要大量的食物，日粮蛋白过剩或质量不好就会限制其采食量，因为它们需要摄入更多的水来排出氮。因此，更准确地满足泌乳母猪氨基酸的需要将改善其自由采食量，也有助于降低污水的排出量。

多余的矿物质也需要经肾脏排出。由于动物尿浓缩矿物质的水平有限，当矿物质负担增加时，尿量增加，这意味着动物对水的需求量上升。Friend 和 Wolynetz(1981)发现，泌乳母猪的饮水量从喂盐不足日粮的 14.8 L/天增加到添加盐 0.5%日粮的 16.2 L/天。类似的研究，泌乳期日粮中钠的浓度从 0.1%增至 0.4%，母猪平均饮水量从 12.4 L/天增至(13.9±0.6) L/天。有试验表明，日粮钾离子和氯离子水平显著影响动物饮水。有研究者认为，应特别注意母猪日粮中钾离子和氯离子的水平。

5.2 水营养的调控措施

母猪获得水的最主要方式是饮水，其次是饲料中的水、代谢水和组织合成释放的水。目前，大家普遍认为只要在水量充足且水质良好的情况下，猪能根据自身需要正常调节饮水量，从而满足自身需水量。但事实并非如此，饮水不足或大量饮水时有发生，甚至超过其正常生理需要。值得注意的是，母猪的饮水量并不等同于母猪的需水量，饮水设备耗水量高，并不代表我们给予了母猪足量的水。

5.2.1 需水量与饮水量

1. 影响需水量的因素

(1)生产性能　生产性能是决定畜禽需水量的重要因素。一项研究表明，胎次高的母猪饮水量较高(表 5-3)，但不同年龄组每千克代谢体重($W^{0.75}$)的饮水量接近。此研究还发现群体级位高的母猪其饮水也多(表 5-4)。将一群母猪根据其饮水量分成 3 组，观察到饮水量少的母猪其妊娠增重最高，平均胎仔数最多，每天饮水次数和饮水时间最少，但饮水最少的母猪所耗水量足以满足其生理需要(表 5-5)。

表 5-3　妊娠期母猪不同胎次对饮水量的影响

(王若军主译，2003)

项目	1 胎和 2 胎	3 胎以上
饮水/(L/d)	7.0	8.7 *
饮水/[L/($W^{0.75}$·d)]	0.14	0.13

* $P<0.001$。

表 5-4　母猪群体级位对饮水量的影响

（王若军主译，2003）

群体中级位（高→低）	1	2	3	4	
饮水量/(L/d)	9.2	8.2	7.2	6.8	$P<0.05$

表 5-5　自由饮水量不同的妊娠母猪的饮水特点和性能

（王若军主译，2003）

项目	最低	中等	最高
母猪数	29	60	30
饮水量/(L/d)	5.10^{a}	7.37^{b}	11.35^{c}
饮水量/[L/($W^{0.75}$·d)]	0.09	0.13	0.20
采食量/(kg/d)	2.88	2.81	2.85
水料比	1.91^{a}	2.74^{b}	4.10^{c}
饮水次数	7.12^{a}	10.10^{b}	13.26^{c}
饮水时间/(min/d)	9.22^{a}	14.50^{b}	21.33^{c}
妊娠增重/kg	60.1^{a}	54.5^{b}	50.0^{b}
产仔数（初生总数）	12.9^{a}	12.1^{a}	10.3^{b}
初生仔猪重/kg	1.379	1.371	1.339

同一行的右上标不同的字母 a b c 表示差异显著。

(2)日粮成分　日粮成分尤其是粗纤维、蛋白质和矿物质的含量，均是影响需水量的重要因素。例如，粗纤维的酵解及未消化残渣的排泄，蛋白质的降解及代谢产物的排出，矿物盐的溶解、吸收及排泄，均需要一定的水分，所以当动物采食高纤维、高蛋白或矿物盐浓度大的日粮时，将增加对水的需要量。

(3)其他增加或降低母猪需水量的因素　除了用于组织生长、维持、产奶、保持体内矿物质的平衡、消化终产物的排泄（特别是蛋白的消化）这些严格意义上的营养作用外，水还具有其他作用，如母猪也可以利用水进行：①自身解毒（清除食物中自然产生和存在的毒素以及药物残留）；②调节/控制机体体温；③达到饱感（使胃肠充满）；④满足正常的行为活动。

所以母猪的需水量还受到环境、管理等其他因素的影响（表 5-6）。

表 5-6 增加/降低母猪需水量的因素

（王若军主译，2003）

增加需水量的因素	降低需水量的因素
繁殖生产	**减少水的可用性**
母体组织	间断供水
胎儿组织和胎膜	不适当的流量
乳房组织	不适宜的供水设备
奶分泌	动物争抢饮水
保持体内平衡	**水质差**
日粮中过多的蛋白质/氨基酸（尿中）	矿物质含量高
日粮中过多的矿物质	适口性差
消化终产物的排泄	悬浮物含量高
解毒	微生物含量高
霉菌毒素	**饲料形状及饲喂方式**
药物残留	**限时饮水**
饲料形状及饲喂方式	
竞争行为/过饱	
高温环境	

2. 确定需水量的方法

我们不能简单地给猪饲喂不同量的水，而应明确猪达到最佳生长性能的需水量。机体细胞内、细胞间及细胞外形成一个巨大的、动态的水平衡系统，因此任何的生长试验都需要对猪各种来源的水进行定量分析，包括饮水、饲料水、代谢水及通过粪便、尿液、呼吸和汗水排出的水。根据猪的生长状况不同，各种来源的水量也必然不同。

研究动物对水需要量的方法较多。第一种方法是传统的营养需要量评价方法，即给猪饲喂不同营养水平的饲粮后，再根据生产性能的结果来评价营养需要量，但这种传统方法很难用于水的需要量研究。因为猪对水的需要量受到许多因素的影响，如前面提到的饲粮特性（如蛋白质、矿物质水平）、环境温度及肌肉或脂肪的增重量等都会影响猪的需水量。

第二种方法是让猪自由饮水，将猪达到最佳生长性能时的饮水量确定为猪的需水量。虽然文献中经常使用这种方法，但由于不能保证猪的饮水量是建立在生理需求的基础上，所以该方法也存在较大问题。与其他动物一样，猪也会因为应激、饥饿等因素摄取大量的水。一项研究表明，让体重 40 kg 的猪自由饮水，其饮水量为 1.70～16.8 L/天，说明用该方法确定需水量是不合适的。多数在自由采食、饮水状态下进行关于猪饮水量的研究，在没有估算被浪费的水量的情况下，得到的估测值应是与摄水量不同的“耗水量”。饮水浪费会带来巨大的经济损失，主要是因为这会增加粪污量，从而增加每年的粪污处理费用。

第三种方法是确定预防猪脱水的饮水量。然而，猪会动用代价高的代谢方式来防止脱水，如通过排泄高渗尿来维持水平衡。有研究者认为，只有在血容量下降时才会产生高渗尿，高渗尿的产生机制极其精确，简单的需水量研究很少考虑。

有学者建议，猪的需水量可以用水/饲料摄入比来确定。但该方法忽视了体重、环境温度和饲粮组成等关键因素对需水量的影响。如果能充分了解该方法的局限性，则可将水/饲料摄入比作为确定需水量的有效实用性方法。

3. 建议饮水量

测定猪的饮水量有助于生产管理，监测饮水量可有助于管理者预测疾病，因为动物生病时，通常饮水量增加。饮水量的变化常与饲喂饲料的变化有关，这预示着饲料中的蛋白质或矿物质成分改变，或表明有可能存在霉菌毒素。虽然无法作为问题的诊断依据，动物饮水量的波动将提醒、促使管理者加强预防、采取治疗。在特定的猪场，当哺乳舍进行“全进全出”时，可作出母猪的“正常”饮水量模型，如果饮水低于正常饮水量，将降低产奶量和仔猪生长率。监测饮水量有助于圈舍管理人员及早发现问题并及时进行医治。在养殖场内，应制定“行动标准”饮水量，在此饮水量时，饲养人员既要报告险情又要采取必要的措施进行医治。要根据经验，并与营养学家和兽医人员共同合作制定“行动标准”饮水量，并且还要不断对此进行检查。表 5-7 列出一些推荐的饮水标准，有两点必须注意：①保证设计的水表在低流量的情况下也能计量，这一点非常重要；②水表必须安装在供母猪饮水的水管线上，清洁用水或其他目的用水供应可单独设管线。

表 5-7　母猪的饮水标准

（王若军主译，2003）

项目	空怀和妊娠母猪	哺乳母猪
供水量/(L/d)[a]	10～30	20～60
供水量/(L/kg 饲料)	4～6	4～8
供水量/(L/kg 体重)	0.10～0.15	0.15～0.20
水流量/(L/min)[b]	1.0	1.5～2.0
行动标准饮水量/(L/d)[c]	12	25

[a]较高的数值适合在高温下饲养的较大体重动物；[b]喷嘴式或嚼咬式供水的水流量，槽供水至少保证这个量；[c]行动标准饮水量是平均饮水量，低于此水平，母猪的健康和生产性能可能受到危害。

(1)妊娠母猪 妊娠母猪的饮水量主要受行为因素的影响，尤其是饥饿引起的渴感。与许多其他动物一样，妊娠母猪采食不足时会过度饮水，所以不同研究报道的妊娠母猪的饮水量数值差异很大，如饮水量为 5.6 L/(天·kg 饲料)、2.5 L/(天·kg 饲料)、14.9 L/天、7.2 L/天和 25.8 L/天。而且，对于饮水量的变化范围，各项研究报道差异也很大。Pollman 等(1979)报道，每日饮水量的变化范围为 3.4～46.2 L/天。要确定干奶母猪的具体饮水量非常困难，因为存在饥饿诱导的过量饮水，因此建议保证干奶母猪能全天自由饮用新鲜水。

妊娠母猪饮水量随干物质采食量增加而增加。后备母猪日耗水为 11.5 L，妊娠后期母猪为 20 L。

(2)泌乳母猪 泌乳母猪不仅要维持每天 8～16 kg 的产奶量，还要从尿中排出大量代谢终产物，因此对水的需要量更大。泌乳母猪摄水量在 12～40 L/天，平均为 18 L/天。其结果与 Bauer(1982)报道的 20 L/天和 Riley(1978)报道的 25.1 L/天相一致。

5.2.2 合理供水

是否提供了适量的水是养猪生产的关键问题。供水不足会降低猪的生长性能，严重不足还会降低饲料消化率。而供水过量会造成水资源浪费，增加不必要的粪污量；当粪污用作肥料时，又会相应地增加粪污的运输费用。如果通过饮水给药，过多的水浪费还会增加药物费用。饮水器被粪便污染后，会降低猪的饮水量，进而降低生长性能。因此，养猪生产管理中合理供水非常重要。

1. 饮水设备

(1)乳头式饮水器是养猪场内使用最为广泛的一种饮水器(二维码 5-1，图 5-1)。

二维码 5-1 乳头式饮水器(视频)

优点：①卫生；②易清洗；③能顺畅地饮用到新鲜、干净的水。

缺点：①猪必须记住其含住乳头才可以饮用到水的饮水方法，而忘记这种饮水方式的猪就不能成功饮水；②容易溢水，给清洗水槽增加了负担。

表 5-8 为乳头式饮水器安装高度，可作为日常管理的参考。

图 5-1 乳头式饮水器

表 5-8 乳头式饮水器安装的适合高度

(香川光生，张蓉，2014)

猪的种类	适合高度/cm
哺乳仔猪	8～15
断奶仔猪(7～30 kg)	15～30
育成猪(30～70 kg)	30～55
肥育猪(超过 70 kg)	55～75
妊娠母猪	约 90

(2)杯状饮水器　杯状饮水器类型较多，包括用饲喂器作供水杯、向前顶住乳头棒型、乳头状棒芯向上抬起型和虹吸管型·浮球型等(二维码 5-2，图 5-2)。

二维码 5-2　杯状饮水器(视频)

优点：①因为能够看到杯中积蓄的水，猪很容易记住要饮水；②发生溢水的情况较少，清洁饮水器(饲喂器)的工作量较轻；③安装在猪前腿站直后的高度位置，其高度的调节范围要大于乳头式饮水器所允许的范围。

缺点：①饲喂器中容易混入饲料残渣和粪便尿液，必须勤清洁；②要慎重考虑在猪圈中的合适安装位置，必须避开容易成为猪大小便地方的猪圈角落；③因产品不同，其质量也不同。

图 5-2　杯状饮水器

(3)鸭嘴式饮水器　猪用鸭嘴式饮水器是现代化猪场大量使用的一种饮水设备(二维码 5-3，图 5-3)。

优点：①结构简单，猪在饮水时只需要含住饮水器，咬下阀杆即会有水自动流出；②使用寿命长，价格比较便宜，耐腐蚀性强。

缺点：①比较耗费水资源，容易造成浪费；②饮水器比较突出，猪可能被划伤身体。

二维码 5-3　鸭嘴式饮水器（视频）

2. 饮水供应

维持猪的健康需要给猪持续供应新鲜的、无污染的饮水。“供应”包括水流量适当、饮水器设计合理且高度适中。水槽应干净，能满足圈舍内猪的饮用，有盖子以减少藻类的生长并防止空气污染水质。水槽对于饮水给药很有用。应该每天都检查饮水器，泌乳母猪每天检查两次，内容包括：①饮水器是否泄漏；②水的清洁度；③饮水器的高度和角度；④水流量；⑤水温；⑥水的颜色和味道。

图 5-3　鸭嘴式饮水器

虽然应该避免乳头式饮水器的水流过快，从而达到最低程度的浪费，但是水流速度过慢也会带来一些严重的问题。例如，有研究报道，保育舍内的断奶仔猪由于不能获取充足的水，无法排出体内摄入的饲粮盐分，出现盐中毒现象。Neinable 和 Hahn（1984）发现，猪处于热应激状态时，即使低温下水流速度适宜，也可能会造成供水不足。表 5-9 列出了乳头式饮水器的水流速度一般推荐值，这在保证充足饮水量的同时避免大量浪费。

表 5-9　乳头式饮水器的水流速率对于不同生理阶段猪的推荐值

（Chiba，2012）

猪的类型	水流速率的推荐值/（mL/min）	
	最小值	最大值
妊娠母猪	500	1 000
泌乳母猪	1 000	2 000
断奶仔猪	750	1 000
生长育肥猪	750	1 000

3. 水质

按照一定标准给猪提供充足的、高质量的饮水是所有养猪生产者追求的目标。表 5-10 列出了家畜饮用水的质量标准。水的质量指标可以划分为三大类:感官指标、化学指标和微生物指标。

表 5-10 家畜饮用水的质量标准

(赵书广,2013)

名称	推荐最大值/(mg/L)	
	TFWQG(1987)*	NRC(1974)
常量离子		
钙	1 000	—
硝酸盐氮及亚硝酸盐氮	100	440
亚硝酸盐氮	10	33
硫酸盐	1 000	—
重金属离子和微量元素离子		
铝	5.0	—
砷	0.5	0.2
铍	0.1	—
硼	5.0	—
镉	0.02	0.05
铬	1.0	1.0
钴	1.0	1.0
铜	5.0	0.5
氯化物	2.0	2.0
铅	0.1	0.1
汞	0.003	0.01
钼	0.5	—
镍	1.0	1.0
硒	0.05	—
铀	0.2	—
钒	0.1	0.1
锌	50.0	25.0

* TFWQG(Task Force on Water Quality Guidelines,水质监控专家组)。

(1)感官指标

①浑浊度　浑浊度更多表现的是水的优劣感官特性,而不是质量特性。浑浊度高仅代表水中悬浮的胶状物质含量多,如泥沙或黏土。浑浊度低的水对猪的影响非常小。但水中悬浮的微生物可能也会造成浑浊度变高,对猪产生较大影响。因此,猪饮用水的浑浊度可以定性测定,不需要定量测定。如果水的浑浊度<5浊度单位(NTU),则猪可以饮用;如果>5浊度单位(NTU),则需要检测水中化学物质和微生物的含量,以进一步确定水浑浊的原因。

②颜色　水的颜色可以用真色度单位(TCU)来衡量。颜色不是猪饮用水重点考察的指标,排除饮用水受到有毒有害物质的污染。相对于颜色来说,检测溶解性总固体、硫酸盐、硬度及微生物等指标对猪的意义更重大。

③气味　水的气味可以用嗅阈值(TON)来度量,猪饮用水一般不存在气味问题,因为新鲜的水几乎没有气味。但是,如果水中存在异常的气味,则需进一步分析气味产生的根源,最可能的原因是微生物污染或水中存在有机化合物。

(2)化学指标

①总可溶性固形物　总可溶性固形物(TDS)是测定溶于水中总无机物含量的指标。高TDS水中最常见的盐是碳酸氢盐、硫酸盐和钙、镁、钠、钾等形成的氯化物。当水的TDS含量>6 000 mg/L,可能导致猪暂时性的腹泻及饮水量增加,但不影响健康和生产性能。一般水的TDS含量≤1 000 mg/L是安全的,但TDS>7 000 mg/L可能对猪健康有害。而TDS在1 000～7 000 mg/L是一个模糊区。表5-11列出了不同范围TDS对水质量的评价。

表5-11　不同TDS对水质的评价

(赵书广,2013)

TDS/(mg/L)	等级	评价
<1 000	安全	无害
1 000～2 999	满意	不适应的猪会产生轻度腹泻
3 000～4 999	满意	暂时性拒绝饮水
5 000～6 999	可接受	种猪应避免饮用高水平TDS
>7 000	不适	种猪和热应激猪有危险

②导电率　导电率是度量水导电能力的指标。导电率越高,说明水中溶解的矿物质离子浓度越高。因为导电率是非特异性的,所以提高导电率对水质的有效影响比较少。但是如果水的导电率很高,则需要进一步检测水样中含有的确切离子及含量。

③水的pH　水的pH是衡量水酸碱性的指标,绝大部分水的pH都为6.5～

8.5。如果水的 pH 升高，就可降低用氯处理的作用效果；如果水的 pH 降低，则水中某些药物会出现沉淀。因为水中添加 pH 调节剂会影响一些药物的作用，所以采用饮水给药时必须特别谨慎。

④水的硬度　硬度可以衡量水中多价阳离子的含量，主要是钙离子和镁离子，它们以碳酸盐、碳酸氢盐、硫酸盐和氯化物的形式存在。目前还不清楚硬度是否会影响动物健康，但硬度太高不利于清洗污垢，而且需要使用更多的肥皂或清洁剂来清洗。另外，硬度增高还会增加水供应设备、处理设备和加热设备中水垢积累。因此，水的硬度过高会使热水器、乳头式饮水器和过滤器出现故障问题。美国地质勘查局认为，以 $CaCO_3$ 的浓度计算硬度时，浓度＜60 mg/L 的是软水，而浓度＞180 mg/L 的是超硬水。

⑤硫酸盐　硫酸盐是大部分地下水中都存在的天然矿物质，但其浓度一般都较低，对猪不会产生负面影响。然而在某些情况下，硫酸盐会超过猪饮用水的阈值：1 000 mg/L。虽然猪肠道内存在大量转运蛋白，可吸收硫酸盐，但硫酸盐经常又会被重分泌到大肠，进而导致渗透性腹泻。无论硫酸盐是以硫酸镁还是硫酸钠的形式存在，都能导致渗透性腹泻，这种渗透性腹泻的持续时间比较短，因为猪在数周之后就可以适应，而适应的具体时间取决于水中硫酸盐的浓度。

⑥铁离子和锰离子　目前尚未发现饮用水中的铁和锰含量升高会直接导致猪出现健康问题，但是会引起猪生产管理上的问题。地表水中的铁和锰以还原型离子的形式存在，因而是可溶性的。但是，井水中的铁和锰与氧气接触后，发生氧化反应，变得不可溶。氧化铁呈典型的红褐色，而氧化锰的颜色更深，接近黑色。如果水中存在氧化铁或氧化锰，会使水槽发生永久性变色，甚至会沉积在热水器、乳头式饮水器、氯化器和其他设备内。水中的铁浓度应≤0.3 mg/L，水中的铁浓度低至 0.1 mg/L 就能沉淀使仪器设备变色。水中的锰含量应≤0.05 mg/L。

⑦硝酸盐和亚硝酸盐　人们特别关注饮用水中硝酸盐和亚硝酸盐的含量。因为硝酸盐和亚硝酸盐能与血红蛋白结合，形成高铁血红蛋白，从而降低血红蛋白运输氧气的能力。Garrison 等(1966)研究表明，猪饮用水中含 200 mg/L 的硝酸盐就会降低猪的生长速度，破坏维生素 A 的代谢。Sorensen 等(1994)研究表明，从仔猪断奶到出栏，给猪饲喂高达 2 000 mg/L 的硝酸盐时，对猪的生长性能、血液中血红蛋白或高铁血红蛋白的水平都没有显著影响。

猪饮用水中的硝酸盐和亚硝酸盐总量的推荐值是≤100 mg/L，且亚硝酸盐的含量应≤10 mg/L。

⑧钠离子　像钠离子这样的阳离子在水中都要与阴离子结合，如果结合的阴离子是硫酸根，则容易导致腹泻（硫酸钠又称为芒硝，是一种强力泻药）；如果结合的阴离子是氯离子，则基本上没有负面影响；如果结合的阴离子是碳酸根或碳酸氢

根，则水的 pH 会变高。需要注意的是，简单的水离子交换软化剂可将钙离子和镁离子替换成钠离子，从而提高水中的钠离子含量。

⑨镁离子 如前文所述，镁离子会增加水的硬度，而且也要与阴离子结合，以保持电荷平衡。如果结合的阴离子是硫酸根，形成的硫酸镁又被称为泄盐，会使猪发生严重腹泻。

采用离子交换软化处理可以去除水中的镁离子，镁离子与钠离子的交换比例为 1∶2。虽然钠离子与镁离子交换后可以降低水的硬度，但对猪的腹泻发生率没有任何影响，因为硫酸钠也是强力泻药。

⑩氯离子 不管是地下水还是地表水，氯离子含量一般都不高。如果氯离子含量＞400 mg/L，水就会有金属味，但这是否会对猪产生不良影响，目前还不清楚。饮水中氯离子水平较高时，可以相应减少饲粮中的食盐含量。但只有在水中钠离子含量也高或饲粮中含有非氯化钠源的钠的情况下，才能采取该方法。

(3)微生物指标 水中可能存在一些对猪有害的物质和微生物(包括细菌和病毒)。细菌以沙门氏菌属、钩端螺旋体属及埃希氏杆菌属最为常见。水也能携带致病性的原虫和肠道蠕虫的虫卵或包囊。这些微生物对猪产生有害作用，主要取决于其类型和数量。我国《无公害食品 畜禽饮用水水质》(NY 5027—2008)规定，对家畜的饮用水，每 100 mL 水的总大肠菌群，成年畜 100、幼畜和禽 10。

思考题

1. 举例说出哪些情况会增加或降低母猪需水量。
2. 简述缺水对母猪的危害。
3. 如何确定养殖场是否给母猪提供了充足的饮水？
4. 如何为母猪选择合适的饮水设备？
5. 如何为哺乳母猪合理供水？

第6章

环境因素对母猪的营养调控

【本章提要】本章将系统阐述温度、相对湿度、空气质量等环境因素对母猪营养调控的影响，目的在于了解获得最高的母猪生产效率所需的最适环境条件，寻求克服不利环境条件的营养调控措施，以提高母猪生产效率。

6.1 环境因素与母猪生产

动物的环境一般指作用于动物机体的一切外界因素，不仅包括自然环境，如气候条件、土壤、地形地势、大气环境等，还包括人为的环境，如畜舍、饲养设施、管理方式等。

外界非生物环境中，空气的温度、湿度、光照、气流、空气成分、尘埃、微生物、噪声等都是多变且对人和动物经常起作用的因素；土壤和水的理化性状一般比较稳定，只要其中某些物质或元素（如有毒有害物质或元素）含量不过高，某些必需的元素不缺乏或理化性状不突然发生变化，一般不会对猪产生不良影响。在外界生物环境中的动物包括同种动物（如同一群猪的不同个体）和非同种动物（猪场内的鼠、雀、蚊、蝇等），对养猪生产都有重要意义，如群养猪群居（社会）行为（social behavior）中的争斗行为，往往在转群、并群时使生产力显著下降，即使在通常情况下虽已形成群居序列，但社群地位较低的个体也会长期处于心理应激状态，影响其生产力和健康；鼠、雀、蚊、蝇等传播疫病、浪费饲料，也是猪场十分棘手的问题。外界生物环境中的植物，除植物性饲料外，主要指猪场的环境绿化，绿化可以显著改善猪场温湿度状况，减少空气中有害气体及尘埃、微生物含量，降低噪声强度。空气、土壤和水中的微生物，虽然大多数是有益的，但致病微生物却是猪场的最大威胁。

人为环境中首先是人，比如饲养员对猪的态度、工作责任心、业务水平等，是提高养猪水平的根本；此外，经常更换猪已熟悉的饲养员也会影响养猪生产等。饲养管理工艺和饲养操作规程是否科学合理以及能否严格实施，显然是决定养猪生产水平的重要人为因素。选育利用是指育种方向和利用方式及方法，如近代育种对猪生产力指标的高强度选择，最大限度地提高了猪的生产性能，但却因忽视了对抗逆性的选择，导致现代猪种对饲料、环境条件要求较高，应激敏感率也随之提高；利用方式方法主要是人为地把猪当成生产机器，采取高强度甚至是掠夺式利用，如母猪的终生限位饲养、超早期断奶以提高年产窝数（为减少仔猪感染除外）等，都属于很强的应激因素。

6.2　环境因素对母猪的影响

6.2.1　温度、相对湿度

1. 温度、相对湿度概述

空气温度，简称气温，是空气分子所含平均动能的标志，计量单位一般用℃来表示。自然界的气温来源于太阳辐射，经过大气减弱后到达地面的太阳辐射，除被地面反射掉一部分外，其余被地面吸收，使地面温度升高，地面再通过辐射、传导和对流的方式把热传给空气，这是空气热量的主要来源。太阳辐射通过大气时被大气吸收的部分对空气的增热作用很少，只能使空气温度升高 0.015～0.02 ℃。气温过高或过低，均可对猪只的健康和生产力造成不良影响。

空气湿度，简称气湿，是表示空气中水汽含量多少的指标。大气中的水汽来自海洋、江湖等水面和植物、潮湿土壤等的蒸发；畜舍中的水汽除来自大气外，还来自于舍内家畜皮肤和呼吸道、潮湿地面、粪尿、潮湿垫料等的水分蒸发，所以，一般情况下，畜舍内空气中的水汽含量总是大于舍外。空气过于潮湿或干燥，对猪只的健康和生产力均有不良影响。

相对湿度，空气中实际水汽压与同温度下饱和水汽压之比，用百分率表示。相对湿度＝实际水汽压/同温度下饱和水汽压×100％。相对湿度表示水汽在空气中的饱和程度。猪舍内适宜的相对湿度为 50％～75％。

温热环境包括温度、相对湿度、空气流动、辐射及热传递等因素，它们共同作用于动物，使动物产生冷或热、舒适与否的感觉。

根据动物对温热环境的反应，将温热环境划分为温度适中区（TNZ）、热应激区和冷应激区。

温度适中区也称为等热区。在此温度范围内，动物的体温保持相对恒定，若无其他应激（如疾病）存在，动物的代谢强度和产热量正常。等热区的下限有效环境温度称为下限(最低)临界温度(LCT),上限有效环境温度称为上限临界温度(UCT)。在等热区中温度偏低方向有一段区域最适合动物生产和健康,称为最适生产区。在此区域,动物的代谢强度和产热量保持生理最低水平,动物依靠维持和生产过程所释放的热量就可以补偿向环境散失的热量,不需要增加代谢产热速度就能维持体温恒定。在等热区内,动物的热平衡调节方式主要是物理调节。

热应激区指高于上限临界温度的温度区域。在热应激区,动物除自身的产热外,还从环境中接受了大量的辐射热,仅依靠物理调节不能把热量散失,难以保持体温恒定。这时动物机体开始运用化学调节,提高代谢强度来增强散热,以维持体温恒定,例如动物心跳加快、出汗、热性喘息等,但代谢率提高又会增加产热量,因此,动物体温能否保持恒定取决于所增加的散热量与总产热量之间的平衡。当外界有效环境温度持续升高,多余热量无法散失时,动物体温开始升高,直至热死。

冷应激区指低于下限临界温度的温度区域。在冷应激区,动物散失到环境的热量增加,单靠物理调节难以保持体温恒定,必须利用化学调节来增加产热。如果这种产热方式达到最大值时还不能弥补机体的热量损失,动物体温开始下降,直至冻死。

有效环境温度与动物的体温、产热、散热的相互关系如图 6-1 所示。值得注意的是:动物的温度适中区、下限临界温度与上限临界温度都受动物因素(体重、皮毛隔热性能、组群、机体状况、品种类型、年龄、气候驯化)、营养因素(如饲养水平)和不同环境组分的温热效应(气流、大气和建筑结构的温度、垫草及地板类型、相对湿度)的影响。

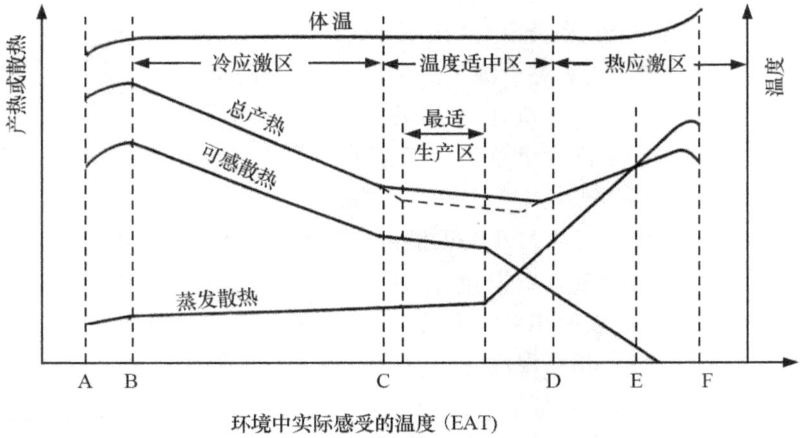

图 6-1　动物在不同温热区域产热、散热及体温变化

(陈代文,2020)

A. 冻死点　B. 代谢顶峰与降温点　C. 临界温度　D. 上限临界温度　E. 升温点　F. 热死点

总产热上虚线表示饥饿时产热。

2. 推荐的温湿度条件

后备母猪舍、配种妊娠母猪舍和分娩哺乳母猪舍温湿度条件见表 6-1。

表 6-1　母猪舍温湿度控制

（邓莉萍，2016）

各阶段母猪猪舍	项目	温度/℃	相对湿度/%
后备母猪舍	适宜温湿度	18～25	60～70
	控制范围	15～27	50～80
配种妊娠舍	适宜温湿度	18～21	60～70
	控制范围	15～27	50～85
分娩后 1～3 天	适宜温湿度	24～25	60～70
	控制范围	23～25	60～70
分娩后 4～7 天	适宜温湿度	21～22	60～70
	控制范围	20～22	60～70
分娩 10 天后	适宜温湿度	18～22	60～70
	控制范围	18～22	60～70

3. 温湿度对母猪的影响

（1）温湿度对母猪采食量的影响　NRC（2012）报道，气温每升高 1 ℃，猪采食量减少 40 g/天；环境温度超出最佳温度范围 5～10 ℃，采食量下降 200～400 g/天。Quiniou 等（1999）研究表明，分娩舍温度由 18 ℃升至 29 ℃时，母猪采食量下降近 3 kg/天。母猪因体格大、背膘厚，体内热量散失慢，所需的最佳温度低于育肥猪，妊娠猪舍适宜的环境温度是 15～20 ℃，高温不得超过 27 ℃，低温不得低于 13 ℃。《规模猪场环境参数及环境管理》（GB/T 17824.3—2008）中规定，哺乳母猪的生产临界温度是 16 ℃。Black 等（1993）对哺乳母猪的研究表明，温度对哺乳母猪采食量的影响主要发生在第 5～6 天，相比于环境温度 20 ℃，29 ℃ 时采食量下降了 677 g/天，同时伴随更高的体损失、呼吸频率和体表温度，但两种温度下母猪的返情间隔未受到影响。Quiniou 等（1999）研究发现，高温条件下采食量减少的主要原因是进食时间，而非进食率（进食量/min），18 ℃ 时每天进食 61 min，而 29 ℃ 时为 29 min。哺乳母猪高温环境采食量下降的原因可能是高温使母猪的体表水分散失多，母猪加大饮水量，从而使胃酸浓度降低，胃肠蠕动力减弱，消化能力下降。高温环境下，哺乳母猪的产奶量下降，仔猪的体增重降低。

（2）温湿度对母猪养分消化、代谢和利用的影响

①对养分消化的影响　环境温度升高，可提高动物的消化能力；环境温度下降，则降低动物的消化能力。在 5～23 ℃环境中，温度每升高 1 ℃，生长猪对饲料

总能及氮的消化率分别增加 0.15%和 0.24%。环境温度对养分消化的影响机理为:温度影响胃肠道运动和消化液分泌,从而影响排空速度和消化过程。

②对养分代谢的影响　冷环境中,猪的尿氮排出量增加,导致表观代谢能值降低。高温可降低尿能和粪能损失,代谢能值增加。实验表明:在 20 ℃时,妊娠母猪进食总能的代谢率为 77%,而在 12~14 ℃时代谢率为 74%。在高温条件下,动物对磷和钾吸收减少,而尿中钾排出增加。冷热应激时,动物需提高代谢率来调节产热和散热,动物总产热提高。

③对养分利用率的影响　温热环境通过影响动物采食、消化、代谢及产热来改变养分用于机体维持和生产的分配比例,影响饲料能量的利用率。在温度适中区,饲料能量用于机体维持的比例最少,用于生产的能量最多,能量利用率最高。在冷应激区,饲料能量用于机体维持的比例增加,用于产品合成的比例减少,最终导致能量利用率降低。在热应激区时,维持能量需要减少,用于生产部分的能量因代谢增强而减少,但能量利用率降低不太明显。

(3)气温对繁殖力的影响　研究和实践证明,高温是降低猪繁殖力的主要环境因素之一。除机体对高温适应范围较窄,容易因热应激引起性激素减少而发生繁殖机能下降外,高温时采食量下降,营养不足,血液大量流向外周,性器官供血不足,也是重要原因。但低温可促进动物新陈代谢,对繁殖性能有益无害。高温可使母猪不正常发情率和乏情率提高,发情持续时间缩短,Hartgen 等(1980)调查了艾奥瓦州和明尼苏达州 1 万余头母猪的配种记录,发现 7~9 月份断奶后 7 天内发情的母猪仅占 68.6%,而其他 9 个月可占到 82.0%。高温影响受精卵和胚胎的存活率。受精卵在输卵管内对高温很敏感,且在附植前容易受高温刺激而死亡,受胎率下降,甚至引起死胎、流产。高温能使母畜的发情受到抑制,表现为发情症状不明显、发情持续期缩短或不发情。主要表现在配种前后和妊娠后的 1/3 的一段时间里。较长时间高温还会影响母禽的性成熟及开产日龄延迟。

(4)气温对猪健康的影响　冷热应激可导致抵抗力和免疫力下降,使猪易感各种疫病,同时高低温亦可直接引起各种疾病。高温可引起体内积热、体温升高,体内氧化作用和分解代谢加强,而呼吸加快变浅,供氧不足,体内积累未完全氧化的代谢产物,而肝脏解毒作用降低,此外,血液相对密度增加,心血管系统负担加重(严重时出现衰竭),极端高温还可引起神经系统和其他重要器官的蛋白实体变性而导致昏迷,最后衰竭而死,这种高温引起的生理失常称为“热射病”,是俗称“中暑”的一种,高温高湿易发。在低温情况下,由于外周血管收缩、可引起身体末梢部位(尾、耳、乳头等)冻伤;此外,低温使呼吸道和消化道黏膜抵抗力下降,易患气管炎、支气管肺炎及消化不良、肠胃炎等;低温高湿还常引发肌肉风湿、纤维组织炎、末梢神经炎等;低温导致体温下降时,则全身机能衰退,血液循环失调,中枢神经麻痹，最后死亡。

（5）湿度对猪健康、生产力和体热调节的影响　湿度在不同温度下对猪的体热调节进而对其生产力和健康产生不同的影响。在高温情况下，猪以蒸发散热为主，高湿会阻碍蒸发散热，故可加剧热应激；在低温情况下，猪以非蒸发散热为主，而高湿空气因导热性和热容量分别比干空气高 10 倍和 2 倍，从而可大大提高机体的辐射散热和传导散热，加剧冷应激；在常温下，高湿有利于病原微生物和寄生虫的滋生，使猪易患疥癣、湿疹等皮肤病，并常使饲料、垫草发霉，易发饲料中毒等，对猪的健康不利。由此可见，无论在任何温度情况下，高湿（高于 80%）都直接或间接地不利于猪的生产力和健康。有人在温度为 9.6 ℃下，将两组猪分别在相对湿度 95%～100%和 75%～85%环境中饲养，结果前者比后者增重降低 4.3%，氮沉积减少 3.4%，耗料增加 5%。低湿（小于 40%）则常造成皮肤和暴露黏膜干裂，使猪易患皮肤和呼吸道疾病，并可造成猪舍空气含尘量增加。

4. 环境因素与营养利用

（1）能量　冷应激和热应激均能够提高动物的能量需要量。因此，应根据动物采食量的变化，调节饲粮能量浓度。冷应激时，动物采食量提高，能量浓度可略有提高。热应激时，动物采食量下降，应提高饲粮能量浓度，此时添加脂肪既可提高能量浓度，又可减少体增热，有利于防止动物生产性能下降。猪在温热环境中，可根据热散失量、生产水平及采食量估计能量需要量。环境温度在温度适中区以下每下降 1 ℃，20 kg、20～60 kg 和 60～100 kg 的生长育肥猪每天分别需增加 14 g、27 g 和 38 g 饲料（ME，12 kJ/g）以补偿热散失。环境温度在低于 18～20 ℃时，每下降 1 ℃，母猪维持能量需要增加 4%。先用下述公式计算猪在冷应激区的额外产热（Eq），再根据饲料能量利用率及饲料有效能值便可计算每天多需要的饲料量。

$$\mathrm{EH}(\mathrm{kJ/天}) = (1.31\,W + 95)(\mathrm{LCT} - t)$$

式中：W 为猪体重（kg），t 为环境温度（℃）。

（2）蛋白质和氨基酸　温热环境不影响动物对蛋白质、赖氨酸及蛋氨酸的需要量，也不影响赖氨酸和蛋氨酸的利用率。但应根据采食量变化调整饲粮中蛋白质、氨基酸的浓度。

冷应激时，动物采食量提高，饲粮蛋白质水平可以不变。据报道，在平均气温 7～9 ℃，饲粮能量（DE）浓度为 14.23 MJ/kg 时，18～35 kg、35～60 kg 和 60～90 kg 猪适宜能蛋比分别为 94.85 MJ/g、101.63 MJ/g 和 109.41 MJ/g，饲粮粗蛋白质分别为 15%、14%和 13%。热应激时，动物采食量下降，若提高饲粮蛋白质水平，会增加热增耗，加重热应激。因此，应通过平衡饲粮氨基酸，按可消化氨基酸需要配制饲粮来降低粗蛋白质水平，保证氨基酸摄入足够，动物生产性能就不会下降。在平均气温31 ℃条件下，15～30 kg、30～60 kg和60～90 kg猪饲粮适宜能量浓度分别为14.44 MJ/kg、14.56 MJ/kg和15.40 MJ/kg，适宜能蛋比为80.17 MJ/g、90.96 MJ/g和107.74 MJ/g，猪的平均日增重分别达571 g、603 g和740 g。

(3)矿物质　冷热应激时，动物体内代谢加强，某些矿物元素排泄增加，从而增加矿物质需要量。热应激时，动物体内钾、钠排出量增加，而钾的吸收减少，因此饲粮中要相应地提高钾、钠水平。适当提高饲粮钙能提高动物的耐热力。添加碳酸氢钠可缓减热应激的不良影响。

(4)维生素　热应激时，动物体内的维生素C合成量不足以满足需要，饲粮添加多种维生素可缓减热应激。

(5)水　温热环境对动物的需水量影响很大。据报道，当温度在7～22 ℃时，水与饲料摄入量的平均比率在2.1～2.7之间。当温度在30～35 ℃时，比率在2.8～5.0之间。猪每天平均饮水量的范围为每千克体重92～184 mL。

冷应激时，动物饮水量下降。热应激时，动物饮水量急剧增加，因为动物出汗和热喘息使体内水分大量散失；同时，水槽、饲料中水蒸发加快，饲料来源水减少。相同温度下，动物需水量受空气湿度影响很大，一般而言，湿度高，需水量减少。

6.2.2　气流和通风

1. 各阶段母猪适宜的通风量

后备母猪舍、配种妊娠母猪舍和分娩哺乳母猪舍不用季节的适宜风速和通风换气量见表6-2。

2. 气流对母猪营养调控的影响

气流可促进对流和蒸发散热，故低温时的高风速会因增加对流散热而加剧冷应激对猪生产力及健康的不良影响；而高温时的高风速则因促进蒸发散热而有利于体热调节，减缓高温对生产力和健康的不良影响。研究表明，在人工气候室中训练猪学会开关风扇，观察在−5～40 ℃的不同温度下猪开关风扇的情况，发现猪允许送风的时间随温度升高而延长，温度达30 ℃时猪就不再关风扇了。还有试验表明，风速由0.1 m/s增至0.3 m/s，对仔猪来说，就相当于降温5 ℃；在4～19 ℃的范围内，有贼风圈里的猪比无贼风圈的猪增重降低6%，耗料增加25%。但应当说明，在高温情况下，风速与蒸发散热并非线性正相关关系，风速高于2 m/s后，蒸发散热的增加急剧变慢，故夏季并无必要盲目追求高风速，这也是有利于节约设备投资和能耗的。

表 6-2 母猪舍通风控制

（邓莉萍，2016）

各阶段母猪舍	指标	季节	要求
后备母猪舍	风速/(m/s)	冬、春、秋季	0.3
		夏季	1.5～1.8
	通风换气量/[m^3/(h·kg)]	冬季	0.35
		春、秋季	0.45
		夏季	0.6
配种妊娠舍	风速/(m/s)	冬、春、秋季	0.3
		夏季	1.5～1.8
	通风换气量/[m^3/(h·kg)]	冬季	0.30
		春、秋季	0.45
		夏季	0.6
哺乳母猪舍	风速/(m/s)	冬季	0.15
		春、秋季	0.25
		夏季	1.5
	通风换气量/[m^3/(h·kg)]	冬季	0.30
		春、秋季	0.45
		夏季	0.6

6.2.3 光照

光照是畜禽重要的环境因素，自然光照来源于太阳辐射，太阳辐射也是产生各种极其复杂的天气现象的根本原因，是地球表面光、热和生命的源泉，对畜禽生理机能、健康和生产力产生至关重要的影响。

1. 母猪适宜的光照

后备母猪舍、配种妊娠母猪舍和分娩哺乳母猪舍适宜的光照时间和光照强度见表 6-3。

2. 光照对母猪繁殖力的影响

(1)光照对后备母猪影响　光照能够影响后备母猪激素分泌和初情期。一般来讲，后备母猪生产中对光照的要求应该包括光照时间、光照强度和光色 3 个方面。

对光照时间而言，一般认为每天应至少保证 14～16 h 的光照时间，当每天光照时间超过 12 h 时，光照时间每延长 1 h，后备母猪初配日龄可以提前 1～2 天。

光照强度也是影响后备母猪发情的重要因素。一般认为，光照强度低于 90 lx

时,会延长后备母猪初情期,并降低 270 日龄内后备母猪发情比例。需要强调的是,对于母猪配种区域,光照强度则应高于 350 lx,以促进新转入配种的后备母猪发情。

表 6-3 各类母猪舍光照控制

(邓莉萍,2016)

各类母猪舍	项目	要求
后备舍	光照时间/h	14～16
	光照强度/lx	250～300
配种舍	光照时间/h	16～18
	光照强度/lx	300～350
妊娠舍	光照时间/h	14～16
	光照强度/lx	200～250
哺乳母猪舍	光照时间/h	14～16
	光照强度/lx	250～300

此外,光色也会影响后备母猪性成熟,相对于白光、全谱日光和紫外线,饲养于红光下的后备母猪性成熟延迟,且体重和松果体重量更大,说明红光不利于后备母猪的性成熟。在生产中,白光是保证生长性能和繁殖性能的最经济、最有效的光源。

由于猪只通过眼睛感应光照(强度和光色),因此建议一些配种舍使用白色荧光灯,并提出了需要使用 100 W 白色荧光灯的空间和高度(图 6-2)。请记住,灯光需要照到母猪的眼睛,所以灯管需要安装在限位栏中母猪头部上方,或者在它们的前方,而不是母猪的背部。

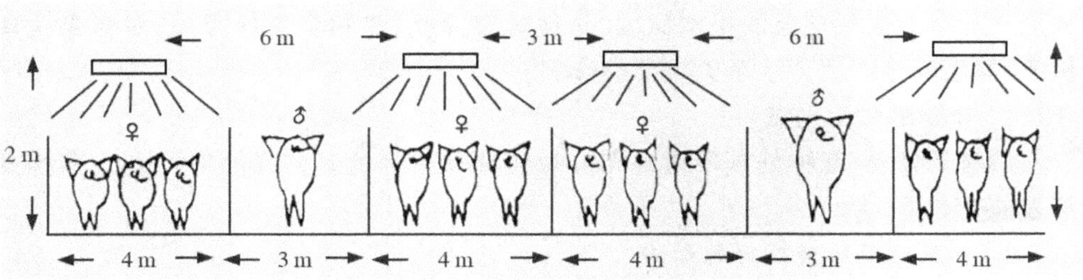

图 6-2 配种/种猪舍光照

(周旭斌主译,2015)

经产母猪光照方案每天最多 16 h 光照,8 h 黑暗;青年母猪的光照方案建议照明时间适当延长,即明暗比为 17:7。

(2)光照对妊娠母猪的影响 合理的光照可以加快母猪的生长发育速度,使性成熟提前。在母猪配种前以及妊娠期适当延长光照时间,可以使性激素的分泌量增加,同时可增强卵巢和子宫的机能,从而使配种受胎率提高,利于胚胎的附殖和发育,并且可以减少妊娠期胚胎死亡数,对于增加产仔数也有重要的作用。另外,光照强度对母猪的繁殖性能也有重要的影响作用。如果母猪在光照强度较低或者黑暗的环境下饲养,卵巢的重量和机能都会下降,配种受胎率降低。增加光照强度可以显著提高产仔数、仔猪的初生重以及断奶重。研究表明,当光照强度从6～8 lx增加到70～100 lx后,产仔数会增加4.5%～8.5%,初生窝重增加4.5%～16.7%,断奶窝重提高到5.1%～12.2%。自然光照的时间会随着季节的变化而呈现规律性的变化,通常夏至的日照时间最长,冬至的日照时间最短,从夏至到冬至日照的时间逐渐缩短,从冬至到夏至日照时间逐渐延长,这就是不同季节母猪的繁殖力不同的主要原因。有研究表明,冬至后,母猪配种受胎率会随着日照时间的延长而下降,直到6～8月份达到最低,在8月份后,随着日照的缩短,母猪的配种受胎率会逐渐升高,因此可以根据自然光照对母猪繁殖力的影响规律,进行合理的光照控制,可以有效提高母猪的繁殖性能。

(3)光照对哺乳母猪的影响 光照对哺乳母猪的影响主要表现在泌乳水平上。给哺乳母猪延长光照时间,同时增加光照强度,可以刺激哺乳母猪分泌催乳素,而催乳素是促进乳汁分泌的重要激素,催乳素分泌旺盛的直接结果就是导致母猪泌乳量增加,这样就可以给仔猪提供充足乳汁,从而提高仔猪的断奶体重,增强仔猪的活力,提高仔猪成活率。

6.2.4 空气质量

猪舍空气中的气体由生物气胶和气体混合而成,而且浓度很高。但浓度和组成还要看饲养管理工艺和猪舍的设计。在欧洲,猪舍间的粉尘浓度差别很大,母猪舍为1～2 mg/m^3,而生长猪舍为2～5 mg/m^{3}也并非罕见。可吸入内毒素含量从每平方米几十毫微克到几百不等。氨气含量则很少低于5 mg/kg,但也很少高于20 mg/kg。就所有猪舍而言,粉尘和内毒素含量最高的是采用漏缝地板的断奶仔猪舍。

猪舍粉尘的主要来源有饲料、粪便、垫料和猪的死皮脱落,其中饲料和粪便是最主要的。由于有毒性以及对酸雨作用,因此目前对猪舍气体研究最多的是氨气。然而,猪舍中的气体成分超过100种,绝大多数都有令人反感的气味,而另一些则是温室气体。绝大多数气体的浓度通常在每千克几毫克或更低水平,但在通风不畅的情况下,二氧化碳的浓度可以超出这个水平5～10倍。氨气的平均浓度这一指标可能掩盖了某一时段氨气浓度超过平均水平一倍对断奶仔猪舍的影响。

最后一类猪舍空气污染物是微生物。这其中最主要的是非致病性革兰氏阳性菌，浓度接近 10^6 菌落形成单位（CFU）/m^3；另外也有少量的革兰氏阴性菌（低于 10 CFU/ m^3）和真菌存在。绝大多数的空气微生物是非致病性的。一些致病菌如出血败血性巴斯德氏菌，还有主要的病原体如非洲猪瘟病毒和支气管炎博德特菌，能够从空气中分离，数量则取决于从寄主脱落率和在空气中的生存能力。内毒素由革兰氏阴性菌细胞壁裂解而产生，可以引起猪场工人职业性呼吸道疾病。

猪舍空气污染物组成的多样性给清除这些污染造成了困难。至于清除一种污染物会不会带来其他污染物的增加还不明确。除污技术的改进一直是一个活跃的话题。喷油抑尘已经成功用于猪舍除尘，其原理就是通过使之固化而减少粉尘在猪舍的悬浮。如果可以通过减少猪的氮和蛋白质排泄来减少猪舍中的氨的浓度，那么这项技术将是很有希望的。

1. 母猪舍有害气体控制

后备母猪舍、配种妊娠母猪舍和分娩哺乳母猪舍每立方米氨气、硫化氢和二氧化碳浓度见表 6-4。

表 6-4　各类母猪舍有害气体浓度

（邓莉萍，2016）

各类母猪舍	项目	要求
后备舍	氨气浓度/（mg/m^3）	≤25
	硫化氢浓度/（mg/m^3）	≤10
	二氧化碳浓度/（mg/m^3）	≤1 500
	粉尘浓度/（mg/m^3）	≤1.5
	有害微生物数量/（万个/m^3）	≤6.0
配种妊娠舍	氨气浓度/（mg/m^3）	≤25
	硫化氢浓度/（mg/m^3）	≤10
	二氧化碳浓度/（mg/m^3）	≤1 500
	粉尘浓度/（mg/m^3）	≤1.5
	有害微生物数量/（万个/m^3）	≤6.0
哺乳母猪舍	氨气浓度/（mg/m^3）	≤20
	硫化氢浓度/（mg/m^3）	≤8.0
	二氧化碳浓度/（mg/m^3）	≤1 300
	粉尘浓度/（mg/m^3）	≤1.5
	有害微生物数量/（万个/m^3）	≤4.0

2. 有害气体对母猪的影响

猪舍中的有害气体主要由舍内产生，也通过通风换气由舍外进入，其成分复杂且不稳定，一般以CO_2、NH_3 和 H_2S 为代表，并作为猪舍空气卫生状况的重要指标。

(1)CO_2　CO_2 是无色、略带酸味的气体，无毒，相对分子质量 44.01，对空气的密度 1.524，在标准状态下 1 mg 的体积为 0.509 mL。猪舍空气中的 CO_2 主要来自猪的呼出气，通风良好的猪舍 CO_2 浓度在 0.06%～0.18%之间，通风不良时可达 0.4%。

CO_2 本身无毒，但浓度高且作用时间长时，会使猪缺氧，表现乏力，精神不振，食欲减退，增重迟缓，发病率提高。研究表明，浓度达 1%时，猪有轻微气喘，2%时尚无明显痛苦，4%时呼吸急迫，10%时出现昏迷；68 kg 的猪在 CO_2 浓度为 20%的环境中可忍受 1 h。由此可见，在生产条件下 CO_2 浓度一般不会达到危害程度，但 CO_2 浓度却可以表明猪舍空气卫生状况，当其浓度超标时，说明其他有害气体和水汽含量可能过高，故通风设计中常以其浓度标准作为计算依据。猪舍空气的 CO_2 浓度应不超过 4 mg/L。

(2)NH_3　NH_3 是无色有刺激性臭味的气体，相对分子质量 17.03，对空气的密度为 0.596，在标准状态下 1 mg NH_3 的体积为 1.316 mL，NH_3 极易溶于水(0 ℃ 时 1 L 水可溶解 907 g NH_3)，水溶液呈弱碱性，1%的 NH_3 溶液 pH 为 11.7。

猪舍中的 NH_3 主要来自粪尿、饲料、垫草等含氮有机物的分解，特别是在厌氧条件下的腐败分解。猪舍 NH_3 含量一般在 8～46 mg/m^3 之间，高者可达 200 mg/m^3 甚至更高。不及时清粪和更换垫草、采用水泡粪工艺、地面蓄积粪尿污物、排水系统不畅、通风不良等，都会使舍内 NH_3 浓度大大提高。虽然 NH_3 比空气轻，但在通风良好的猪舍中，因其产自地面、粪沟等处，故其浓度还是下部较高。根据嗅觉正常、非长时间在猪舍停留的人的感觉，可粗略判断猪舍的 NH_3 浓度：低于 13 mg/m^3 时，一般觉察不到；26～40 mg/m^3 时，可以感觉到，且喉头有刺激感；65 mg/m^3 时，可引起流泪、鼻塞；90 mg/m^3 时，对眼睛产生较强烈的刺激，并可引起咳嗽；130 mg/m^3 时，使眼泪、鼻涕和口涎增多。NH_3 易溶于呼吸道和眼结膜上，对黏膜产生碱刺激，引起充血、水肿、分泌物增多使呼吸道黏膜和眼结膜发炎，严重时可导致碱化学灼伤，组织坏死，造成坏死性支气管炎、肺水肿出血及眼失明等。NH_3 由肺泡进入血液，可与血红蛋白结合成碱性高铁血红素，破坏血液的输氧能力，造成组织缺氧。低浓度 NH_3 可使呼吸和血管中枢兴奋，高浓度 NH_3，则使中枢神经系统麻痹，并可引起中毒性肝病和心肌损伤，严重时可导致死亡。短时间少量吸入 NH_3，可以尿素形式排出体外而使 NH_3 中毒得到缓解，但长时间吸入高浓度 NH_3 引起的中毒则不易缓解，不仅直接损害猪的健康，而且会使猪的抵抗力和免疫力下降，从而诱发各种疾病。在 NH_3 不同程度地危害猪只健康的同时，猪群生产力也必然相应下降。在生产条件下，猪舍 NH_3 浓度一般不会达到严重中毒的程度，正因为如此其慢性中毒对猪健康和生产力的危害往往被忽视。试验表明，将 72 头 54 kg 的猪分为 4 组，使其分别处于 NH_3 浓度 13 mg/m^3、65 mg/m^3、130 mg/m^3 和 200 mg/m^3 的环境中，在 5 周试验期内，后两组的平均日增重显著低于前两组，而且在后两组猪的筛骨和鼻甲骨上发现了棒状杆菌和巴氏杆菌，另两组则没有，说明较高浓度的 NH_3 降低了猪的生产力，损害了呼吸道黏膜的抵抗力；另有报道，260 mg/m^3 的 NH_3 可使猪的增重降低 17%，饲料利用率降低 8%。猪舍 NH_3 浓度应不高于 20 mg/m^3。

(3)H_2S　H_2S 是无色带有恶臭的气体，相对分子质量 34.09，对空气的密度为 1.19，标准状态下，1 mg H_2S 的体积为 6 497 mL，易溶于水。

猪舍中的 H_2S 主要来自粪尿、饲料、垫草等含硫有机物的分解，特别是厌氧腐解，当猪采食高蛋白饲粮和消化不良时，可产生并排出大量 H_2S；工艺和设计合理、通风良好、管理严格的猪舍，H_2S 含量一般不超过 6.6 mg/m^3，否则，H_2S 会大大提高。0.005～0.01 mg/m^3 的 H_2S 即可被嗅出其特有的腐蛋臭，0.6～1.0 mg/m^3 的 H_2S 可以被明显地感觉到。

H_2S 对猪只健康的影响与 NH_3 很相像，但机理不同，当其溶于呼吸道和眼结膜时，与 Na^+ 结合为 Na_2S，对黏膜产生强烈刺激，引起眼炎，使角膜浑浊、流泪、畏光；并可引起呼吸道炎症、肺水肿。H_2S 经肺泡进入血液后，可被氧化为无毒的硫酸盐和硫代硫酸盐而排出体外，但未被氧化的 H_2S 可与氧化型细胞色素酶的三价铁结合，使酶失活，影响细胞的氧化过程，造成组织缺氧和全身性中毒；低浓度 H_2S 长时间作用可引起慢性中毒，表现心动过缓，乏力，恶心呕吐，肠胃炎，体质变差，抵抗力减弱，生产力下降；高浓度 H_2S 是强烈的神经毒剂，可直接抑制呼吸中枢，造成窒息而死。猪舍空气中的 H_2S 含量不得高于 10 mg/ m^3。

3. 噪声对母猪营养调控的影响

猪对声音相对较迟钝，有人在喂饲时给猪以 130 dB 的强噪声刺激，仅使猪的脉搏短时间加快，其食欲和增重未受影响，特别是习惯以后。但突然的强烈噪声，或强噪声长时间的持续作用，也会使猪的生产力下降并影响其健康。仔猪对噪声相对较敏感，1～10 周龄仔猪给予 60 dB、65 dB、70 dB、75 dB 和 80 dB 的通风和清粪机噪声刺激，作用时间 1～2 h 至 2 个月不等，结果表明，小于 65 dB 的噪声对仔猪无影响；65 dB 以上连续作用 14 d 以上，仔猪血液的血细胞增加 25%～30%，如持续作用到 10 周龄，则胆固醇提高 30%；70 dB 以上的噪声作用 2 周后，血中白细胞数减少 30%，γ 球蛋白增加 20%。猪对不十分强烈噪声的反复作用可以较快适应，但强烈突然的噪声常引起猪群的惊恐和骚动，并使猪产生心理应激，影响生产力和健康。我国目前尚无牧场噪声的控制标准，对工业企业生产车间和作业场所的噪声卫生标准规定为 85 dB；俄罗斯学者建议以 60～80 dB 的低频噪声（＜400 Hz）作为畜舍的噪声控制标准。

4. 微粒与微生物对母猪的影响

尘埃是指空气中夹杂的固体微粒。其粒径一般在 1 000 μm 以下，<100 μm 者居多，称为粉尘。粉尘中>10 μm 者沉降较快，称为降尘，如 10 μm 者 4～9 h 可降至地面；<10 μm 的粉尘降落较慢，甚至可长期漂浮形成烟云，称为飘尘，如 1 μm 者降至地面需 19～98 天，<0.1 μm 者需 5～10 年。空气中的尘埃一般以粒/cm^3 或 mg/cm^3 表示。

大气中的尘埃多半是随风飘浮的土壤微粒、工业排放的烟尘和粉尘，还有动植物碎屑（粪、毛、皮屑、茎叶碎片、花粉、孢子等），其中无机尘粒占 2/3～3/4。猪舍中的尘埃除由大气带入外，主要来自清扫猪舍、分发饲料和垫草、刷拭猪体等管理操作，以及猪群的活动，其中有机尘粒可占 50%或更高，粒径以<5 μm 者居多。在通常情况下其含量在 10^3～10^6 粒/m^3，分发垫草时可增加 10 倍。据测定，一个年产 1.2 万头的猪场，猪舍设计合理时，每小时由猪舍排出的尘埃可达 2 kg。尘埃落入眼睛可引起灰尘性结膜炎或其他眼病；落于皮肤表面可与皮肤分泌物混合，刺激皮肤发痒，引起皮炎。尘埃进入呼吸道后，5～10 μm 的尘粒有 60%～80%被上呼吸道阻留，<5μm 者可进入肺深部，0.4 μm 者可自由进出肺泡；进入呼吸道的尘埃可刺激呼吸道黏膜引起呼吸道炎症。据调查，猪肺炎有 87%发生在含尘量高的猪舍中。进入呼吸道的尘埃还可影响猪的呼吸和对氧的利用，当吸入含尘量为 1.8～4.8 mg/m^3 的空气时，猪的呼吸量可减少 9.3%，耗氧量降低 8.8%；含尘量达 50～70 mg/m^3 时，人就无法忍受。此外，尘埃（特别是有机尘粒）最大的危害在于其为微生物提供了营养和庇护，使微生物既可获得营养，又可避免不良环境的危害，从而促进病原微生物的繁衍和传播；尘埃还可大量吸附 NH_3 和 H_2S 等有害气体，使其在猪舍中大量蓄积，加剧其危害。猪舍中的尘埃含量不应超过 0.5～4 mg/m^3。

5. 微生物

大气环境因空气干燥，缺乏营养，有太阳紫外线照射，故对微生物生存不利，但空气气溶胶（悬浮的固体微粒和液体微滴）却可以为微生物提供营养和庇护并随其广泛传播，如微生物以粒径为 5 μm 的尘粒或微滴为载体，可沿风向传播 30 km。刮风天气大气含尘量高，微生物含量也随之增加，而降水天气却可使尘埃和微生物含量减少，使大气变得清新。大气中的微生物含量因季节、天气等条件不同而变化很大，一般每立方米空气可含数百、数千或数万个，种类约有 100 种，但大部分是非致病菌。有人测定，大气空气中的微生物含量为 1 万个/m^3，其中有杆菌 37 种，球菌 26 种，丝状菌 20 种，芽孢菌 7 种。猪舍空气中因含尘量高、紫外线弱、微生物来源多，故微生物含量远比大气多，有资料证明可高出 50～100 倍，这也取决于猪舍的卫生状况、饲养密度、生产工艺、猪只健康状况等。据测定，含量可达 25 000～

150 000 个/m^3，其中除大气中含有的腐生菌外，还有球菌、霉菌孢子以及曲霉菌、青霉菌、毛霉菌、放线菌，吸入这些菌属的微生物后，可引起肺霉菌病；猪舍空气中还常有绿脓球菌、葡萄球菌、链球菌、丹毒和破伤风杆菌、炭疽芽孢等病原微生物，当猪舍有携带病菌、病毒的猪时，空气中会含有相应的致病菌。病原微生物以尘埃为载体造成的疫病传播，称为“灰尘传染”；以动物咳嗽、鸣叫、喷嚏喷出的液滴为载体造成的疫病传播，称为“飞沫传染”。动物打喷嚏时，一次可喷出上百万个小液滴，喷射距离可达 5 m 以上，滴径 10μm 以下者可迅速蒸发，留下直径 1～2 μm 的滴核，从而延长了病原微生物在空气中的停留时间。猪舍空气中的细菌数不得超过(5～10)×10^4 个/m^3，产房和仔猪舍要求应高些。

6.2.5 应激

应激是指机体对外界或内部的各种非常刺激所产生的非特异性反应的总和，凡能引起机体出现“全身适应综合征”的刺激源都称为“应激源”或“应激因子”。

应激因子有心理、生理、环境等不同类型，但在生产中容易引起猪应激的，通常是环境性的应激因子。常见的环境性应激因子有病原微生物引起的感染、贼风、寒冷、高温、劣质空气等不良气候条件，不能满足猪自然习性的，设计不合理的圈舍，不合理的转群、混群、饲料更换，过大的饲养密度，不当的运输方式，对猪粗暴赶打，饲养制度的突然改变等不良的环境因子都可以使猪应激。轻者提高能量供应、增强心肺功能，暂停消化活动，或者影响与生长相关的生命活动，如影响蛋白质合成、妊娠母猪胚胎着床等；严重者可诱发猪应激综合征甚至死亡。

1. 猪的恶性高温应激综合征

一些猪在应激因子的作用下，以异常高的频率发生恶性高温应激综合征，死亡后肌肉呈现 PSE 和 DFD 症候。

恶性高温应激综合征表现为患猪体温突然升高至 42～45 ℃，呼吸频率增高至 125 次/min，心搏加速至 200～300 次/min。肌肉僵直，特别是后肢僵直，肌肉中乳酸大量积累，导致代谢酸中毒。有机体水分和电解质代谢紊乱，由于儿茶酚过度析出，或患猪对儿茶酚胺的过度敏感性，从肝脏分泌过量的钾引起心脏传导阻滞，最终心力衰竭而猝死。

2. 应激敏感猪的检测

常用氟烷检测，即利用麻醉剂氟烷对猪的应激敏感性进行活体鉴别的方法。对 6～12 周龄的猪通过面罩使其吸入氧和 5%的氟烷混合物 4 min，如在此麻醉过程中猪的肌肉完全放松，则该猪被判为氟烷阴性；如果被测猪出现四肢僵直痉挛，或典型的应激综合征，此时应立即停止麻醉，则该猪被判为氟烷阳性。

3. 应激对养殖利润的影响

有试验证明应激与养殖利润的关系。

如饲养密度方面，有研究表明，对保育舍和育肥舍的饲养密度提高 15%发现，在正常密度组比增大密度组的猪，全程饲料消耗少，增重快。即便增大密度节约猪舍折旧费，但是最终成本对比中，增大密度组比正常密度组高出 2.97 英镑/头，即每头猪的成本高出 25.97 元。

通过对 12 家猪场的数据分析，青年母猪配种后每头猪的平均占栏面积由 1.5～1.8 m^2 提高到 2.8～3 m^2，发现仔猪的初生重提高了 13.6%，提高了 200 g/头，产仔数比对照组增加了 1.8 头。

混群造成的应激对养殖利润的影响。有试验表明，对于断奶仔猪，断奶后原窝饲养和断奶后并窝两者对比发现，断奶后 20 天的平均日增重，原窝饲养为 350 g/天，而断奶后并窝组为 240 g/天。可见混群导致的应激影响了猪的平均日增重。因此，在猪饲养管理过程中，减少应激，可适当增加养殖利润。

4. 应激预防的措施

通过分析发现各类猪群可能会受到如下应激：仔猪面临着出生、病原、口渴、寒冷和竞争等应激；分娩母猪面临生产期、饮水供应、热、断奶、寄生虫等应激；妊娠母猪易受到群饲的竞争、寒冷、寄生虫等应激；青年母猪受到初情期启动、竞争、光照不足、空间狭小等应激；公猪面临饲养环境条件如温度、缺少运动、挫折感、无聊等应激；生长育肥猪面临空间狭小、病原、运输、入圈等应激。为减少应激，首先及早淘汰应激敏感猪种，其次加强对猪的饲养管理和营养调控、供给全价的日粮、合理的饲养密度、清洁的饮水等，可利用营养调控减轻猪因应激反应的损害。

6.2.6 饲养密度

1. 母猪适宜的饲养密度

猪对空间的需求可以分为不同种类，包括身体占用空间，猪躺着比站着占用空间要大；懒散地平躺着比蜷缩卧着占用空间要大。身体活动空间，即身体姿势的改变需要的空间，比如，站起或躺下、懒散地躺卧、翻身或抓挠、摩擦等动作使自己舒适。猪的社会空间，即猪与其他猪接触或者与饲养员接近的空间；猪群避免攻击的逃避空间，在猪栏中逃避空间这一部分经常被低估；系统空间，不同生产管理系统的空间需求，如麦草垫料床、漏缝地板、单体栏、大群庭院饲养、液体饲喂与干喂；猪需要的必需空间，包括分隔墙、通道、拐角以及设备的空间需求。

动物福利的最低标准已经在许多国家实施，如英国、瑞典、澳大利亚、丹麦和加拿大。例如英国的家畜福利管理条例(1994)执行 EC91/360 标准，这是为了保护猪制定的。标准如下：

断奶猪群或育成猪群拥有的可利用地板面积最低限度(图 6-3)：

猪群平均体重＜10 kg，每头猪需要的最小面积为 0.15 m^2。

10 kg＜平均体重＜20 kg，每头猪需要的最小面积为 0.20 m^2。

20 kg＜平均体重＜30 kg，每头猪需要的最小面积为 0.30 m^2。

30 kg＜平均体重＜50 kg，每头猪需要的最小面积为 0.40 m^2。

50 kg＜平均体重＜85 kg，每头猪需要的最小面积为 0.55 m^2。

85 kg＜平均体重＜110 kg，每头猪需要的最小面积为 0.65 m^2。

平均体重＞110 kg，每头猪需要的最小面积为 1.00 m^2。实践中，猪是连续生长的，而不是分阶段生长。它是不合逻辑的：20 kg 的猪需要 0.2 m^2/头，而 21 kg 的猪突然需要 0.3 m^2/头。

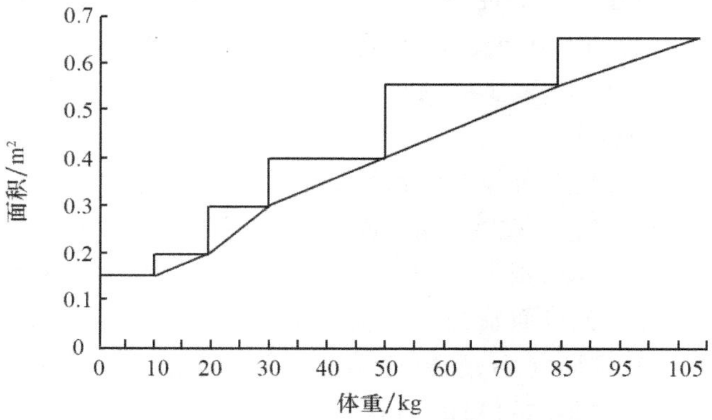

图 6-3　EC 标准规定的最小福利空间与猪群平均体重之间的关系

（周绪斌等主译，2015）

2. 饲养密度对母猪营养调控的影响

一般情况下，后备母猪采用群养的方法饲喂，每栏的饲喂头数为 8～15 头。无论群体大小，必须为后备母猪提供足够的空间。后备母猪的最小占地面积应该达到 $0.035 \times BW^{0.66}$ m^2。对于 75～200 天后备母猪，尽管每头 1.13 m^2 与 0.77m^2 相比不影响生长速度，但是更大的面积增加母猪在相对较低日龄就进入发情期的比例；并且发情期相对提前的母猪一直持续到第 3 胎都会生产更多的仔猪。由此可见，适当的饲养面积可能是后备母猪尽早发情和保证后续繁殖性能正常发挥的重要保证因素之一。

6.2.7　母猪群养

在全球养猪生产中，母猪的群养系统逐渐代替母猪限位饲养。现代群养系统的妊娠母猪表现出单栏饲养同等的生产水平。群养系统成功的关键在于能否处理好动物之间的相互争斗行为。群养模式的母猪将为确定自己在群体中的地位或获取资源而争斗，这些行为是母猪的正常行为。但科学的管理、料槽设计和围栏布局能帮助避免这些潜在的负面影响，如受伤、福利减少和生产损失。

现代母猪的成功管理可以提高生产效率、提供良好的母猪福利以及猪场工作人员良好的工作环境。单栏限位和母猪群养之间的关键区别是，群养的母猪之间可以相互作用，从而导致积极的和消极的群居互动的增加。母猪之间的攻击性是最显著的负面群居互动形式，它影响着母猪的健康和福利、猪场的生产力，这些又进一步降低了工人的工作满意度。因此为减少混群应激，可在混群时间、空间分配、猪群规模、社交技能训练、饲喂系统、圈舍建筑等方面进行设计。

母猪争斗对动物的福利不利。在争斗期间和争斗之后，争斗失败的动物通常会遭受最严重的伤害，可能是严重的皮肤损伤、脓肿、运动问题；与争斗相伴随的急性心理压力导致心率和皮质醇水平增加。此外，有迹象表明，母猪妊娠早期的群居压力可能会导致繁殖率下降，而在断奶期间发生的侵略行为减少了随后的发情行为表现。在一些情况下，可用资源有限、社会等级较低的母猪可能无法完全适应它们的群养环境，导致严重的体重下降，或者在极端情况下出现死亡。

思考题

1. 什么是温热环境和等热区？
2. 简述温湿度对母猪养分消化、代谢和利用的影响。
3. 讨论光照对母猪繁殖力的影响。
4. 简述猪舍空气中 CO_2、NH_3 和 H_2S 含量对母猪的影响。
5. 简述母猪饲养中预防应激的措施。

第7章

功能性物质对母猪的营养调控

【本章提要】在动物饲料中添加功能性物质，旨在通过营养手段调节和调动动物自身的免疫、生长能力和生产能力，其在母猪生产上的营养作用一直是研究热点。随着 2020 年 7 月 1 日中国饲料全面禁抗，功能性物质必将发挥重要作用。

7.1 功能性纤维

7.1.1 功能性纤维的概述

在食品中，功能性纤维是指一类从天然纤维中提纯或人工合成的日粮纤维，而日粮纤维最早被定义为“植物细胞成分中能抵抗人类消化酶水解作用的结构成分”。但是，这个定义并不包括作为食物添加剂成分的多糖(也就是植物胶质、变性的纤维素和淀粉)。随后，日粮纤维的定义被扩大为“包括所有不能被人类消化道内源酶降解的多糖和木质素”。也就是说，纤维是“不能被哺乳动物消化酶所消化的所有饲料组分”。这个概念从生理学的角度定义了日粮纤维的特性，并得到广泛的认可。从化学的角度，日粮纤维则被认为是非淀粉多糖(non-starch polysaccharides, NSP)和木质素(lignin)的统称。

从功能性纤维的定义上来看，传统意义上属于日粮纤维但不具备任何生理调节功能的组分，如木质素等不被认为是功能性纤维，而日粮纤维中具有一定生理调节作用的成分才属于功能性纤维，如具有改善胰岛素敏感性、控制血糖的功能成分等。

7.1.2　功能性纤维对母猪的调控

1. 功能性纤维对母猪采食量的调控

(1)调控饱腹感　饱腹感（satiatio）是机体食欲调控系统的组成部分，参与采食量的调控，是动物采食过程中产生饱腹满足的感觉，并随后终止采食的过程。食物进入胃后，使其处于充盈膨胀的状态，进而刺激胃壁，使得饱感信号传入中枢神经系统，从而产生饱腹感。在研究动物的饱腹感时，将生理盐水灌注大鼠的胃或者十二指肠，前者引起胃膨胀促进饱腹感并降低了采食量，而后者刺激十二指肠后却没有影响。这说明胃膨胀可作为饱腹感的标志。此外，胃膨胀会抑制胃生长素的释放，减缓胃蠕动，促进饱腹感。胆囊收缩素（cholecystokinin，CCK）被认为是促进饱腹感的另一生物标志。CCK 由十二指肠和空肠 L 细胞合成并分泌，可通过延缓胃排空和刺激消化酶的分泌和释放，进而调节饱腹感。

当日粮纤维具有良好的水合特性，如高水结合力和强吸水膨胀性时，日粮在从食管进入胃部的过程中，会和水发生充分的水合作用，此时日粮纤维的理化特性就会改变食糜的理化特性。例如，在大鼠的日粮中添加高吸水膨胀性和强水结合力的魔芋粉和组合纤维后，会提高食糜在胃中的吸水膨胀性和水结合力。高水结合力的日粮纤维通过吸水膨胀使食糜的体积发生膨胀，日粮的体积增大为原有基础体积的 8 倍，从而使胃部保持充盈，刺激胃壁，通过迷走神经将机械性刺激传递到大脑产生饱腹感。

(2)调控饱感　饱感是指动物采食后维持一段饱腹感的时间，延缓下次采食的启动，度量指标为采食次数和采食间隔时间。其受胃肠激素和肠-脑轴信号的调控。小肠肠腔接触营养物质后，会通过释放神经递质 5-羟色胺，触发迷走神经传入饱感信号至中枢神经系统，促进饱感，降低采食。

功能性纤维的水合特性可以促进动物产生饱感。日粮中添加功能性日粮纤维，会改变日粮的理化特性，如提高水合特性和发酵特性。日粮的吸水膨胀性和水结合增加以后，会使动物胃中食糜的吸水膨胀性和水结合力增加，然后通过降低胃的排空速率或者引起回肠制动，导致胃体积膨胀，通过迷走神经传入中枢神经引起饱腹感，延长动物的采食间隔。另外，食糜黏度的增加会延缓食糜中营养物质的吸收，同时具有发酵特性的纤维能产生丙酸，并进一步通过糖异生途径产生葡萄糖。但这部分产生的葡萄糖滞后于前肠消化淀粉产生的葡萄糖，并且产生的速度较慢，因此可以起到在摄食后持续向血糖库补充葡萄糖的作用，从而在更长的时间内维持血糖水平在启动摄食的阈值水平之上。此外，日粮纤维发酵产生的乙酸会通过血液循环进入下丘脑抑制采食；并且产生的短链脂肪酸可以作为肠道中 G 蛋白偶联受体的信号分子，促进食欲调节相关神经递质和神经因子，如多巴胺、五羟色胺和脑源性神经营养因子的释放，并促进 GLP-1 和 PYY 的释放，以抑制母猪采食，提升饱感。因此，具良好发酵特性的日粮纤维有增加饱感、降低采食量的作用。

2. 功能纤维对母猪肠道的调控

(1)改善便秘 纤维可提高食糜通过胃肠道的速度，因而可作为缓泻剂。饲喂高纤维日粮的猪，其回肠末端食糜的流通速度提高了 5～6 倍。妊娠期饲喂母猪高纤维日粮可显著降低便秘的发生率，提高肠道蠕动速度约 40%。改善便秘可增加母猪的舒适感。

(2)预防胀气 母猪胀气，也称为“母猪猝死症”，是母猪中发生的一种病程急、死亡率高的疾病。由于该病在临床上的发病率不高，因此并没有引起大多数猪场足够的重视。母猪胀气主要发生在妊娠期，尤其是妊娠前期。发病前母猪并没有任何明显的征兆，但发病时表现为腹部疼痛、躁动不安，有排便的趋势和动作，背部弓起，但无法排出粪便。随后母猪腹部迅速胀大如球，内脏器官受到压迫，导致血液循环障碍，甚至可引起呼吸受阻，母猪突然倒地呻吟，面部及耳部发紫，肛门外翻，体温一般无明显变化，从出现症状到死亡历时仅 1～2 h，死亡率接近 100%。

母猪胀气发生的原因主要有环境、饲养管理、便秘、病原菌感染等。在秋、冬季节，遇到天气和气温骤变时，或当母猪饮用温度较低的水时均会引起母猪应激，使交感神经兴奋，肾上腺髓质分泌增加，引起去甲肾上腺素和肾上腺素分泌量显著升高，从而导致胃肠道分泌功能和蠕动紊乱，消化吸收功能出现障碍，胃肠道运动不足。这种变化使食糜排空出现障碍，导致食糜停滞时间增加，梭菌或产气荚膜杆菌等大量繁殖，发酵产生大量气体，引起胀气。

母猪食用发霉的饲料后，饲料中含有大量的真菌，也会促进梭菌在胃肠道大量繁殖。有害菌的生长和繁殖会产生大量的气体，当这部分气体超过胃肠道对气体吸收的能力但不能被排出体外后，会造成胃肠道胀气。

便秘也是引起胀气的一个重要原因。母猪发生便秘时，胃肠道的蠕动能力下降，生物发酵产生的气体无法被排出体外，因而产生胀气。胀气发生的另一个原因是母猪感染了一些病原菌，如艰难梭菌、产气荚膜杆菌等，这些病原菌的生长和定植会产生大量的气体，使母猪产生胀气的现象，引起母猪在没有任何征兆的情况下突然死亡，腹部鼓胀非常明显，病程非常短，母猪死后皮肤发白。

如前所述，在妊娠期饲料中添加功能性纤维，一方面能预防发生便秘，从而减少发生胀气的风险；另一方面具有快速可发酵特性的纤维能够有效改善肠道的菌群结构，防止与胀气相关的病原菌增殖，因此对胀气的发生也有一定的预防作用。

(3)维持肠道菌群平衡 猪肠道内定植的微生物群落是否处于动态的平衡状态，是猪只保持健康的前提和基础。当猪只在饲喂大量抗生素、重金属超标或霉菌毒素饲料以及应激状态下，可能会打破这种平衡关系，引起猪只生病，降低生产性能。因此，保持猪只肠道内微生物菌群的平衡，是提高养猪生产效益的关键。大量研究和实践证明，饲料中添加功能性纤维能够起到使猪肠道微生物菌群保持平衡的功效。

3. 功能性纤维对母猪繁殖性能的调控

母猪繁殖性能是决定一个集约化猪场经济效益的关键因素。母猪繁殖性状主要包括总产仔数、产活仔数、初生个体均重及初生窝重、泌乳力等。目前国内母猪繁殖性能和发达国家相比还处于较低的水平。影响母猪繁殖性能的因素有很多，从营养角度出发，在妊娠日粮中添加日粮纤维能有效控制母猪体况，对母猪繁殖性能不会带来负面影响。日粮纤维独特的理化性质与其营养学功能密切相关，这将可能与母猪产仔性能、泌乳能力存在一定关联。

(1)提高母猪总产仔数　妊娠期饲喂母猪高纤维日粮可提高产活仔数和断奶仔猪数。有报道显示，妊娠期饲喂母猪高纤维日粮可提高产活仔数 0.5～1.8 头；产活仔数随 NDF(中性洗涤纤维)摄入量的增加呈线性增加($P<0.02$)；妊娠期饲喂高纤维日粮的母猪，其断奶仔猪数平均提高 0.3 头/窝。

功能性纤维影响母猪产仔数的机制可能包括以下两种：①日粮纤维加速清除循环中的类固醇浓度，循环中的雌二醇浓度的降低将会减弱下丘脑-垂体轴的负反馈作用，提高了促黄体激素脉冲率进而促进卵巢发育，有利于卵母细胞成熟，进一步影响产仔数；②对于多个繁殖周期添加日粮纤维可能是通过提高泌乳期采食量，改变能量水平，通过影响循环血浆中胰岛素、瘦素的浓度，这些激素水平进一步调控 LH、FSH 从而影响卵泡生长发育、排卵率及产仔数。尽管如此，日粮纤维对母猪产仔数调控的机制仍需进一步试验证实。

(2)提高仔猪初生重　仔猪的初生重会影响其在断奶前的存活率和生长性能，甚至对断奶后的生长性能都有影响。在母猪妊娠日粮中，添加快速发酵能力、强吸水膨胀性和高水结合力的组合纤维，显著增加了仔猪的平均初生重。此外，连续多个周期添加日粮纤维提高仔猪初生窝重的效果显著。例如，在连续两个繁殖周期中，给妊娠母猪的日粮中添加了 2%的魔芋粉，第二个繁殖周期的仔猪初生窝重有提高的趋势；在连续三个繁殖周期中，在妊娠母猪日粮中添加 13.35%的麦秸，三个繁殖周期中仔猪的初生窝重分别为 15.18 kg、15.92 kg 和 16.23 kg。

此外，日粮纤维可以降低弱仔数或低出生重仔猪的数量，并提高仔猪的均匀度。饲喂以豆皮、麦麸和葵花籽为纤维来源的含有 23.4%总纤维妊娠日粮后，仔猪初生重低于 900 g 的数量比饲喂含 1.3%日粮纤维的少 0.07 头。给初情期的母猪饲喂含有 0.8%可溶性纤维的日粮，第一胎中所产仔猪的初生重没有差异，但是初生重低于 2 倍标准差的仔猪数量和占总产仔数的比例均出现显著差异，日粮中添加 0.8%可溶性纤维母猪产弱仔的概率显著低于对照组母猪。

(3)增强母猪泌乳性能　妊娠期给母猪饲喂纤维性日粮的另一个潜在的好处

是提高了泌乳期的采食量。通过在妊娠期饲喂母猪高纤维日粮，可提高母猪泌乳期的采食量，这可能是由于纤维饲料加入母猪日粮后，消化道容积增加而使母猪在泌乳期食欲增加。而泌乳期采食量与泌乳量密切相关，因此，日粮纤维对母猪泌乳量有正效应。泌乳期采食量的增加还可提高母猪泌乳期的营养状况及随后断奶时的体贮水平，这对母猪和仔猪均有利。

7.1.3 生产实践中常用日粮纤维原料及特性

1. 甜菜渣

甜菜渣是制糖的副产品，是甜菜块根、块茎经过浸泡、压榨提取糖液后的残渣，故残渣中不溶于水的物质大量存在，特别是粗纤维全部保留。可作为家畜良好的多汁饲料，对母畜还有催乳作用。其主要成分为可溶性无氮物，而蛋白质和脂肪很少，含钙极多、含磷少，适口性强，含粗纤维较多。甜菜渣含水量约占 85%，不能长期贮存，可制成甜菜粕颗粒（二维码 7-1，图 7-1）贮存。干甜菜渣有软便性，主要成分是无氮浸出物和粗纤维。

二维码 7-1　甜菜粕颗粒（视频）

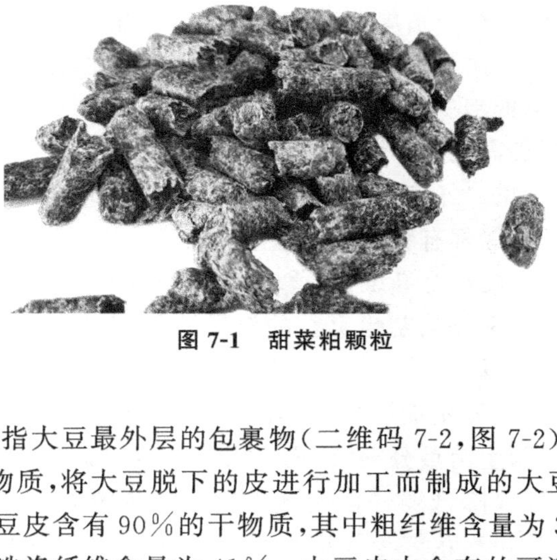

图 7-1　甜菜粕颗粒

2. 大豆皮

大豆皮一般是指大豆最外层的包裹物（二维码 7-2，图 7-2），主要含有果胶、纤维素、半纤维素等物质，将大豆脱下的皮进行加工而制成的大豆副产品，约占大豆总质量的 8%。大豆皮含有 90%的干物质，其中粗纤维含量为 35%、中性洗涤纤维含量为 59%、酸性洗涤纤维含量为 41%。大豆皮中含有的可溶性日粮纤维较少，不溶性日粮纤维的含量较高。并且其水合特性，如水结合力、吸水膨胀性也较低。但大豆皮的发酵特性较好，发酵后产生的短链脂肪酸比甜菜粕和小

二维码 7-2　大豆皮（视频）

麦麸高。在妊娠母猪日粮中添加大豆皮，可以提高胚胎存活率和仔猪初生重等，在空怀母猪和后备母猪饲料中添加可促进母猪发情。

图 7-2　大豆皮

3. 米糠

米糠是糙米精制时的加工副产物，由糙米皮层、糊粉层和少量胚乳构成（二维码 7-3，图 7-3）。米糠的品质和成分，取决于糙米精制的程度，精制程度越高时得到的米糠饲用价值就越高。米糠含脂肪多，容易被氧化和发生酸败，不宜长期保存，因此饲用米糠常常脱脂后再保存，全脂米糠脱脂后为脱脂米糠。压榨法脱脂产生的米糠是米糠饼，采用有机溶剂浸提脱脂后的是米糠粕。

二维码 7-3　米糠（视频）

图 7-3　米糠

米糠的粗纤维含量较高，含有 26.28％的中性洗涤纤维和 11.87％的酸性洗涤纤维。米糠质地疏松，容重较轻。其中，无氮浸出物的含量比较低，含量一般在 50％以下。米糠中还含有多种非淀粉多糖，如阿拉伯木聚糖、果胶、β-葡聚糖等。米糠饼和米糠粕由于去除了大部分的脂肪，因此属于低能量的纤维类饲料原料，质量稳定，耐储存，适口性好，并且对机体无不良影响，是很好的纤维类系列原料。

米糠的适口性良好，作为不溶性日粮纤维在母猪生产中的应用也比较常见，其能量密度低，有助于提高母猪饱腹感，发酵特性和水合特性都比较差，在调控肠道微生物方面的作用有限。米糠中不可溶性的纤维素、半纤维素和木质素含量较高，能提高胃肠道的蠕动，促进排便，可以防治母猪便秘，一般在母猪饲料中的添加量应低于15%，过量使用米糠会引起腹泻。

4. 玉米皮

玉米皮是玉米深加工企业生产的一种副产品。即将玉米颗粒经过浸泡后进入淀粉生产过程，后经洗涤、挤水、烘干等工序加工而成。其主要成分是纤维、淀粉、蛋白质等。玉米经过浸泡、破碎后分离出来的玉米表皮，蛋白质、淀粉含量较高，主要用于饲料行业；普通玉米纤维经过添加玉米浆后干燥而成的产品，也叫加浆纤维或喷浆玉米皮（二维码7-4，图7-4），蛋白含量可达16%以上，主要用于生产饲料。将玉米皮用酶水解后制成膳食纤维，膳食纤维又称第七营养素，具有保湿吸水，在体内能生成溶胶和凝胶，延迟食物成分在消化器官内的扩散。在妊娠母猪日粮中添加玉米皮能降低日粮能量浓度，使母猪产生饱腹感，同时由于其粗纤维含量高，有助于肠道蠕动，可防止母猪便秘。

二维码7-4　喷浆玉米皮（视频）

图7-4　喷浆玉米皮

5. 小麦麸

小麦麸是小麦加工面粉的副产品（二维码7-5，图7-5），颜色有白色、淡褐色直至红褐色，取决于小麦品种，呈片状或粉状。小麦麸物理结构疏松，含有适量的粗纤维和硫酸盐类，有轻泻作用，可防便秘；可作为添加剂预混料的载体、稀释剂、吸附剂和发酵饲料的载体。小麦麸对于所有家畜都是良好的饲料。对于奶牛和马属动物可以大量饲喂；对于种畜，特别是繁殖家畜在临产前和哺乳期饲喂，更有保健作用；用于育肥猪、育成

二维码7-5　小麦麸（视频）

鸡和产蛋鸡，可调节饲粮能量浓度，起到限饲作用。在妊娠母猪日粮中添加小麦麸有助于肠道蠕动，防止便秘，一般添加量为15%～20%。

图 7-5　小麦麸

6. 苜蓿粉

常用作牧草的苜蓿是紫花苜蓿，它是种多年生的草本植物，具有产量大、利用年限长等优势，适应性和抗逆性都强，适口性也好。苜蓿营养含量丰富，其中粗蛋白含量约为18%(按照干物质计算)，微生物和微量元素丰富。

苜蓿中碳水化合物含量丰富，但其中能被吸收利用的较低，约为5%，其余大部分为不能被消化吸收的碳水化合物即日粮纤维。苜蓿草日粮纤维含量丰富，但其中大部分为难以发酵的日粮纤维成分，如纤维素、半纤维素和木质素。用洗涤纤维法分析苜蓿草中日粮纤维成分的含量发现，其中纤维素约占36%、半纤维素约占15%、酸性洗涤木质素约占10%。苜蓿时常用作反刍动物的饲料。苜蓿的发酵性能较差，在单胃动物物(如母猪)日粮中添加时需要先将其进行粉碎，苜蓿草碎成苜蓿粉(图7-6)以后，可以增加苜蓿粉在大肠中和微生物的作用面积，有利于提升其发酵特性。

图 7-6　苜蓿粉(左)和紫花苜蓿(右)

7. 魔芋粉

魔芋是多年生草本植物，起源于印度和斯里兰卡。我国魔芋资源丰富，主要分布在长江流域。魔芋粉(图 7-7)的主要成分是魔芋葡甘露聚糖。魔芋精粉中总纤维占 71%。可溶性纤维占 60%以上。魔芋粉的水合特性和发酵特性特别突出。魔芋粉吸水膨胀性特别好，水溶液的黏度也比较高。另外，魔芋粉在大肠中能被肠道微生物快速发酵产生短链脂肪酸，并且具有调节肠道微生物结构的功能。

图 7-7　魔芋粉

在母猪日粮中添加魔芋粉，可以改善日粮的理化性质，如提高日粮的水合特性、使日粮的吸水膨胀性增加、提高食糜在胃肠道的滞留时间、延缓胃的排空速率、提高母猪的饱腹感等。另外，还能改善日粮的发酵特性，提高母猪大肠中发酵产生短链脂肪酸含量，调节肠道菌群，改善母猪肠道健康。给妊娠母猪日粮中添加魔芋粉，改善了母猪围产期的胰岛素敏感性，提高了母猪泌乳期的自由采食量和母猪的繁殖性能。值得一提的是，连续 2 个繁殖周期给母猪使用魔芋粉，母猪在第 2 个繁殖周期中泌乳期的采食量显著高于第 1 个周期。

添加到母猪日粮中的魔芋粉虽然具备了比较理想的理化性质，但是魔芋在我国的种植范围不大，产量低下，因而价格昂贵，其在生产中被大量推广使用受到了限制。

7.2　功能性氨基酸

功能性氨基酸是指除合成蛋白质外还具有其他特殊功能的氨基酸，其不仅对动物的正常生长及维持是必需的，而且对多种生物活性物质的合成也是必需的。这些具有特殊功能的氨基酸主要有精氨酸家族氨基酸、支链氨基酸、含硫氨基酸、色氨酸及苏氨酸等，可有利于母猪胎儿的生长、新生仔猪的健康及哺乳期母猪生产性能的发挥。本节将重点介绍精氨酸家族氨基酸的生物学功能与对母猪繁育性能的调控。

7.2.1　功能性氨基酸的生物学功能

功能性氨基酸的功能多种多样，不仅包括调节胎儿和新生动物的生长发育及肠道发育，还包括机体免疫功能、细胞内蛋白质周转与代谢。除此之外，还可通过合成一些活性物质起到调节作用，如可以提高母猪受孕率、胚胎发育、胎盘发育、血液流动和食欲等，最终能够提高母猪繁殖性能、胎猪及新生仔猪的生长和健康。针对精氨酸家族氨基酸的生物学功能主要有以下几点：

1. 调控蛋白质沉积

精氨酸作为信号分子能通过调节蛋白质合成或分解，从而促进蛋白质的沉积。研究显示，向培养皿中针对性添加 100 μm/L 和 350 μm/L 精氨酸计量，能依赖性地有效激活猪滋养外胚层细胞中哺乳动物雷帕霉素受体（mammalian target of rapamycin，mTOR）、核糖体蛋白 S6 激酶 1 和真核翻译起始因子 4E 结合蛋白-1等。生理浓度的精氨酸不仅能提高猪滋养层细胞的蛋白质合成，还可使滋养层细胞增殖水平提高。

2. 调控细胞增殖

精氨酸家族的代谢产物成分较多，其主要含氮代谢产物是多胺和一氧化氮（nitric oxide，NO），其中多胺对细胞的增殖具有显著的促进作用。研究显示，在母猪妊娠 40 天时，胎盘发育速度最快，代谢产物多胺在母猪的胎盘组织、尿囊液和羊膜液中的含量也达到最高，合成速度也最快。经研究证实，针对性地对体外培养的羊滋养层细胞中添加腐胺，能有效影响羊滋养层细胞增殖水平，使其显著升高 6.7 倍；另有研究显示，在体外培养的猪子宫腺上皮和基质细胞选择性地添加外源腐胺和亚精胺，能够促进细胞 DNA 的合成，最终提高细胞的增殖能力。除此之外，在猪的二细胞期孤雌激活胚胎的培养基中添加外源性多胺，不仅能够增加其囊胚率及囊胚期的细胞数，还可使囊胚期的细胞凋亡数量减少。

3. 调控血管发育和血流速率

母猪泌乳期间，精氨酸代谢产物中的 NO 能有效刺激血管生成和血管扩张，从而促进血流量增加，以上功能与胎儿或母体泌乳功能密切相关。而在妊娠期，因精氨酸代谢产物中的 NO 可以调控血液流入子宫和胎盘，促进母体-胎儿营养物质转运。精氨酸是通过此调节方式来调控母猪血管发育与血流速率的，从而影响母猪泌乳与生殖。

4. 调控机体免疫

精氨酸在机体代谢中，不仅能通过影响 B 细胞调控抗体生成，还可通过调控 T 细胞受体的表达及 B 细胞发育来影响机体免疫。因此精氨酸不仅在先天免疫中起重要作用，在后天免疫中扔发挥着重要的作用。在妊娠母猪中研究关于精氨酸免疫调节机制中发现，在妊娠的30～114天日粮中添加1.0%精氨酸-HCl，会显著提高母猪在分娩时期对猪繁殖与呼吸障碍综合征病毒疫苗产生的免疫应答，而且对血清免疫球蛋白、猪繁殖与呼吸障碍综合征病毒疫苗的免疫应答均呈现显著的促进作用。另有研究表明，日粮中添加0.5% *L*-精氨酸后，猪体内不仅增加了白蛋白抗体IL-2和IFN-γ的血清浓度，而且改善了机体免疫刺激性能。以上结果均表明，日粮中适量的添加精氨酸可以有效改善母猪机体的免疫功能。

7.2.2 精氨酸家族氨基酸对母猪繁殖性能的调控

精氨酸家族调控母猪繁殖性能的途径可能通过以下几个方面：首先，因代谢产生的NO与多胺通过增加子宫和胎盘-胎儿的血流量，从而影响胎儿的存活和生长；其次，因谷氨酰胺、精氨酸及精氨酸的代谢产物有促进机体蛋白质沉积的作用，因此可促进胎儿生长；最后，因精氨酸会引起妊娠期激素分泌发生改变，从而促进胎儿和母体的代谢。以下将分别介绍精氨酸、N-氨甲酰谷氨酸（N-carbamylglutamate，NCG）和谷氨酰胺对母猪繁殖性能的影响。

1. 精氨酸

在妊娠母猪日粮中饲喂无精氨酸饲料可出现胎儿死亡、产活仔数低等症状，针对精氨酸对母猪产仔性能调控主要归纳于以下两个方面。

（1）妊娠前期添加精氨酸　研究显示，在大鼠妊娠第1～7天（胚胎定植期）中，将其日粮中的精氨酸含量提高到1.3%，产仔数增加了30%。在妊娠母猪第14～25天，添加0.4%或0.8%的精氨酸，提高了初产母猪的胚胎存活率。此外，在母猪妊娠第1～30天，添加1.3%精氨酸-HCl不仅提高了初产母猪和经产母猪的总产仔数、产活仔数，还提高了仔猪初生均重和窝重。以上研究均表明在妊娠早期添加精氨酸可以提高胚胎的存活率。

（2）妊娠中期与妊娠后期添加精氨酸　研究表明，母猪在妊娠第77天至分娩期间，妊娠日粮中添加一定量的精氨酸（25.5 g/天）经产母猪，虽对产仔数、产活仔数和仔猪初生重无显著影响，却显著降低了19%的仔猪出生体重的变异率。而在初产母猪妊娠第30～114天，其日粮中添加1.0%精氨酸-HCl，不仅产活仔数显著增加2头，新生仔猪窝重增加24%，而且显著降低了死胎数。可以看出，在母猪妊娠中期和妊娠后期补充精氨酸后，均可起到仔猪初生重、出生均匀度或产活仔数的改善。

2. N-氨甲酰谷氨酸（N-carbamylglutamate，NCG）

虽然科研工作者对精氨酸-母猪产仔性能的调控效果得到了较为广泛的认可，但由于精氨酸的添加成本较高，在生产实践中的广泛应用受到了限制，而NCG因能有效提高精氨酸内源生成，并具价格优势，因此，科研工作者近年来开展了一系列关于NCG调控母猪繁殖性能的研究。研究显示，在妊娠末期前添加NCG主要可影响产活仔数目。对于NCG不同添加计量的研究发现，从初产母猪至配种到分娩期间，日粮中添加0.05%NCG可有效提高活仔均重、活仔窝重、活仔胎盘重及活仔胎盘效率。

3. 谷氨酰胺

谷氨酰胺是胎儿组织蛋白中非常丰富的氨基酸，从母体到胎儿血液的胎盘转移对胎儿生长则是必不可少的，主要体现在谷氨酰胺不仅能促进胎儿的蛋白质合成，还可抑制蛋白质的降解。另外，谷氨酰胺是胎儿小肠的主要能量底物，因此是胎儿早期肠道快速发育的必需营养素之一。研究显示，在母猪妊娠第90～114天，利用玉米-豆粕型日粮(含12.2%粗蛋白和1.22%谷氨酰胺)饲料中添加1%谷氨酰胺，可使宫内发育受限的仔猪的发生率降低39%，且使活产仔猪断奶前死亡率降低46%。

7.2.3　精氨酸家族氨基酸对母猪泌乳性能的调控

在生产中，精氨酸家族对后代仔猪生长性能的影响可能与乳汁中蛋白质、脂肪等含量的增加有关，因此将分别阐述精氨酸、谷氨酸和谷氨酰胺对母猪泌乳性能的影响。

1. 精氨酸

数据显示，在母猪哺乳期间饲喂添加1.0% *L*-精氨酸饲料，其后代仔猪在0～7天和0～21天的增重都有显著提高。原因是精氨酸代谢产生的NO是一种主要的血管扩张剂，可以通过日粮中适量添加精氨酸提高血管内皮细胞NO的含量，从而增加乳腺生成乳汁所需的血流量和营养物质供给。

2. 谷氨酸和谷氨酰胺

研究显示，单独使用谷氨酰胺或谷氨酰胺和谷氨酸的混合物投喂哺乳期母猪不仅可以一定量地减少母猪体内蛋白质的损失，而且可以使乳汁中谷氨酰胺和谷氨酸的含量增加，与此同时乳汁中脂质含量显著增加，且伴随着仔猪生长性能的提高。如母猪从分娩前一周到哺乳期结束，添加1.5%的谷氨酸和谷氨酰胺混合物，结果测得母猪初乳中脂肪含量提高了60%，常乳中脂肪含量提高33%。

7.2.4　其他功能性氨基酸对母猪繁育性能的调控

1. 支链氨基酸

支链氨基酸属于必需氨基酸，主要包括亮氨酸、异亮氨酸及缬氨酸，不仅是机体组织的基本成分，还参与调控蛋白质周转。支链氨基酸对调控妊娠母猪繁殖机能的研究较少。目前的研究表明，支链氨基酸对仔猪的骨骼的生成有显著的促进作用，其中对猪妊娠期胎儿发育也有潜在的促进作用。关于支链氨基酸调控泌乳机能的研究显示，支链氨基酸与母猪产奶量有明显的联系，不仅可以提高新生儿乳汁摄入量，还可使乳中的干物质、乳脂及酪蛋白的量增加，显著提高断奶仔猪平均窝重。

2. 含硫氨基酸

含硫氨基酸主要有蛋氨酸、胱氨酸和半胱氨酸，在机体中可促进血管发生和生成两个过程，还可参与生长、维持机体现状并在繁殖中起着重要的作用，除此之外，还调节机体免疫，对提高胎儿及哺乳仔猪的免疫方面具有潜在的影响。在泌乳方面，蛋氨酸是决定母猪泌乳量高低的主要限制性氨基酸之一，有研究显示，乳蛋白的合成受日粮蛋氨酸含量的调控，从而影响乳汁营养成分比例，因此，含硫氨基酸是影响仔猪生长性能的重要因素。

3. 色氨酸与苏氨酸

当投喂的日粮中缺乏苏氨酸或色氨酸时，会显著抑制母猪生产性能，降低仔猪个体重及存活率。目前的研究表明，色氨酸与苏氨酸都可通过参与免疫调节的方式，提高母猪血浆中抗体比例，增加乳汁中抗体浓度，从而在母猪繁殖性能中发挥作用。

7.3 功能性脂肪酸

7.3.1 功能性脂肪酸的概述

因母猪缺乏 Δ-15-去饱和酶，n-3 和 n-6 脂肪酸不能在体内自身合成，因此 n-3 和 n-6 脂肪酸是猪的必需脂肪酸。目前的研究证实，必需脂肪酸对母猪繁殖性能有重要的影响，其中亚油酸、α-亚麻酸作为 n-3 和 n-6 多不饱和脂肪酸（polyunsaturated fatty acid，PUFA）的前体，除必需脂肪酸以外，母猪在生产中应用较多的功能性脂肪酸，还包括短链脂肪酸中的丁酸、中链脂肪酸中的偶数链脂肪酸及长链多不饱和脂肪酸中的共轭亚油酸。它们除了具有基本的供能和贮能功能外，还具有对胚胎定植、胎儿发育与存活、母猪泌乳功能、乳汁脂肪酸组成及仔猪的免疫系统发育与生长均有一定的积极影响。

7.3.2 功能性脂肪酸在母猪生产上的应用

短链脂肪酸、中链脂肪酸、长链多不饱和脂肪酸及共轭亚油酸在母猪生产上的应用如下。

1. 短链脂肪酸

(1)仔猪生长性能　短链脂肪酸中的丁酸及丁酸盐制品在母猪生产中的应用较多。生产上选择使用丁酸,主要因其对于维持动物的肠道健康至关重要,除此之外,丁酸还可以在一定程度上改善饲料品质,却因丁酸稳定性差易挥发,操作繁琐,畜牧业和饲料工业常选用稳定性较好的丁酸盐来补充功能性脂肪酸。有研究表明,从母猪妊娠第 90 天起,至泌乳第 21 天的日粮中添加 0.15%的丁酸钾,不仅提高了母乳母猪的采食量,还提高了仔猪日增重。

(2)哺乳母猪采食量　丁酸盐对母猪母乳期采食量的调节具有较好的效果。研究显示,从母猪配种成功起至泌乳期第 25 天期间的日粮中添加 0.05%或 0.1%包膜丁酸钠,母猪泌乳期平均采食量分别提高了 12.7%和 12.1%。

(3)母乳成分　研究显示,在泌乳期添加丁酸盐可显著提高母猪乳汁中乳脂和乳总固形物含量,提高乳品质,从而提高仔猪的生长速度。

(4)繁殖性能　近年来的研究显示,高可溶性纤维和高发酵特性纤维在母猪日粮中适量应用取得良好生产性能,可能与肠道微生物代谢生成短链脂肪酸增多有关。生产中,丁酸盐在母猪妊娠和泌乳日粮中添加量为 0.05%～0.3%时,均能取得较好的繁殖成绩和较高的仔猪生长性能。

2. 中链脂肪酸

(1)母猪繁殖性能　大部分研究发现,妊娠中期和后期添加中链脂肪酸酯虽然不会对初生重和活仔数产生影响,但对于妊娠母猪,日粮中添加 10%的中链脂肪酸酯,会增加出生后第 3 天起至断奶这一阶段仔猪的成活率。

(2)母乳成分　研究显示,肝脏对中链脂肪酸的代谢率很高,并且乳糜微粒含量有限,因此日粮中添加中链脂肪酸酯并不能有效地被转移到母猪乳汁中。生产上,在母猪日粮中添加中链脂肪酸酯可能并不是补充哺乳仔猪中链脂肪酸最有效的方法。

3. 长链多不饱和脂肪酸

生产上,植物的种子及动物的油脂是母猪日粮中长链多不饱和脂肪酸的主要来源,是日粮脂肪酸的重要成分,特别是 n-3 PUFA 中的 EPA、DHA,以及 n-6 PUFA 中的花生四烯酸对于胎儿生长、大脑和视网膜发育至关重要。与中链脂肪酸不同的是,母猪日粮添加长链多不饱和脂肪酸可以显著改良循环系统,并影响脂质含量,因此长链多不饱和脂肪酸在生产中对于母猪营养及胎儿发育起着重要的作用。

(1)产活仔数　日粮中添加 n-3 PUFA 对母猪产活仔数的影响目前的研究结果有一定的不同。有研究显示,母猪整个妊娠期添加 0.5%海产动物油脂后,显著降低了总产仔数和产活仔数。但在妊娠后期至泌乳期添加 n-3 PUFA,却可提高下一繁殖周期的母猪产活仔数。

(2)初生重　母猪妊娠期间添加 n-3 PUFA 对仔猪初生重的影响也有限，但可以部分提高仔猪初生重。如研究发现，妊娠期 85 天开始饲喂富含 DHA 的微藻粉(28 g/天)可显著提高初生仔猪重量。

(3)母乳成分　母猪乳汁中的脂肪酸组成易受日粮组成成分的影响，并可能因此影响仔猪自身的免疫力。有研究显示，从妊娠 107 天到断奶期间，母猪日粮中添加鱼肝油后，提高了初乳和常乳中的 EPA 和 DHA 含量。另有研究说明，在仔猪饲养过程中，增加日粮中 n-3 PUFA 含量，可能对仔猪免疫力的提高也有一定益处。

4. 共轭亚油酸

共轭亚油酸(conjugated linoleic acid, CLA)是一类含有共轭双键的十八碳二烯酸(亚油酸)的统称。广泛存在于牛肉、羊肉、黄油和乳制品中。可有效调控细胞中的脂肪酸代谢及机体免疫力。

(1)母乳成分　研究显示，动物体脂肪的沉积在很大程度上取决于日常脂肪的摄入量，因此如何提高初生仔猪生长速度的最优策略就是通过提高母乳中的脂肪含量。此外，母乳中的脂肪酸含量的组成不仅受到日粮中油脂来源、添加时间的影响，而且还受到添加比例及其脂肪酸组成的影响，因此，生产上常通过改变妊娠母猪和泌乳母猪日粮中的脂肪来源及脂肪组成来控制初乳和常乳的产量及其脂质组成。因此，生产上常在母猪泌乳期间添加 CLA，可显著增加乳汁中饱和脂肪酸的含量，提高乳汁品质。

(2)免疫性能　研究显示，CLA 对于提高断奶仔猪及妊娠母猪的免疫力和生长性能均有非常有益的作用，如日粮中添加 CLA 后能显著增加母猪初乳中 IgG 含量及仔猪血清 IgG 含量；分娩前 7 天至产后 7 天，日粮添加 0.5%～1%的 CLA 后，可显著提高母猪初乳中的 IgG 含量，不仅使母乳中 IgG 水平增加了 23%，而且乳汁中的非脂固形物及蛋白质脂肪比率也显著升高，且仔猪血清中的 IgG 甚至提高 35%。

7.4　植物提取物

7.4.1　植物提取物的定义及功效

2020 年 7 月 1 日我国全面禁抗以来，植物提取物作为替抗方案之一被越来越多的人关注。

植物提取物是以植物为原料，按照对提取的最终产品用途的需要，经过物理化学提取分离过程，定向获取和浓集植物中的某一种或多种有效成分，不改变其有效成分结构而形成的产品，其主要活性成分基本可以分为植物多酚、生物碱类、挥发油类、有机酸类、多糖类和植物色素等。常见植物提取物及利用部分、主要活性成分和功能特点见表 7-1。

表 7-1　常见植物提取物及利用部分、主要活性成分和功能特点概括

植物名	利用部分	主要活性成分	功能特点
生物碱			
胡卢巴	种子	胡卢巴碱	诱食
辣椒	果实	辣椒碱	抗腹泻，抗炎，刺激
胡椒	果实	胡椒碱	促消化
辣根	根	烯丙基异硫氰酸酯	诱食，促消化
芥子	种子	烯丙基异硫氰酸酯	诱食，促消化
茶叶	叶	咖啡碱	抗氧化
苷类			
大蒜	鳞茎	大蒜素	促消化，杀菌
丝兰	叶	三萜皂苷、甾体皂苷	诱食，杀菌
皂树	树皮	三萜皂苷、甾体皂苷	诱食，杀菌
柑橘	果实	黄酮	抗氧化
挥发油类			
肉豆蔻	种子	香桧烯	促消化，抗腹泻
桂皮	树皮	肉桂醛	诱食，促消化，杀菌
丁香	花	丁香酚	诱食，促消化，杀菌
小豆蔻	种子	桉油酚、桉油醇	诱食，促消化
芫荽子	叶、种子	芫荽醇	促消化
荷兰芹	叶	洋芹醚	诱食，促消化，杀菌
姜	根茎	姜油酮	胃刺激
迷迭香	叶	桉油酚、桉油醇	促消化，杀菌，抗氧化
百里香	整个植株	麝香草酚	促消化，杀菌，抗氧化
月桂	叶	桉油酚、桉油醇	诱食，促消化，杀菌
薄荷	叶	薄荷脑	诱食，促消化，杀菌
牛至	痢草	香芹酚、麝香草酚	诱食，促消化，杀菌，抗氧化
亚麻籽	种子壳	胶浆	促消化道蠕动

植物多酚存在于植物的叶、壳、果肉以及种皮中，其含量仅次于纤维素、半纤维素和木质素。人类摄取的多酚类物质多来源于茶叶、蔬菜和水果。植物多酚在抗氧化、抗菌、抗病毒、抗微生物等方面具有良好的效果。由于植物多酚中的邻苯二酚或邻苯三酚的邻位酚羟基很容易被氧化成醌类结构，其对活性氧等自由基有很强的捕捉能力，因此有较强的清除自由基、抑制脂质过氧化能力。

生物碱广泛存在于植物(主要是双子叶植物，如毛茛科、罂粟科、防己科、茄科、夹竹桃科、芸香科、豆科、小檗科等)、动物和微生物体内，饲料行业中主要应用的生物碱有甜菜碱、胆碱、肉碱、苦参碱和小檗碱等，可作为甲基供体，在调节机体渗透压、参与脂质代谢等方面表现出重要作用。

植物多糖是来源于天然植物的一种具有生物活性的高分子化合物，在动物生长中能起到促生长、抗氧化和免疫调节的作用，且毒副作用小、在动物体内不易残留。

植物色素广泛地存在于植物的花、叶、果实、皮等部位中，植物色素不仅具有着色的作用，而且能够增强猪机体功能、预防疾病等，可用作辅助药物和营养增补剂，参与免疫应答反应，如花青素、叶绿素、黄酮等。

挥发油也可称为精油，从天然植物中提取，具有杀菌、抗氧化、抗病毒等生物活性。植物精油是在饲料添加剂中应用较广泛的植物提取物，可清除自由基起到抗氧化的作用，同时还可调节肠道菌群、促进消化液分泌等。

7.4.2 植物提取物在母猪生产中的应用

母猪在哺乳期的体重损失会较多，这将会对母猪的繁殖性能造成不利影响，如断奶到发情的时间延长，排卵率、胚胎存活率降低等。而母猪的哺乳期采食量的多少，将直接影响母猪的体况及哺乳性能。表 7-2 总结了近年来植物提取物对母猪性能的影响。由表 7-2 可见，大多数植物提取物都可以提高母猪哺乳期采食量、改善母猪哺乳期体况及哺乳性能，同时也可提高断奶窝重。通过大量试验我们发现，不仅不同的植物提取物以及不同的添加量对母猪的生产性能影响有一定的差异，添加的方式也会有一定的影响，这可能与繁殖周期的各个阶段、母猪机体的代谢水平及生理状态存在一定的差异有关。因此，在母猪生产中，只有加深对植物提取物作用机理的研究，选择适宜的植物提取物添加阶段和添加量，革新使用技术，才能进一步推动植物提取物在母猪生产中的应用。目前市面上，在植物提取物中，植物精油得到广大用户的普遍认可，使用方法及其加工工艺也比较的成熟，下面将详细介绍植物精油的作用机理及对母猪繁殖性能的影响。

表 7-2　植物提取物对母猪生产性能的影响

（王浩等，2017）

植物名称	主要有效成分	添加时间	添加量/(mg/kg)	作用效果（与对照组相比）/%			参考文献
				平均日采食量	平均日增重	断奶均重	
大茴香	茴香醚	G85～L21	5 000	+9.6	+21.0	+16.4	Wang 等，2015
	大茴香脑、大茴香醛		5 000	—	−3.2	+2.0	
生姜	6-姜烯、6-姜酚	G85～L21	10 000	—	0	0	李雪艳等，2016
丹参	丹参素、丹酚酸、丹参酮ⅡA		10 000	—	−3.6	+1.5	
生姜	生姜提取物	G85～L28	250	—	+4.6	+4.0	Lee 等，2013
			500	—	+3.2	+4.0	
大豆	黄豆黄素	G85～L18	15	−2.5	+3.9	+2.0	Hu 等，2015
			30	+1.1	+7.0	+3.4	
			45	+3.0	+10.3	+6.3	
胡卢巴籽	皂苷	G108～L21	1 000	—	+11.6	+13.9	Hossain 等，2015
			2 000	—	+11.6	+12.2	
海藻	海带多糖岩藻多糖	G107～L26	10 g/天	—	+14.8	—	Leonard 等，2011
奶蓟草	水飞蓟	L1～L18	1 g/天	−7.0	−2.5	−2.4	Farmer 等，2017
			8 g/天	−3.0	0	+1.0	
人参	人参多糖	G90～L28	100	—	—	+6.6	Xi 等，2016
			200	—	—	+9.1	
			400	—	—	+6.7	
止痢草	香芹酚、百里香酚	G1～L21	15	+2.2	+8.3	+6.9	Tan 等，2015
		G1～L19	250	+4.1	+6.5	+4.5	Ariza-Nieto 等，2011
		G109～L22	1 000	+1.8	—	—	Allan 等，2005
		G110～L21	1 000	0	—	—	Amrik 等，2004
		L1～E1	1 000	+6.0	—	—	Kis 等，2003

续表 7-2

植物名称	主要有效成分	添加时间	添加量/(mg/kg)	作用效果(与对照组相比)/%			参考文献
				平均日采食量	平均日增重	断奶均重	
丝兰 皂树	皂苷	G107～L23	200	+3.8	+2.6	−4.3	Ilsley 等，2003
			250	0	−5.0	−7.8	
植物提取物混合物	香芹酚、辣椒素、肉桂醛		100	+2.0	+11.6	0	
植物提取物混合物	植物精油、黄酮	G107～L22	40	+1.0	—	+7.0	Wang 等，2008
植物提取物混合物	香芹酚、肉桂醛、辣椒油树脂	G90～L28	100	—	+13.4	+10.4	Matysiak 等，2012
植物提取物混合物	柠檬酸、山梨酸、香芹酚、香草醛	G108～L25	500	+6.1	−2.6	−1.8	Balasubramanian 等，2016
			1 000	−3.4	+12.4	+10.5	
植物提取物混合物	黄芩、金银花	G107～L28	5 g/天	0	+8.6	+1.5	Liu 等，2017
			10 g/天	+11.5	+2.0	+9.2	
植物提取物混合物	穿心莲余甘子、姜黄、生姜、大蒜	L1～L28	1 000	+7.0	—	+7.9	Lipinski 等，2014
植物提取物混合物	大豆异黄酮、黄芪多糖	L1～L21	100	+7.0	+14.1	+11.1	王志龙等，2016
			200	+10.3	+19.4	+16.0	
			300	+2.3	−2.1	+1.0	

"G"表示妊娠，"L"表示哺乳，G90～L28 表示植物提取物添加时间是从妊娠第 90 天到哺乳第 28 天。

7.4.3 植物精油

1. 植物精油的种类

植物精油是植物体内的次生代谢物质，一般以植物的花、叶、枝、根、皮、树胶、全草和果实等为原料，通过蒸汽蒸馏、压榨等方法萃取出的植物挥发性油样芳香物质。植物精油多为无色或淡黄色，呈液体状，常温下具有挥发性，易溶于亲脂性有机溶剂。已知的植物精油有 3 000 多种，成分复杂，多为几十种物质的混合物，主要包括萜烯类化合物(terpenes)、芳香族化合物(aro-maticderivatives)、脂肪族化合物和含氮含硫类化合物 4 类基本成分，目前研究较多的几种主要的植物精油见表 7-3 和图 7-8。

表 7-3 几种主要的植物精油

（杜恩存，2016）

植物精油	化学名称	分子式	相对分子质量	外观
肉桂醛	3-苯基丙烯醛	C_9H_8O	132.16	无色或淡黄色液体
百里香酚	5-甲基-2-异丙基酚	$C_{10}H_{14}O$	150.22	无色半透明晶体
香芹酚	5-异丙基-2-甲基苯酚	$C_{10}H_{14}O$	150.22	无色至淡黄色油状液体
丁香酚	4-烯丙基-2-甲氧基苯酚	$C_{10}H_{12}O_2$	164.2	微黄色至淡黄色液体
对伞花烃	对异丙基甲苯	$C_{10}H_{14}$	134.22	无色至淡黄色无臭液体
γ-松油烯	1-甲基-4-(1-甲基乙基)-1,4-环己二烯	$C_{10}H_{16}$	136.26	无色至淡黄色无臭液体

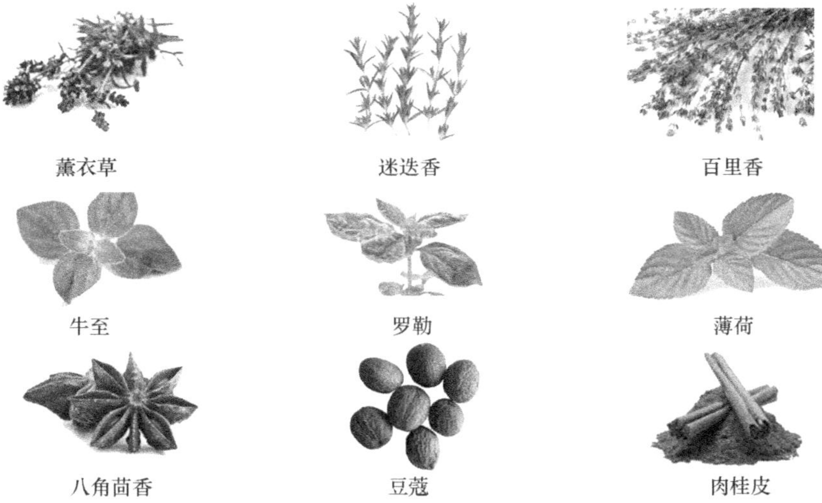

图 7-8 几种饲料中常用的植物精油来源植物

植物精油作为一种提取物，广泛存在于植物的花、茎、叶、根和果实中。植物精油是一种天然的抗氧化剂，具有较好的抑菌抗炎、抗肿瘤及抗氧化应激作用，有望成为一种可缓解全球抗菌药物危机的天然抗菌剂。近年来大量研究表明，饲粮中添加植物精油可有效提高动物的生长性能和免疫功能，并显著改善反刍动物胃肠道微生态，是目前最具有潜力的抗生素替代品之一。

2. 植物精油的吸收途径及代谢

研究发现植物精油在动物胃肠道和皮肤都可被迅速吸收，在体内代谢迅速，主要经肾脏代谢后 24 h 内以尿液形式排出。给仔猪和大鼠采食含植物精油的饲粮，在 2 h 内仔猪血浆中百里香酚、香芹酚和丁香酚含量以及大鼠肾脏和肝脏中 *D*-柠檬烯含量均达到峰值。进一步研究发现，饲粮中百里香酚和香芹酚主要在断奶仔猪小肠前端吸收，并且迅速代谢出体外。但微囊包被香芹酚 2 h 内在模拟胃液中仅有低于 20％的部分被降解；在模拟肠道液体中 2 h 释放量超过 60％，在 6 h 内几乎完全被释放。以上结果说明，未进行处理的植物精油能快速被动物胃肠道前端吸收，而包被的植物精油在胃肠道后端释放。另外，研究发现植物精油在哺乳动物皮肤也可被迅速吸收。在人和鼠上的研究发现，涂抹植物精油 10 min 后血浆中的植物精油含量达到最大值，且经皮肤吸收的量与植物精油浓度、皮肤特性、精油接触时间和接触面积有关。

不同植物精油在不同动物上的代谢产物有一定差异（表 7-4）。在大鼠上的研究发现，百里香酚与香芹酚在体内代谢后以硫酸盐、葡萄糖苷酸盐和不发生降解的原始形态等形式代谢出体外。在兔和人上百里香酚的代谢产物则为硫酸盐或百里氢醌。反式肉桂醛在小鼠上的代谢产物为马尿酸和巯基尿酸。茴香脑在大鼠和小鼠上代谢产物则是以与硫酸根、葡萄糖醛酸、甘氨酸和谷胱甘肽结合的形式代谢出体外。

表 7-4　几种植物精油的代谢产物

植物精油	代谢产物	研究对象	参考文献
百里香酚和香芹酚	原始形态或者硫酸盐、葡萄糖苷酸盐	大鼠	Austgulen 等，1987
百里香酚	硫酸盐或百里氢醌	兔、人	Takada 等，1979
反式肉桂醛	马尿酸和巯基尿酸	小鼠	Lee 等，2002
茴香脑	与硫酸根、葡萄糖醛酸、甘氨酸和谷胱甘肽结合	大鼠和小鼠	Bounds 等，1996

3. 植物精油的作用

（1）缓解炎症反应　炎症反应是一种重要的免疫应答，过度的炎症反应会损害动物健康。细胞因子是介导炎症反应的主要因子，包括促炎细胞因子（如肿瘤坏死因子-α、白细胞介素-1β、白细胞介素-6 等）和抗炎细胞因子（如白细胞介素-10）等，主要由免疫细胞分泌产生。梁德洁（2014）研究发现，百里香酚对 LPS 诱发的乳腺炎小鼠具有治疗功效，该精油处理小鼠后能抑制 NF-κB 和 MAPK 通路，并能降低组织中炎性细胞浸润和炎性细胞因子表达，并能增加机体抗炎因子 IL-10 mRNA 的表达量。研究发现，饲粮中添加香芹酚等植物精油缓解了肉鸡及小鼠肠道炎症，并降低了断奶仔猪腹泻指数。进一步的研究发现，百里香酚和肉桂酸能分别降低小鼠乳腺上皮细胞和单核巨噬细胞中促炎细胞因子 TNF-α 和 IL-6 的含量；滨艾精油能够降低小鼠巨噬细胞 IL-1β、TNF-α 和 IL-6 的基因表达。以上结果表明，植物精油能通过降低促炎细胞因子含量来缓解动物炎症反应，促进动物健康。

（2）增强抗氧化功能 动物在正常生长代谢过程中会产生含氧自由基，若不能被及时清除，体内积累的自由基可通过破坏细胞的结构和功能，使生物膜中的不饱和脂类发生脂质过氧化并形成脂质过氧化物，其最终产物是丙二醛（MDA）。动物机体生物膜功能一旦遭到破坏，将损伤蛋白质及核酸等生物大分子，导致机体代谢功能产生紊乱。植物精油的抗氧化机制：①提供质子直接清除 H_2O_2、超氧化物、DPPH、羟基离子、超氧阴离子等自由基。姚光明（2016）发现，在 0.2～3.0 mg/mL 内，玫瑰精油清除 DPPH、·OH 和 O_2^- · 的能力逐渐增强，可能的机制是精油中含有的酚羟基基团在脂质过氧化第一步反应中作为氢供体与自由基结合生成相对稳定的半醌式自由基，从而终止链式反应。②较强的金属离子螯合活性，减少脂质过氧化，增加还原能力，如通过抑制脂氧化酶活性、抗亚油酸氧化、螯合金属离子和还原铁离子等。马雪梅等（2015）研究结果表明，25％紫荆花精油对 Fe^{2+} 具有一定的螯合作用。③上调抗氧化酶的活性。核因子相关因子 2（Nrf2）可通过调控抗氧化酶基因的表达进而提高血清和组织中抗氧化酶的活性。

顾仁勇等（2006）研究发现，肉桂精油、丁香油和牛至精油可以有效降低猪油的 POV 值。百里香精油主要成分中的百里香酚有高度抗氧化活性，其抗氧化机理在于分子结构中苯酚羟基基团的存在，该基团可作为氢供体中和脂肪氧化第一阶段产生的过氧化物自由基，进而阻止氢过氧化物的形成，中断油脂氧化反应链，延缓油脂氧化。丁香精油中的丁香酚可捕获羟自由基，抑制化学反应产生的超氧化物，因此也认为丁香酚可直接捕获超氧化物。

（3）杀菌抑菌作用 植物精油具有广谱抗菌活性，对原虫、真菌、细菌等均有抑制或杀灭作用。植物精油的活性成分具有亲脂性，当其进入细胞膜时，破坏细胞磷脂结构，代谢产物、离子等内容物渗出，造成细胞死亡。权美平等（2018）研究发现，茜草精油能通过破坏细胞膜的通透性而发挥其抗菌活性，对表皮葡萄球菌和鼠伤寒沙门氏菌的生长有明显的抑制作用。黄飞等（2019）研究发现，反式肉桂醛通过改变意大利青霉菌菌丝体结构，诱发菌丝体溶解，最终导致病菌死亡。植物精油也可通过抑制或者降低病菌分子孢子的产生和萌发，从而破坏其受精作用。涂小芳（2019）等研究发现，桂皮精油和丁香精油能够抑制面包腐败菌的孢子萌发，从而达到良好的抗菌效果。吕飞等（2011）用扫描电镜观察发现，在复方精油的作用下各受试菌种菌体细胞膜结构完整性被破坏，细胞形态发生明显改变。由于植物精油的化学成分非常复杂，其发挥抑菌作用的位点和机制可能是多个位点共同作用的结果。

植物精油对微生物杀菌抑菌的作用机理可归纳为其活性组分破坏细胞膜脂和膜蛋白，影响细胞膜的正常生物学功能。精油中活性成分如酚类、醇类物质，可进攻细菌的细胞膜或细胞壁，影响细胞膜脂质层的流动性，改变细胞膜通透性，引发细胞内容物外泄，最终引起细菌生长受到抑制甚至死亡。不同植物精油对不同细菌的抑制机制见表 7-5。

表 7-5　植物精油及其组分的抑菌机制

（陈建烟等，2012）

植物精油	细菌种类	抑菌机制
牛至精油	金黄色葡萄球菌	抑制凝固酶、脂肪酶活性，降低细菌对盐的耐受性
澳洲茶树精油	大肠杆菌、金黄色葡萄球菌、白色念珠球菌	抑制细胞膜的呼吸作用，增加膜的通透性
香芹酚	大肠杆菌、金黄色葡萄球菌、沙门氏菌、荧光假单孢菌、热死环丝菌、单核李斯特菌、沙克乳杆菌、蜡样芽孢杆菌	细胞膜结构紊乱，抑制 ATP 酶活力，膜脂流动化胞内离子外流
百里香酚	大肠杆菌、金黄色葡萄球菌、沙门氏菌、荧光假单孢菌、热死环丝菌	膜结构紊乱影响胞内蛋白的表达及柠檬酸代谢通路
肉桂醛	大肠杆菌、单核李斯特菌	抑制膜结合 ATP 酶的能力
丁子香酚	大肠杆菌、金黄色葡萄球菌、沙门氏菌、荧光假单孢菌、热死环丝菌、单核李斯特菌、沙克乳杆菌、蜡样芽孢杆菌	影响膜结构，抑制膜结合 ATP 酶的能力
对伞花烃	蜡样芽孢杆菌	细胞膜结构紊乱
松油烯	单核李斯特菌、化脓链球菌、普通变形菌、大肠杆菌	细胞膜结构紊乱

（4）诱食和促生长作用　植物精油特别是香辛类精油，在食品业中作为调味剂已广泛应用，如肉桂醛应用在冰激凌和口香糖中，百里香酚在食品中作为调味剂，香芹酚应用在无醇饮料中等。同样在饲料调味剂中，植物精油作为香原料早已有应用。因此，植物精油对提高动物的采食量是有一定帮助的。

植物精油的诱食和促生长作用的机理在于植物精油气味芬芳，香味经嗅觉神经进入脑部后，可刺激大脑前叶分泌出内啡汰、脑啡汰两种荷尔蒙，调节机体机能，增强动物的体液免疫和细胞免疫功能，帮助抵抗各种病菌、病毒的攻击。此外，香辛植物精油一方面能刺激肠道绒毛发育，增加消化吸收面积；另一方面能使胃肠道兴奋，促进肠道各种消化酶的分泌，改善动物的消化吸收功能，从而提高对饲料的消化利用率。

4. 植物精油在母猪生产上的应用

母猪生产性能直接决定了该猪场的经济效益，虽然生产性能很大程度与遗传因素有关，但也受环境、疾病、营养和饲养管理的影响。随着养殖水平和育种技术的不断提高，母猪的生产性能得到很大的提升，但其健康水平却在不断下降，如繁殖与呼吸综合征等对高产母猪造成严重影响。有研究报道，母猪不健康时，机体代谢会发生异常，并产生大量的自由基，若这些自由基未能被及时清理，将会持续影响母猪的发情、排卵、受精及胚胎的存活，最终导致产仔数减少，产弱仔数和死胎数增加。

(1)植物精油对哺乳母猪乳品质的调控　母乳对于新生体来说是非常重要的营养来源，母乳中含有丰富的乳糖、乳蛋白、乳脂及非脂固形物，尤其是初乳中，含有大量的 IgA、IgG、IgM、IGF-1 等，对新生体建立免疫调节机制，促进新生仔猪肠道更快生长起着至关重要的作用。因此在哺乳期，幼畜能够采食到足够的母乳是非常重要的。

研究表明，初生仔猪自身所储备能值低，且免疫防御能力匮乏，因此，母猪哺乳期间，母乳对仔猪存活及生长发育起着至关重要作用。King(2012)研究发现，母猪饲粮添加精油能有效地提高母乳质量和产量；纪少丽等(2013)研究表明，妊娠-哺乳期母猪饲粮中添加精油，提高了母猪血清 IGF-1 含量，且显著提高了哺乳仔猪生长速度和断奶重；Matysiak(2012)研究表明，母猪饲粮添加精油能降低哺乳期间仔猪死亡率并改善母乳免疫球蛋白含量。Zhong(2011)研究发现，母猪饲粮中添加 0.02%和 0.06%精油能显著提高分娩第 7 天乳糖含量，同时 0.02%和 0.04%精油提高了乳清 IgG 含量。也有报道表明，精油添加到母猪饲粮能有效地增加其乳糖含量，但不影响其他组分。钟铭(2011)研究表明，初产母猪饲粮中添加植物提取物，可提高分娩时血清浓度，降低哺乳第 7 天血清尿素氮水平，提高溶菌酶含量，增强整个试验期机体的抗氧化能力，利于母猪分娩后体况恢复，从而改善母猪的繁殖性能。Matysiak 等(2012)在妊娠母猪日粮中添加 5.4%香芹酚、3.2%肉桂醛和 2.2%辣椒油树脂，发现哺乳期植物精油组母猪乳液中乳糖含量显著增高、断奶仔猪体重显著提高；断奶时，植物精油组母猪背脂厚度显著提高，表明哺乳期间背脂的损失较少。结果表明，母猪妊娠晚期和哺乳期添加植物提取物对母猪和仔猪的生产性能有一定的促进作用。

(2)植物精油对哺乳母猪肠道健康的调控　妊娠母体肠道菌群重塑是诱导妊娠代谢紊乱综合征的重要原因，且妊娠过程中发生的氧化应激会进一步导致母体肠道菌群紊乱。肠道菌群不仅可以通过代谢产物来调控母体的代谢与免疫，还会影响机体的抗氧化功能，如大肠杆菌等有害菌会作用于机体肠道上皮细胞膜表面的模式识别受体，使其产生更多的 ROS，而乳酸杆菌则可通过铁依赖性过氧化物酶抑制体内的过氧化反应，减少过氧化氢(H_2O_2) 等氧自由基的产生。肠道蛋白菌门丰度升高或拟杆菌门丰度降低会刺激胃肠道炎症反应，促进炎症因子的释放，造成机体氧化损伤。因此机体肠道菌群结构的稳定是非常重要的。

植物精油作为饲料添加剂，可改善动物肠道结构形态，提高消化酶的活性，促进机体对营养物质的消化吸收率，保障肠道健康。有研究发现，香芹酚和百里香酚等不仅可调节机体肠道菌群稳态环境，还可加快动物肠绒毛上皮细胞的更新速度，提高母猪哺乳期营养物质吸收率，增强母猪哺乳力。在母猪整个妊娠周期添加止痢草油可显著抑制肠道中大肠杆菌及肠球菌的生长，促进乳酸菌的繁殖。Tan 等(2015)研究表明，在母猪饲粮添加 100 mg/kg 麝香草酚和肉桂醛复合精油能极显著提高机体粪便中乳酸杆菌数，同时能极显著降低机体粪便中大肠杆菌和肠球菌数，在日粮中添加牛至精油会减少肠道中肠杆菌科细菌的数量，这很可能是由于其会对肠道屏障的完整性以及有益菌的竞争性排斥产生良好的作用。

(3)植物精油对哺乳期仔猪生产性能的调控　TAN(2015)报道，母猪饲粮添加精油有利于增加仔猪平均日增重。Zhong(2011)研究表明，母乳饲喂能更好地改善幼儿健康以及其生长速率。Ilsley 等(2003)比较不同植物提取物的添加效果发现，各组间产仔数、初生重差异不显著，但出生时混合植物提取物组仔猪直肠温度显著高于未添加组(38.58 ℃ vs 37.95 ℃，$P<0.05$)，且该组出生 24 h 内、出生前 3 周仔猪的生长速度高于其他组，21 天断奶重也高于其他组。仔猪直肠温度可间接反映仔猪的活力。钟铭等(2011)研究发现，妊娠后期母猪日粮中补充 400 mg/kg 混合植物提取物能将断奶仔猪的窝重提高 16.1%。但 Wang 等(2008)发现哺乳母猪日粮中添加植物提取物对产仔数、仔猪初生重、断奶重及断奶成活率都无显著影响。由以上大量研究结果可以看出，添加植物精油有利于提高初生仔猪的活力，加快其生长速度。

5. 如何选择复配植物精油

天然提取的植物精油价格贵，提取量少，如玫瑰精油提取率是干物质的 3%左右，提取成分还受产地和提取工艺的影响，极不稳定。如美容院人用的精油，若天然提取，普通百姓都消费不起，更不用说动物。目前从市场收集到的精油进行分析发现 85%基本是化学合成的，有的会适当配一些天然成分，但含量极少，有的产品标榜是天然植物精油，但经过检测发现成分非常单一(图 7-9)。且大部分是由百里香酚、香芹酚、肉桂醛组成，有些会增加复配丁香酚。其中百里香酚、香芹酚是牛至精油的主成分，肉桂醛具有天然的抗氧化、杀菌、免疫调节作用，同时在治疗溃疡和诱食方面效果明显。

选择一款性价比高的复配精油产品主要考虑以下几个方面：

(1)看气味，是否太刺激，太刺激会影响适口性；

(2)看浓度，精油主成分浓度低、性价比低且添加性能受影响，GC-MS 结合气相色谱可检测有效成分；

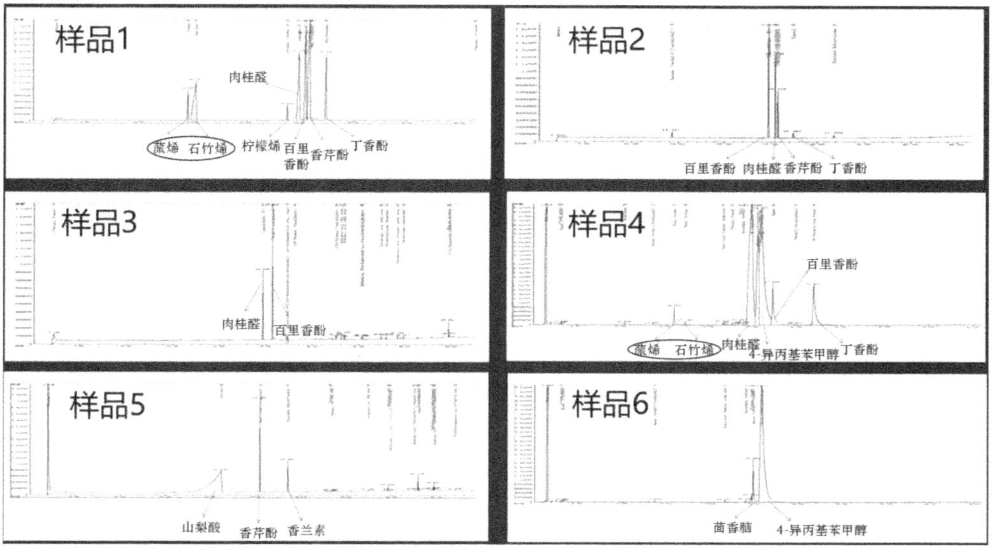

图 7-9　不同精油样品有效成分检测

(3)看稳定性，稳定性与工艺有关，检测不同时期精油衰减率可评估稳定性，耐高温能力(85 ℃ 5min)可测定不同产品的耐高温能力[稳定性好的产品，6 个月自然条件基本不损失(留存率达 99%)，85 ℃ 5min 条件下存留率达 98.5%]；

(4)看效果，动物上促生长、防腹泻、改善免疫力、改善畜产品品质等指标。

6. 植物精油包被工艺

(1)热喷包被

原理：将包衣/包被材料加热并保持熔融状态，通过热的压缩空气喷附在呈沸腾状态的底物(精油成分湿法制粒)表面冷却形成包衣/包被膜。

配套设施：湿法制粒配套设备(图 7-10)，蒸汽套(60～80 ℃循环水)，流化床，雾化室(保温)，加热器(对于运送熔融状态的包衣/包被材料的压缩空气，鼓吹底物的压缩空气无须加热)。

包衣/包被材料选择：包衣/包被材料的熔点一般低于 80 ℃，在 150 ℃左右有稳定的理化性质。

适应范围：缓释，隔离。

优点：包衣/包被材料成本低；能耗费用低；产量高。

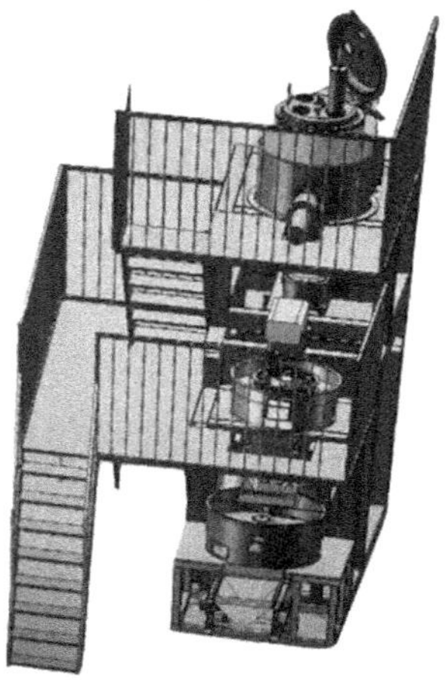

图 7-10　包被制粒一体设备

缺点：包衣/包被材料选择面小，适用范围窄；

较难评估包被/包衣在不同条件下的溶出率。

应用举例：氢化油 8 元/kg，增重 30%，微丸大小 1.0 mm，成本约 3 元/kg。

(2)冷喷包被

原理：热的压缩空气（肠溶包被进风温度 50 ℃左右，胃溶包被进风温度 60～70 ℃）将底物鼓吹至沸腾状，将包衣/包被液通过常温的压缩空气喷到呈沸腾状的底物（精油成分湿法制粒）上，边喷边干燥，干燥时间和温度要根据底物的热稳定性来选择，对于精油产品来说，一般不超过 60 ℃主要成分损失率较小，但干燥时间较长。

配套设备：湿法制粒配套设备，流化床，雾化室（保温），加热器（对于运送熔融状态的包衣/包被材料的压缩空气无须加热，鼓吹底物的压缩空气需加热）。

包衣/包被材料选择：根据不同的需求如胃溶、肠溶等选择不同的包衣/包被材料。

适用范围：应用范围较广，胃溶、肠溶、缓释、热敏、光敏等。

优点：包被材料选择面广；目的性强；无需保温设备。

缺点：进风加热耗能高；耗时长；包衣液成本高；较难评估包被产品不同条件下溶出率。

应用举例：肠溶包被，1.0 mm 丸子，增重 30%，包衣液 20 元/kg，成本最低 8 元/kg。

(3)二次喷涂和空隙封闭技术

原理：利用二氧化硅的多孔聚合物体系和强吸附能力，对精油液体基团进行吸附，再加入调香技术特有固相剂二次喷涂，来实现精油产品在动物不同部位控释，保证精油产品的稳定性和有效性。

工艺流程（图 7-11）：

①全自动香基配料系统配置精油液体基团；

②全自动配料系统中，喷涂液体精油基团到载体上，混合 3～5 min；

③全自动配料系统中，液体固相剂均匀喷涂在上述混合物中，再混合 3～5 min；

④自动配料系统中，添加诱食物质和其他载体到③中，搅拌混合 3～5 min；

⑤下料，分装，打包。

二次喷涂：精油液体基团喷涂和包衣液喷涂。

空隙封闭：包衣液在载体表面形成一层薄膜。

二次喷涂工艺要点：

①液体固相剂比例一般为 5%～8%；

②液体固相剂成分为中链、高链脂肪酸和液体定香剂混合物；

③液体固相剂配制工艺：使用液体定香剂对固体中链脂肪酸和高级脂肪酸进行热溶，常温下不凝固，现配现用。

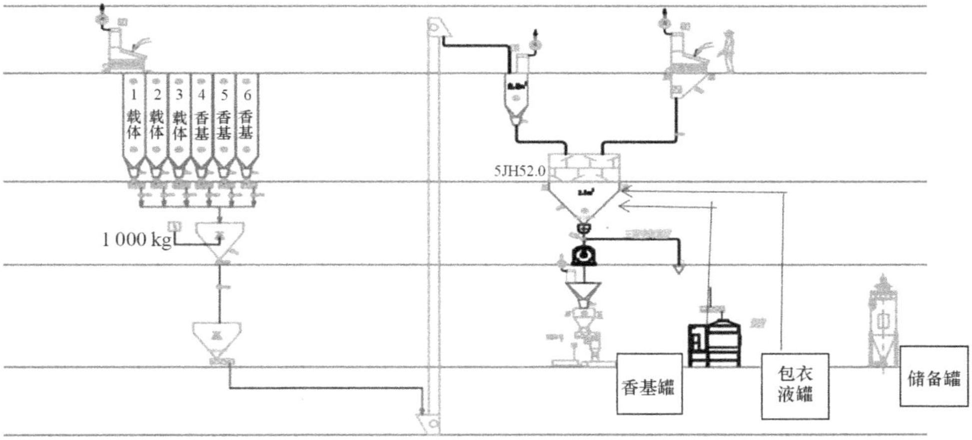

图 7-11　工艺流程图

优点：

①能耗低，整个过程无须加热和保温；

②性价比高，通过多孔聚合体系和液体固相剂二次喷涂，实现精油产品在动物不同部位控释，保证精油产品的稳定性和有效性；

③外加协香诱食物质，利用协香增味技术，提高动物的适口性；

④通过高温检测分析（100 ℃，2min），产品可达到市面上包被精油产品保留率。

缺点：较难精准控释，不能满足定速、定点释放。

7.5　益生菌

正常情况下，对宿主有益无害的微生物统称为益生微生物，由于其中细菌最为多见，故常称益生菌。用于治疗的益生菌制品应强调活菌制剂，并保持足够的活菌数，而用于保健食品的益生菌制品则可用活菌、死菌、菌体成分、代谢产物制成，可强调活菌数。一般益生菌均来自正常微生物菌群。

7.5.1　益生菌的种类

常见的益生菌种类主要有乳酸菌（Lactobacillus）、肠球菌（Enterococcus）、芽孢杆菌（Bacillus）、酵母菌（Saccharomyces）及双歧杆菌（Bifidobacterium）。大体上

分成 3 类，即芽孢杆菌、乳酸菌、酵母及真菌，其中最主要的是乳酸菌。我国《饲料添加剂目录(2013)》(中华人民共和国农业部公告第 2045 号)规定，可用于动物生产的益生菌有 34 种，动物饲料中使用的益生菌主要是革兰氏阳性细菌，在属水平主要为芽孢杆菌(Bacillus)、片球菌属(Pediococcus)、肠球菌(Enterococcus)、乳酸菌(Lactobacillus)、链球菌(Streptococcus)。在猪生产中使用的益生菌菌株大多属于芽孢杆菌类，如地衣芽孢杆菌、枯草芽孢杆菌、蜡样芽孢杆菌等；肠球菌，如乳酸肠球菌、粪肠球菌、屎肠球菌等；酵母菌属，如啤酒酵母、酿酒酵母、产朊假丝酵母等。

1. 酵母菌

目前研究发现酵母菌(图 7-12)具有调节肠道平衡、促进饲料转化以及提高机体免疫功能等良好的益生特性，多作为饲料添加剂用于畜禽养殖。研究较多的酵母菌有酿酒酵母属、德尔布有孢圆酵母属、假丝酵母属、威克汉姆酵母属、毕赤酵母属、布拉氏酵母属、白球拟酵母属、薛瓦酵母属、深红酵母属、粟酒裂殖酵母属、鲍氏酵母属等。

2. 芽孢杆菌

芽孢杆菌是一类对机体具有益生特性的、好氧或兼性厌氧、产芽孢的杆状细菌，为革兰氏染色阳性菌(图 7-13)。

图 7-12 酵母菌

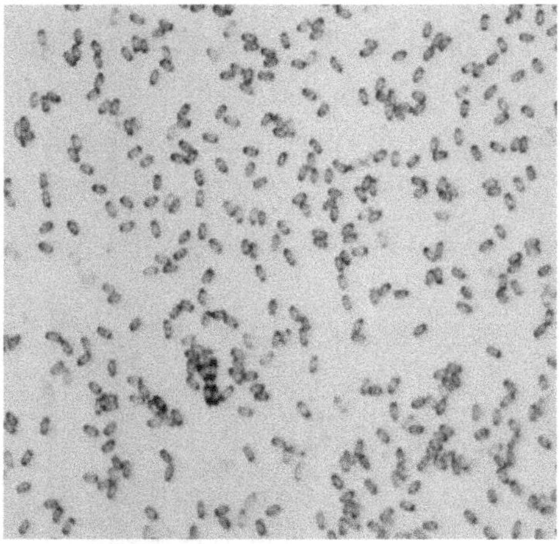

图 7-13 芽孢杆菌

3. 丁酸梭菌

丁酸梭菌又名酪酸梭菌，是从健康人和动物肠道中分离出的一种厌氧的革兰氏阳性芽孢杆菌(图 7-14)。目前研究发现丁酸梭菌具有维持肠道菌群平衡、增强机体免疫功能、生成营养物质、防治肠炎等良好的益生特性。

4. 乳酸菌

乳酸菌指发酵糖类主要产物为乳酸的一类无芽孢、革兰氏染色阳性细菌的总称(图 7-15)。乳酸菌是最常见的益生菌,已经被广泛应用并认为对人和动物是安全的。

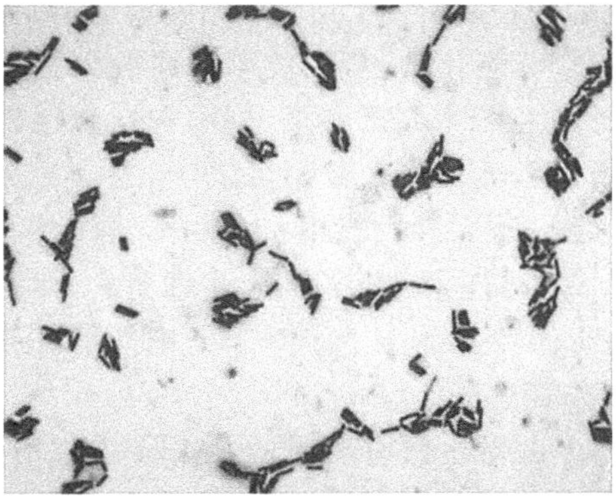

图 7-14 丁酸梭菌

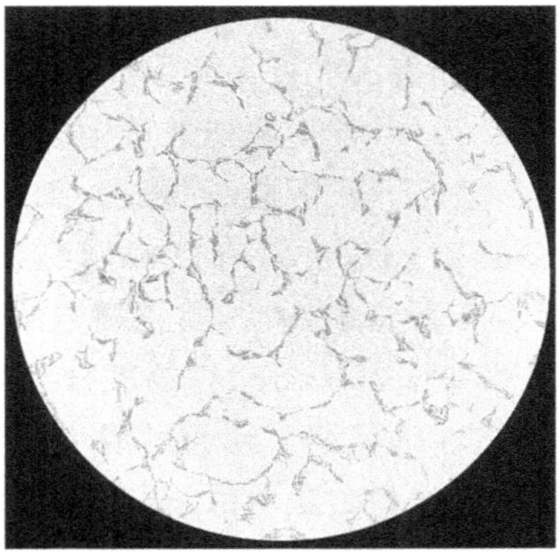

图 7-15 乳酸菌

5. 双歧杆菌

双歧杆菌(图 7-16)是人体内存在的一种生理性细菌,是人体有益菌中最值得重视和研究的一种,它与人体的健康密不可分。

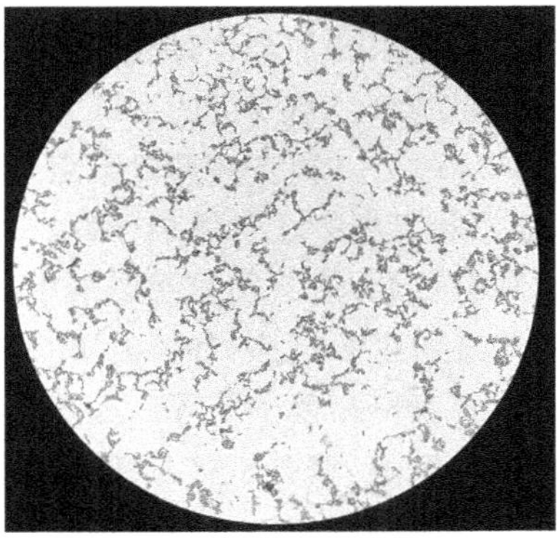

图 7-16 双歧杆菌

7.5.2 益生菌的应用

益生菌是一类活性微生物,当其数量足够时,将会有益于宿主健康。这是联合国粮农组织(FAO)和世界卫生组织(WHO)对益生菌的定义。众多研究表明,在猪日粮中添加益生菌,可调节其肠道微生物菌群的微生态平衡,达到预防疾病、提高生长性能和提高饲料利用率的效果。

猪肠道内定植的微生物群落是否处于动态的平衡状态,是猪只保持健康的前提和基础。当猪只在饲喂大量抗生素、重金属超标或霉菌毒素饲料以及应激状态下,可能会打破这种平衡关系,引起猪只生病,降低生产性能。因此,保持猪只肠道内微生物菌群的平衡,是提高养猪生产效益的关键。大量研究和实践证明,益生菌能够起到使猪肠道微生物菌群保持平衡,达到预防疾病、提高生长性能和提高饲料利用率的效果。因此,益生菌正逐渐作为抗生素的理想替代品成为研究和开发的热点。

1. 益生菌对母猪肠道的调控

(1)改善肠道菌群结构,抑制病原菌生长繁殖。益生菌可以通过与致病菌竞争消化道上皮的附着位点及肠道内的营养物质,来抑制病原微生物的生长繁殖,如嗜酸乳杆菌和德氏乳杆菌可以在其细胞表面螯合氢氧化铁,从而使得病原微生物无法利用。另外,益生菌能够产生抑制病原微生物生长繁殖的代谢产物,包括酸性物质(如乙酸、乳酸、短链脂肪酸)、细菌素、过氧化氢等。如乳酸菌可以产生乳酸,从而降低肠道 pH,可以有效抑制有害菌(如大肠杆菌、沙门菌等)的生长,同时,低 pH 有利于肠道的蠕动,阻止病原菌的定植。另外,许多乳酸菌能产生细菌素,如嗜酸乳杆菌的 lactacin B、植物乳杆菌的 plantaricin、乳酸乳球菌的 nisin,它们可以通过膜通透性杀死细菌或通过消化酶干扰敏感细菌生长。

(2)改善肠黏膜屏障,调节免疫功能。益生菌对机体有明显的免疫促进作用,可以通过代谢产物、细胞壁成分、DNA 等物质影响动物体的免疫系统,主要包括细胞免疫和体液免疫。在细胞免疫方面,益生菌可以通过调节分泌局部免疫球蛋白 SIgA、IgG 等,增加免疫球蛋白的局部浓度,进而调节机体免疫。其中 SIgA 在外分泌液中以双链和四链的形式存在,具有多链性、黏膜亲和性与抵抗蛋白酶作用的特性,SIgA 可以从空间构象上阻止病毒的附着,从而中和细菌毒素,限制细菌的繁殖,维持肠道内的正常菌群平衡;另外,SIgA 的释放可以增加小肠固有层中 IgA 分泌细胞的数量,使其作用于肠液中特定的致病菌。IgG 是主要的抗感染抗体,是唯一能通过胎盘的抗体,母体的 IgG 对早期胎儿起着重要的保护作用。在体液免疫方面主要表现在益生菌可以通过激活机体肠道黏膜中的巨噬细胞、T 细胞、NK 细胞、DC 细胞等,增强机体的免疫应答。

2. 益生菌对母猪营养物质产生、代谢和利用的调控

(1)促进营养物质的产生　宿主和肠道微生物在长期的协同进化过程中形成了相互协作关系,动物肠道为这些肠道微生物提供优越的栖息和繁殖环境,同时肠道微生物又与宿主新陈代谢密切相关。肠道中 95%的微生物为益生菌,这些益生菌可以通过降解抗营养因子、改善矿物质和营养物质吸收、产生生长因子等对宿主进行生理调节。益生菌可以利用本身特有的酶类(如半乳糖苷酶等)补充宿主在消化酶上的不足,参与蛋白质、多糖、脂肪等物质的代谢,消化宿主不能代谢的营养物质,如 α-半乳糖、菊淀粉、抗性淀粉及一些抗营养因子等。益生菌在肠道内可以直接产生多种营养物质,如 B 族维生素(主要是核黄素、叶酸、维生素 B_{12})、氨基酸、短链脂肪酸、生长因子等,参与动物体新陈代谢。另外,益生菌可产生有机酸,如鞣酸、植酸,负责螯合矿物质(Fe、Zn、Mg、Ca),促进矿物质的吸收。

(2)提高营养物质的消化与吸收　益生菌,特别是芽孢杆菌通过分泌胞外酶到肠腔中,将肠道中的营养物转化为可吸收的小分子营养物质,如纤维素酶和蛋白质

等，提高对营养物质的消化作用。健康的肠道菌群可提升肠道完整性并改善肠道的组织学形态。饲喂益生菌可降低上皮细胞更新率，增加小肠绒毛高度、绒毛高度和隐窝比值。此外，成熟上皮细胞比新生上皮细胞含有更多的载体，其从肠道内腔运输养分到门静脉的能力更强，增强了小肠对营养物质的吸收功能。

研究发现，断奶前饲喂教槽料会对仔猪健康带来负面作用。这主要是由于日粮中含有其不能充分消化的饲料原料，如植物纤维和蛋白质等。哺乳仔猪胰腺主要分泌与母乳消化有关的酶，缺乏消化植物性原料的相关酶。使用益生菌能够提升仔猪对蛋白质和纤维的消化率。

7.5.3　益生菌用于母猪营养调控的注意事项

1. 益生菌的选用应具针对性

益生菌的选用应具针对性，需要对多种微生物进行筛选，挑选出最优秀的益生菌种，其中，菌种的来源及活力是最关键的因素。要选出优质的益生菌，需要满足以下 3 个相关条件：

（1）安全性　具有良好的安全性，必须没有毒性，不能是病原性的微生物，而且不能与任何病原微生物产生杂交种。

（2）可定植性　可以在动物消化道内快速定植，而且对环境变化带来的影响不敏感。

（3）耐受性　具有较强的耐受各种艰苦条件的能力，比如能耐受饲料生产制粒时的高温高压、饲喂过程中的抗生素和中草药，能耐受长距离运输和长时间储存。理论上来讲，理想的菌种应从健康动物个体的肠道菌群中分离筛选，这样可以使有益微生物在消化道内具有最好的定植能力，并快速生长。同时，筛选出的优良菌种还具有长期保持稳定活力的特性，能够在各种环境下保持优异的活力。

2. 科学的保存方法

根据益生菌应用效果的一般概念，只有活的益生菌才能产生益生功能。所以最重要也最容易被人忽视的问题是“益生菌如何保存”，它是决定益生菌作用发挥的前提。益生菌的保存主要有以下几点：

（1）低温保存　益生菌大多没有经过包埋处理，必须低温冷藏保存，这样才能最大限度地保持其中活性益生菌的数量。一般来说，益生菌活性会随着温度的增加不断削减，当然也有例外，例如凝结芽孢杆菌，能够在 80 ℃的热水中存活。

（2）常温保存　经过微胶囊包埋、冻晶干燥等技术处理过的益生菌粉剂或片剂，可进行常温保存，较适宜的温度是 25 ℃以下，最高不要超过 37 ℃，因为在一定温度范围内，相对较低的温度，对菌的稳定性和药效会更有利。另外，此类益生菌产品比一般的益生菌功能性强，往往有特定性功能。

(3)避免阳光　益生菌相对不稳定，要避免阳光直射导致的活菌过度发酵情况。益生菌粉剂或片剂产品，也要注意做到避光，阳光直射或暴晒，除了影响口味之外，还会损害活性的调节能力。

(4)注意保质期　所有的益生菌产品都有保质期，要注意在保质期内使用，才不至于让益生菌失去活性。

3. 注意配伍禁忌

据报道，乳酸乳球菌产生的细菌素的抗菌谱中就包括粪链球菌和芽孢杆菌中的一些菌种，特别是能抑制芽孢的形成，因此，在乳酸乳球菌与粪链球菌和芽孢杆菌联合使用时，有可能产生拮抗作用。由于细菌素大多抗菌谱比较窄，选择适当的细菌素，就可以有效防治动物受某些肠道致病菌的影响，而不至于影响动物肠道的其他有益微生物。乳酸乳球菌产生的细菌素对链球菌、葡萄球菌、芽孢杆菌中的一些菌种、梭菌及其他乳酸菌有抑制作用；嗜酸乳杆菌和发酵乳杆菌产生的细菌素对乳杆菌、片球菌、明串珠菌、乳球菌和嗜热链球菌有抑制作用。因此，在联合使用益生菌制剂时，要注意各菌种之间的配伍和比例。

7.6　酸化剂

7.6.1　酸化剂的概述

酸化剂在畜禽养殖中应用非常广泛，它可改善动物胃肠道环境，抑制有害菌生长，提高消化吸收率等。

20世纪60年代，人们就开始对酸化剂进行研究，通过几十年的不断实践，酸化剂从最初的无机酸发展到有机酸，再发展为复合酸化剂，一直到现在开始对酸化剂进行包被或者包埋载体等特殊处理，使酸化剂在饲料中的应用被不断推广。酸化剂是一种能改善动物胃肠道环境，且无残留、无污染的饲料添加剂，经深入研究，因在促进消化酶分泌、抑制有害菌生长、提高饲料利用率等方面有较显著功效，受到人们广泛关注。

1. 酸化剂主要成分

根据主要成分不同，将酸化剂分为单一型和复合型酸化剂，其中，单一型酸化剂又可以分为无机酸化剂和有机酸化剂。无机酸化剂主要为盐酸、硫酸和磷酸。盐酸和硫酸是强酸，具有较强的腐蚀性，并且会影响饲料适口性，容易灼伤动物胃壁；而磷酸是弱酸，酸性温和，既可作为酸化剂，又可为动物机体提供磷元素，因此生产上使用的无机酸化剂以磷酸为主。有机酸的主要种类有甲酸、乙酸、丙酸、丁酸、柠檬酸、富马酸、乳酸、苹果酸、酒石酸、山梨酸等。复合酸化剂是将无机酸和有机酸、酸和盐类配合使用的酸化剂，各种成分协同作用，能有效克服单一酸化剂的不足，扩大酸化剂的酸度阈值和抑菌区系，同时复合酸化剂酸性相对稳定，不会造成动物胃肠道酸度时高时低的不良情况。复合酸化剂既能保证酸化剂使用效果，又能降低酸化剂使用成本，是目前市场上最常见的酸化剂。

2. 酸化剂的功效

(1)饲料杀菌　添加酸化剂，可以使饲料酸化，降低 pH 和酸结合力，而下降程度与酸化剂的种类、添加量、日粮成分有一定关系。有机酸具有杀菌活性，常被用作饲料防霉抗氧化剂，其中以丙酸的防霉作用和甲酸的抗菌作用较为有效，甲酸和丙酸对沙门氏菌、芽孢杆菌有较强抑制作用，延胡索酸能杀死大肠杆菌、葡萄球菌；乳酸可杀灭某些病毒和革兰氏阴性菌。李军等(2011)研究表明，添加复合酸化剂可显著降低日粮的 pH 及系酸力，具有显著的日粮酸化作用($P<0.05$)。部分有机酸对饲料中细菌和真菌的最低有效浓度见下表 7-6。

表 7-6　有机酸对饲料中细菌和真菌产生抑制作用的最低有效浓度

(U. Eidelsburger，2001)　　g/kg

菌类	甲酸	乙酸	丙酸	山梨酸
黑曲霉	5	5	2.5	5
黄曲霉	5	5	2.5	2.5
扩展青霉	1	1	1.25	0.5
绿色木霉	2.5	2.5	2.5	2.5
葡萄球菌	1.25	2.5	2.5	5
枯草芽孢杆菌	2.5	5	5	>10
大肠杆菌	1	5	5	5
弗氏埃希菌	2.25	2.5	2.5	2.5
普通变形菌	2.5	5	5	>10
荧光假单胞菌	1	2.5	2.5	

(2)肠道杀菌　动物体胃肠道中有益菌的生长大多需要酸性环境，如乳酸菌生长适宜 pH 为 5.4～6.4，而有害菌生长适宜 pH 大多在 6 以上，如大肠杆菌、沙门氏菌和梭状芽孢杆菌在肠道内生长的最适 pH 分别为 6.0～8.0、6.8～7.2、6.0～7.5。酸化剂在胃肠道环境中，为有益菌生长提供良好的环境，同时抑制有害菌生长。动物粪便中微生物数量能够间接体现机体胃肠道环境的好坏，韩庆功(2016)试验中，添加复合酸化剂实验组的仔猪，粪便中大肠杆菌数量显著降低，而乳酸菌数量增加了 2 倍左右，表明酸化剂能够改善仔猪胃肠道环境；姚继明(2017)使用复合有机酸化剂饲喂断奶仔猪，仔猪采食量和日增重都明显增加，腹泻率降低，肠道

中乳酸菌数量增加，大肠杆菌数量降低，表明复合有机酸化剂能够提高仔猪生长性能，改善胃肠道环境。

(3)提高胃消化力　在教保料中添加酸化剂可起到补充胃酸分泌不足，使胃提早酸化的作用，从而改善饲料消化率，降低病原微生物的侵入和繁殖，降低幼畜腹泻、下痢，提高生产性能，降低死亡率。此外，较低的胃内 pH 可降低胃内容物排空速度，有利于养分的消化吸收。有机酸化剂还可作为动物的能源，有的有机酸以络合剂的形式促进矿物元素的吸收，有的(如柠檬酸等)还可起到调味剂的作用，促进幼畜采食。酸化剂添加效果的研究显示，不同日粮、不同添加物、不同管理条件等表现出不一致的结果。

3. 酸化剂的作用机制

酸化剂在饲料中的主要作用是降低饲料 pH 和酸结合力。饲料中加入酸化剂，使饲料成分的系酸力下降，进而使动物胃内酸水平降低，胃蛋白酶活性提高，同时影响肠道内容物的酸度，进而影响淀粉酶、脂肪酶、胰蛋白酶等的分泌和活性，达到提高饲料消化率的效果。部分可到达肠道端的酸化剂可调节动物肠道微生态平衡，破坏细菌细胞膜，干扰细菌酶的合成，达到抑菌或杀菌效果，从而预防病原微生物引起的动物肠道疾病。

7.6.2　酸化剂对母猪的调控

1. 酸化剂对母猪采食量的调控

母猪在妊娠后期和哺乳期，特别是哺乳阶段，其机体代谢旺盛，营养物质需要极高。母猪的采食量与其哺乳量呈正相关，当哺乳母猪的采食量不足时，哺乳量就会受到严重影响，从而影响仔猪的正常生长和断奶存活率；另外，采食量不够带来的母猪哺乳期体况损失，能够通过抑制 GnRH 的分泌而延长断奶到下一次发情的时间间隔，减少下一胎次母猪的妊娠率和窝产仔数。因此提高母猪采食量对提高仔猪初生重和存活率、降低母猪体况损失具有重要意义。

彭艳等(2013)试验表明，母猪饲粮中添加 4 kg/t 复合酸酸化剂后，其采食量比对照组增加 12.3%($P<0.05$)。吴同山等(2005)研究发现，在饲粮中添加 1.0‰ 的柠檬酸，可以使哺乳期母猪采食量提高 29.40%。张婧婧等(2017)研究不同剂型酸化剂对哺乳母猪采食量的影响，结果发现添加 0.3%吸附混合型酸化剂(磷酸、乳酸、富马酸等)和 0.1%微囊型酸制剂(乳酸、富马酸、苹果酸等)均能提高哺乳母猪采食量。酸化剂能提高母猪采食量的作用机制目前并不清楚，可能与酸化剂可改善饲料适口性，促进营养物质利用率有关。

2. 酸化剂对母猪肠道 pH 和肠道微生物的调控

饲粮中添加酸化剂能够降低饲料的 pH，在胃肠道释放氢离子从而降低胃肠道

pH。研究表明，酸化剂能明显降低肠道中的大肠杆菌数量。Ravindran 等(1993)认为保护型酸化剂比非保护型酸化剂降低粪便中致病性大肠杆菌数量的效果明显。Khajarern 等(1998)试验表明，母猪日粮中添加酸化剂可降低其粪便中的大肠杆菌数量。Devi 等(2016)指出，在分娩和断奶期间给母猪添加酸化剂可以减少大肠杆菌的数量，并增加乳酸杆菌的数量。张婧婧等(2017)的研究表明，哺乳母猪饲粮中添加 0.1%微囊型酸制剂(乳酸、富马酸、苹果酸等有机酸)能显著降低粪便中大肠杆菌数量，提高粪便中乳酸杆菌与大肠杆菌的比例。

动物胃肠道处于酸性环境条件下，有利于乳酸杆菌的生长，抑制大肠杆菌等有害菌的定植和繁殖。有机酸都是属于弱酸，在体内环境始终会有一定比例的分子未解离，而这些未解离的酸分子更容易穿过细胞膜进入细菌内部，而细胞质为碱性环境，所以弱酸分子会释放出质子，使细菌细胞内的 pH 降低，而细菌不能够适应内部 pH 的变化，启动一种特殊的机制(H^+-ATPase 系)将细菌内部的 H^+ 外排到细菌外部，使 pH 恢复到正常，此代谢过程消耗能量，破坏了细胞的代谢过程，从而影响细菌的繁殖和生长；其次，细菌细胞被迫消耗能量排出 H^+，而细胞内酸阴离子不断积累，破坏了细菌内部阴离子的平衡，使细菌生长受阻或死亡。由于乳酸杆菌和双歧杆菌对 pH 变化不敏感，不会对其生长和繁殖产生影响。而无机酸化剂不能够渗透细菌的细胞壁发挥作用，其主要是通过降低胃肠道 pH，改变细菌生存环境，从而影响细菌代谢。

3. 酸化剂对母猪日粮消化率的调控

母体营养影响新生儿组织生长所需的全部营养物质，母猪妊娠期和哺乳期营养物质的摄入量决定了仔猪出生和断奶窝重，母猪妊娠期体况改变可能影响窝产仔数的均匀一致性。酸化剂能够降低胃肠道 pH，增加胃蛋白酶的活性，有助于对大分子蛋白质的水解。并且胃肠道在偏酸性条件下，能降低植酸等与矿物质离子的螯合，促进矿物质离子的吸收，同时有机酸化剂主要由中短链脂肪酸组成，可能对血液和乳中游离脂肪酸的含量产生影响。

Liu 等(2014)研究发现，在妊娠后期和哺乳期日粮中添加 1.5%的柠檬酸，能够显著提高饲料中粗蛋白、钙和磷的消化率，并且该组母猪在分娩和断奶当天血浆、初乳以及常乳中总蛋白含量显著增加，对血浆尿素氮以及球蛋白水平也具有改善作用，促进胎儿生长和哺乳期需要。Kluge(2010)和 Wang(2009)研究发现，在哺乳母猪和断奶仔猪的饮食中分别补充 2%和 0.5%苯甲酸，可提高营养物质消化率。张婧婧等(2017)研究发现，在哺乳母猪饲料中添加复合酸化剂可以提高母猪饲料蛋白质的消化率，其中微囊型酸制剂组的饲料蛋白消化率显著高于对照组($P<0.05$)，这可能是由于微囊型酸制剂通过工艺处理，可以到达肠道持续释放，一方面促进肠道消化酶的分泌，另一方面改善肠道的微生态环境，进一步提高蛋白

质消化率。

4. 酸化剂对母猪和仔猪免疫机能的调控

母猪机体的健康状况是衡量母猪繁殖性能好坏的基础，而考察猪场整体效益的重要指标是每头母猪每年所产的健康断奶仔猪数。而母乳是新生仔猪唯一的食物来源，母猪初乳中除了含有仔猪所需要的能量和营养物质外，还有免疫蛋白因子，其最重要的功能是激活仔猪的免疫系统，为仔猪提供特异性和非特异性免疫保护功能。特别是初乳中的免疫球蛋白，尤其是 IgG，为新生仔猪提供体液免疫保护，直到消化系统发育成熟并有能力来对抗原作出反应。而 IgA 是常乳中最主要的免疫球蛋白，保护局部消化道，对抗病原菌、共生菌以及食物中的抗原，因此母乳中 IgG 的含量对新生仔猪的健康尤为重要。

Revista(2016)研究发现，额外补充 0.2%有机酸，可增加断奶后母猪白细胞浓度和淋巴细胞，此外，IgG 浓度也有一定的增加。Chowdhury 等(2009)发现，给新生仔猪额外提供 0.2%的有机酸，可提高仔猪白细胞和 IgG 浓度，此外，提供 0.5%的柠檬酸，可以增加扁桃体的固有层和黏膜下的淋巴细胞密度。Liu 等(2014)研究发现，在母猪饲粮中添加不同水平柠檬酸均能够显著提高母猪血清内 IgG 和 IgA 水平，增强母猪免疫机能。郭骥等(2016)研究发现，复合酸化剂(甲酸、丙酸、丁酸及其酸盐)对母猪血清和母乳乳清中免疫因子无影响，但是对初乳 IgG、IgA、IgM 的含量均有升高趋势，且酸化剂组仔猪的生产性能优于对照组。酸化剂对母猪免疫特性的影响主要通过提高血浆免疫因子含量，并且通过提高乳清中免疫因子的含量进而提高仔猪的存活率和改善健康状况。

5. 酸化剂对母猪和仔猪抗氧化特性的调控

机体抗氧化系统主要包括酶促抗氧化系统和非酶促抗氧化系统。酶促抗氧化系统的主要成员包括超氧化物歧化酶(SOD)、过氧化物酶(POD)、过氧化氢酶(CAT)、抗坏血酸过氧化物酶(APX)、谷胱甘肽过氧化物酶(GSH-PX)以及硫氧还蛋白过氧化物酶(TPX)等。这些抗氧化酶相互协调，维持着机体内部氧化-抗氧化作用的动态稳定，保证了生物体的正常生命活动。非酶促抗氧化系统包括各类抗氧化剂，主要有抗坏血酸(ASA)、谷胱甘肽(GSH)、生育酚、维生素 E、类胡萝卜素和脯氨酸等。它们通过自身的氧化能有效阻止高浓度活性氧的积累，减轻或缓解逆境条件对生物的伤害。正常生理条件下，动物机体自由基是一个不断产生又不断清除的动态平衡状态，其基本浓度相对稳定。当机体产生自由基却无法及时清除时，机体组织就会受到损伤。因此，可以通过测定机体总抗氧化能力(T-AOC)能力、SOD 活力、GSH 含量、GSH-Px 活性来反映机体抗氧化能力，测定机体丙二醛(MDA)含量来反映机体细胞受损程度。

王海峰等(2013)研究发现,母猪饲粮中添加 0.2%山梨酸可显著提高哺乳母猪初乳和哺乳仔猪(哺乳第 7 天)血清的 NEFA 浓度,显著提高哺乳母猪及哺乳仔猪(哺乳第 7 天)血清 IGF-1 浓度。刘文辉(2013)在仔猪饲粮中添加 0.1%、0.15%复合酸化剂(磷酸、富马酸、柠檬酸、苹果酸),饲养 28 天后,与对照组相比,14 天时添加水平为 0.1%的试验组仔猪血清 GSH-Px 活力显著提高,28 天时,0.1%组仔猪血清 T-AOC 活力和 T-SOD 活力均显著提高,0.15%组有提高仔猪抗氧化能力的趋势。郭骥等(2016)母猪饲粮中添加复合酸化剂对母猪血清抗氧化能力各项指标无显著影响,但在哺乳 14 天酸化剂组母猪乳清中 MDA 含量显著降低,T-AOC、SOD、GSH-Px、GSH 均有不同程度升高;哺乳 21 天酸化剂组母猪乳清中 MDA 含量极显著降低,SOD 与 GSH 活力略有提升,这表明在母猪哺乳饲粮中添加复合酸化剂可以提高其母乳抗氧化能力,更好地促进仔猪生长发育。

6. 酸化剂对哺乳期仔猪生产性能的调控

部分研究表明,在母猪妊娠后期与哺乳期饲粮中添加酸化剂能够对其后代的生长性能产生显著影响,使新生仔猪有更高的整齐度和活仔数,初生窝重、断奶窝重/头数也均有提高。Liu 等(2014)在妊娠后期和哺乳期母猪日粮中添加不同水平(0、0.5%、1%、1.5%)柠檬酸发现,试验组和对照组仔猪生产性能(初生重和断奶窝重、仔猪增重)无明显差异。Verland 等(2009)研究在母猪配种开始至哺乳期结束的日粮中添加二甲酸钾(0、0.8%和 1.2%)对仔猪初生重、日增重和断奶重的影响,结果发现,与对照组相比,二甲酸钾组仔猪初生重、日增重均有增加趋势。王海峰等(2013)试验表明,母猪妊娠后期至哺乳结束日粮中添加 0.2%山梨酸可显著提高仔猪平均日增重和窝重。

7.6.3 复合酸化剂的选用组合依据

1. 饲料原料的系酸力

日粮系酸力,是日粮结合酸的能力,即指一定质量的日粮对酸性物质具有的酸度缓冲能力,也称为日粮酸缓冲力、酸中和力、酸结合力或酸结合系数。系酸力是指 100 g 饲料加入 200 mL 去离子水中,用浓度为 1 mol/L 的盐酸滴定该溶液,使该溶液的 pH 为 4.0 时所用盐酸的毫升数(毫摩尔数)。了解常见原料的系酸力(表 7-7)有助于比较全面地、标准地评价饲料或饲料原料中和酸的能力,从而可以比较科学地对不同饲料或原料的酸中和能力进行客观评价,为生产标准化的动物饲料提供可能。刘庚寿等(2017)研究表明,随着复合酸化剂的添加,饲料系酸力不断降低;仔猪的腹泻率随系酸力的降低相应降低,日增重和料重比均有不同程度的改善;系酸力小于 20 时仔猪的采食量急剧上升而生产性能下降;饲料系酸力为

19.5～23 时，仔猪的综合生产性能表现最佳。

表 7-7 常见原料系酸力

(Bolduan，1988)

原料	系酸力	原料	系酸力
豆粕	55	玉米	7.4
膨化大豆	43	小麦	8.99
鱼粉	60.4	大麦	9.97
进口鱼粉	80.8	麦麸	46.5
大豆浓缩蛋白	62	乳清粉	66.4
血浆蛋白	108	石粉	2 846.4
全脂奶粉	66.4	磷酸氢钙	71
酵母	30.1	矿物质添加剂	1 260.6

2. 酸化剂在不同动物和不同年龄段的应用

酸化剂应用的首要前提是胃肠道酸度不够。猪胃中 pH 随年龄增长而下降，到 10～12 周龄趋于稳定。研究表明，2～3 周龄仔猪和仔猪断奶后 1～2 周使用酸化剂效果较好。断奶后 4 周因仔猪可以分泌足量的胃酸且消化酶的活性提高而使酸化剂的效果不显著。一般添加酸化剂的研究都在 7～32 日龄的仔猪中进行。研究发现，仔猪从出生到 5～6 周龄的胃酸产生量与体重呈线性相关。也有研究认为，添加酸化剂的有效时间一般是在断奶前至 25～30 kg 体重。另外，如何确定不同年龄阶段中采食饲料的 pH 适宜范围也需要进一步研究。有研究认为，禽用酸化剂宜以甲酸、丙酸为主，发挥其抗菌作用。营养专家认为仔猪用酸化剂宜以乳酸为主，因为仔猪断奶前消化道酸度主要靠母乳乳糖发酵为乳酸来维持，因此乳酸较适合仔猪的消化生理。而反刍动物特别是奶牛，应用异位酸则较合适，异位酸是异丁酸、异戊酸、2-甲酯丁酸和戊酸 4 种化学物质的总称，是多数瘤胃纤维分解菌正常生长和活动所需的化合物，可增加纤维分解菌的数量，提高瘤胃细菌对植物细胞壁的消化能力从而提高纤维饲料的消化率，增强微生物蛋白质合成，使氮沉积增加，提高产奶量。

3. 酸化剂的理化性质和适口性

不同酸化剂对饲料的适口性以及对动物的作用不同，常见酸化剂的理化性质和适口性见表 7-8。

表 7-8　常见酸化剂的适口性

（刘虎，方热军，2015）

种类	沸点/℃	气味	味道
磷酸	158(85%)	无味	差
乳酸	122	愉悦酸味	好
柠檬酸	高温分解	无味	好
富马酸	升华	无味	一般
甲酸	100.8	刺激性气味	差
乙酸	117.9	刺激性气味	一般
丙酸	140.7	刺激性气味	一般
丁酸	163.5	腐臭的酸味	一般
苹果酸	140(分解)	特殊愉悦气味	好
山梨酸	228	特殊气味	差

酸剂量不足，达不到应有的降低消化道 pH 效果；酸添加量过高，又可能影响饲料的适口性。通常情况下，市面上会选择以下几种方式来解决酸化剂的适口性问题：①选择适口性好、较温和的酸原料；②用调味剂对酸化剂的口感做一定的修饰；③对刺激性的酸原料进行包被处理。

4. 酸化剂与其他物质的关系

酸化剂与益生素、必需微量元素等之间也存在着重要的关系。陈代文等(2020)研究表明，益生素加酸化剂、寡糖加酸化剂均能提高仔猪日增重，显著或极显著降低料肉比($P<0.05$ 或 $P<0.01$)，提高粗蛋白质和总能消化率；且酸化剂、益生素、寡糖单独使用或合并使用能够提高断奶仔猪的生产性能、营养物质消化率，并存在一定互作效应。周学光等(2016)研究表明，使用“有机酸钙＋酸化剂”代替“氧化锌＋石粉”后，能降低胃肠道 pH，抑制有害菌的生长繁殖，降低断奶仔猪的腹泻率，且达到氧化锌防腹泻的效果。目前，酸化剂与益生素、必需微量元素等之间的关系研究相对较少，有待进一步研究。

5. 如何选择酸化剂

刚出生仔猪无游离盐酸，30 日龄猪胃内盐酸无抑菌能力，游离盐酸很少，如何解决这一动物客观生理因素问题，酸化剂作为解决前期仔猪胃酸分泌不足的公认产品，需要思考以下三个问题：

(1)如何做适口性好的酸化剂。国外综述酸化剂文献（近 200 篇）中采食量、增重、料肉比等的效果，发现增重、料肉比正向效果的文献数很多，但采食量无效和反向效果的文献数也很多。如果深挖一下，为什么会出现采食量低这种情况呢？酸化剂的适口性往往最易被忽略。所以，在保证酸化剂功能的同时将适口性做好是酸化剂产品要思考的重要问题。

(2)如何保证释放更多的氢离子。因 pH 与胃蛋白酶活性息息相关，胃蛋白酶最适 pH2.0～3.5，市场酸化剂产品 pH 在这个区间范围内的占多数，总酸含量在 60%～70%的产品将近 50%，而这些 60%～70%总酸的有效总酸只有 5%左右的有效总酸可达到 30%。所以要考虑合适的酸原料来保证相同 pH 下释放更多的氢离子。

(3)如何优选原料，提升工艺，使酸化剂在肠道的作用发挥最大。满足这个要求，首先要对各种酸原料进行筛选，选出能释放更多氢离子的酸原料，选择最佳抑菌效果的酸原料，并按照扩大抑菌范围标准优化原料组合，对适口性稍差的酸原料进行特殊处理，对调节肠道菌群的酸原料进行包被处理。

思考题

1. 功能性纤维对母猪都有哪些营养调控作用？
2. 常用的功能性纤维原料有哪些？
3. 功能性氨基酸对母猪产仔有哪些影响？
4. 短链脂肪酸对母猪采食量有哪些影响？
5. 什么是植物精油？和中草药提取物有何差异？
6. 天然植物精油和复配精油有何差异？
7. 植物精油在母猪上的应用有哪些？
8. 益生菌对母猪有哪些营养调控作用？
9. 益生菌使用时有哪些注意事项？
10. 大分子有机酸和小分子有机酸哪个更好？
11. 简述酸化剂的作用机理。

第8章

三元母猪营养调控关键技术

【本章提要】自非洲猪瘟在我国爆发以来，养猪业遭受了巨大的损失，生猪存栏量和能繁母猪存栏量急剧下降，如何保证正常生产是养猪人面临的难题。在种猪稀缺、外部引种风险较高的情况下，选用商品代的三元母猪留作种用，是缓解当前生猪产业困境的有效方式。但与传统的以繁育为目的的二元母猪相比，三元母猪在生理特性、饲养管理、营养策略等方面都存在很大的差异，如何进行三元母猪的高效饲养，对于猪场产能和效益的恢复具有重要意义。本章主要介绍三元母猪的种用背景、三元母猪与二元母猪的差异，对其繁殖特性进行分析，并介绍三元母猪种用的营养调控方案，旨在为养猪人员提供相关的理论依据与科学方法，以期促进猪场在非洲猪瘟背景下的快速复产。

8.1 三元母猪与二元母猪的差异

8.1.1 三元母猪种用的背景

非洲猪瘟(African swine fever，ASF)起源于非洲，是猪的一种急性、高接触性、高死亡率的传染性疾病。非洲猪瘟首次被报道是在1921年，此后，非洲猪瘟从非洲先后被传播到欧洲、南美洲、大洋洲等地。我国非洲猪瘟的首个病例确诊于2018年8月3日，此后，由于该病的流行性等特点，迅速在我国多个地区传播，造成了重大的影响和损失。

猪感染非洲猪瘟的主要外在特征有高热，猪只的体温常常高达40～42 ℃(健康猪只体温一般在38～39.5 ℃)，还伴有急性的出血症状。根据调查研究显示，我国非洲猪瘟的爆发，可能主要是由于生猪国际贸易、野猪的跨境传播、食物残渣流转、猪只运输及屠宰等过程传播的因素引起的。非洲猪瘟的病程很短，发病率和死亡率极高，因此，在没有有效的预防和治疗方法的情况下，控制非洲猪瘟感染疫情爆发最有效的方法，就是对被感染猪只的扑杀。孙亚楠等(2020)报道，自非洲猪瘟在我国爆发以后，有接近 120 万头生猪被扑杀，能繁母猪的存栏量直接下降 30%。最新发布的 2020 版统计年鉴也显示，我国的生猪存栏从 2018 年底的 4.2 亿头，直接降低到 2019 年底的 3.1 亿头，商品猪出栏数也减少了 1.5 亿头左右，整个生猪产业损失巨大。在生猪产量萎缩的情况下，猪肉市场出现巨大的缺口，猪肉供不应求，猪肉价格也像坐上火箭一样飙升，部分地区曾高达 40～50 元/kg，甚至超过了牛羊肉的价格。

面对市场高涨的猪肉价格，猪场生猪产能的恢复迫在眉睫。然而，传统的二元母猪虽然性能优异，但种源稀缺、价格飞涨，且仍面临着非洲猪瘟疫情下外部引种所带来的生物安全问题，这将导致能繁母猪存栏量情况进一步恶化。因此，许多猪场面临着无种可用、无猪可养的局面。在这种情况下，许多猪场开始用商品三元母猪留作种用，以缓解能繁母猪缺乏的困境。

商品三元母猪是 3 个品种猪经过两次杂交后得到的杂种猪后代，根据其血统来源，一般有洋三元和土三元两种。洋三元的母本、第一父本、第二父本均为进口猪种；而土三元则以本地优良母猪为母本，大约克为第一父本，生出的杂种一代母猪再与杜洛克或长白猪作为第二父本杂交，产生的三元杂交猪为土三元。与二元母猪相比，三元母猪的杂交程度更高，具有更丰富的遗传基础，表现出更高的杂种优势。但由于三元猪主要作为肥猪选育，重点关注生长速度、肉质、瘦肉率等特征，导致三元母猪用于种用时，具有母性较差、难发情、返情率高、产仔数低等诸多问题，整体的繁殖性能表现较差。在非洲猪瘟疫情的背景下，将三元母猪作为种猪使用，其优势在于无须外部引种，可降低疫情风险，同时由于三元猪猪群数量多，留作后备母猪可挑选的机会也多，有利于快速扩群、增加能繁母猪的数量，从而恢复生猪产能。周开锋等(2020)调查结果表明，当前三元母猪留作种用，已是大部分猪场的普遍做法，三元母猪在能繁母猪整体中的占比高达 35%左右。虽然三元母猪留作种用不是什么新鲜事，在非洲猪瘟以前，有些小型猪场为了节省成本也会留用三元母猪，但整体的占比都很低；三元母猪如此高的留种比例，更多是因为非洲猪瘟疫情下的无奈之举和权宜之计，这也是如今三元母猪种用的背景。

8.1.2 生长性能的差异

由于选育目的不同，三元猪和二元猪在生长性能上具有较大的差异。田先进(2007)曾研究长大二元母猪及杜长大三元肉猪的生产性能，其结果表明(表 8-1)：杜长大三元猪的生长性能要明显优于长本二元猪。试验中，杜长大三元猪的平均日增重达 702.12 g，而长本二元猪为 663.71 g，两者之间具有显著的差异（$P<0.05$）；对比达到 90 kg 体重的平均日龄，杜长大三元猪为 160.98 天，长本二元猪为 166.76 天，三元猪的育肥周期也较二元猪缩短；杜长大三元猪的料肉比为 3.01，长本二元猪的料肉比为 3.25，换算下来，三元猪每增重 1 kg，其饲料消耗要比二元猪减少 0.24 kg；进一步的屠宰结果表明，杜长大三元猪的屠宰率为 74.82%，长本二元猪的屠宰率为 73.71%，两者比较接近，没有显著性差异（$P>0.05$）；杜长大三元猪的眼肌面积平均为 36.42 cm^2，而长本二元猪的眼肌面积平均为 27.44 cm^2，杜长大三元猪的眼肌面积比长本二元猪提高了 32.73%，两者之间差异极显著（$P<0.01$）；杜长大三元猪的瘦肉率平均为 62.81%，长本二元猪的瘦肉率平均为 49.53%，两者之间也有极显著的差异（$P<0.01$）。除此以外，也有一些报道表明，三元母猪由于生长速度较快，容易出现肢蹄病，而二元母猪相对来说，较少出现肢蹄病；三元母猪整体的抗病力也要优于二元母猪。

表 8-1　二元猪与三元猪生产性能对比

（田先进）

项目	二元猪	三元猪	比较
平均日增重/kg	663.71±60.3	702.12±51.2	$P<0.05$
校正达 90 kg 日龄/kg	166.76	160.98	
料肉比	3.25	3.01	
屠宰率/%	73.71±0.34	74.82±0.37	$P>0.05$
眼肌面积/cm^2	27.44±1.28	36.42±0.18	$P<0.01$
瘦肉率/%	49.53±1.20	62.81±0.15	$P<0.01$

二元猪为长本二元猪，三元猪为杜长大三元猪。

8.1.3　繁殖性能的差异

三元母猪与二元母猪繁殖性能的差异，是导致其很少用作种用的最直接原因。一般来说，杜长大杂交的三元猪，具有生长速度快、饲料转化率高、瘦肉率高、肉质好等生长性能方面的优势，但作为种用母猪，却面临着母性差、难发情、返情率高、产仔数低、易流产难产、泌乳性能较差等繁殖性能缺陷。谢建安等(2019)曾报道过三元母猪种用的问题，指出，如果三元母猪和二元母猪混养，完全按照原有的操作规程进行生产，三元母猪每年能提供的断奶仔猪头数（PSY）将比二元母猪低 20% 左右，这主要是由于三元母猪和二元母猪繁殖性能上的差异所引起的。由其报道的结果（表 8-2）所知，三元母猪的窝均产仔数比二元母猪少 2.18 头，死胎率提高了 5.44 个百分点，三元母猪和二元母猪的初生仔猪均重、断奶均重、断奶成活率比较接近，但三元母猪断奶10天发情率比二元母猪要低2.03个百分点。具体到不同胎次，三元母猪和二元母猪也有较大的差异（表8-3）。三元母猪头胎产仔数较二元母猪少4.03头，1～3胎产仔数较二元母猪少2.61头，4～6胎产仔数较二元母猪少1.77头，7胎及以上产仔数较二元母猪少1.89头，随着母猪胎次的增加，三元母猪和二元母猪的产仔数差异逐渐缩小。断奶10天的发情率情况，头胎三元母猪较二元母猪低19.32个百分点，1～3胎较二元母猪低7.58个百分点，4胎及以后发情率逐渐与二元母猪相当。所以，三元母猪初期发情率远不及二元母猪，只有经过多次产仔，才能具有良好的发情率。

表8-2　杜长大三元母猪与长大二元母猪繁殖性能的差异

（谢建安，杨扬，宋海杰，2019）

项目	长大二元母猪	杜长大三元母猪	差异
窝均产仔数/头	12.88	10.70	−2.18
死胎率/%	4.89	10.33	5.44
初生仔猪均重/kg	1.48	1.54	0.06
断奶均重/kg	6.25	6.23	−0.02
断奶成活率/%	96.30	96.21	−0.09
断奶10天发情率/%	91.25	89.22	−2.03

表8-3　杜长大三元母猪和长大二元母猪不同胎次产仔数和发情率的差异

（谢建安，杨扬，宋海杰，2019）

项目	胎次	长大二元母猪	杜长大三元母猪	差异
产仔数/头	头胎	12.68	8.60	−4.03
	1～3胎	12.18	9.57	−2.61
	4～6胎	14.03	12.26	−1.77
	7胎及以上	12.52	10.63	−1.89
	合计	12.88	10.70	−2.18
断奶10天发情率/%	头胎	81.82	62.50	−19.32
	1～3胎	90.91	83.33	−7.58
	4～6胎	88.89	93.33	4.44
	7胎及以上	99.88	99.67	−0.21
	合计	91.25	89.22	−2.03

综上所述，在非洲猪瘟疫情背景下，面临着二元母猪种源稀缺、价格昂贵的现状，加上外部引种所带来的生物安全风险，选择商品代的三元母猪留作种用，实在是猪场的无奈之举。然而由于三元母猪是当作肉猪培育的，因此具有生长速度快、

饲料转化率高、瘦肉率高、肉质好的特点，但猪只骨骼发育差，肢蹄病较多，淘汰率高。此外，与二元母猪相比，三元母猪的繁殖性能较差，体现在母性差、难发情、返情率高、产仔数低、易流产难产、泌乳性能较差等方面。

8.2　三元母猪和二元母猪繁殖性能差异分析

8.2.1　遗传因素

三元母猪和二元母猪繁殖性能上的差异，有很大一部分原因，是受到其遗传因素的影响。从血统上分析，二元母猪一般是长白猪和大白猪的杂交，其父母代的长白猪和大白猪繁殖性能都较为优异；而三元母猪一般都是杜洛克和长大二元母猪的杂交，其杜洛克血统高达50%（图8-1），虽继承了杜洛克生长性能方面的优势，但繁殖性能也受此影响，与二元母猪有较大的差异。杨云等(2013)曾研究影响母猪产仔性能的因素，其研究结果表明，品种因素对母猪的产仔性能具有显著性影响($P<0.05$)。如表8-4所示，大白猪、长白猪和杜洛克相比，长白猪的窝产仔数和仔猪初生重最高，显著高于大白猪和杜洛克($P<0.05$)，其仔猪均匀度也最好；杜洛克的窝产仔数显著低于大白猪($P<0.05$)，但仔猪初生重要显著高于大白猪($P<0.05$)，两者的仔猪均匀度比较接近。

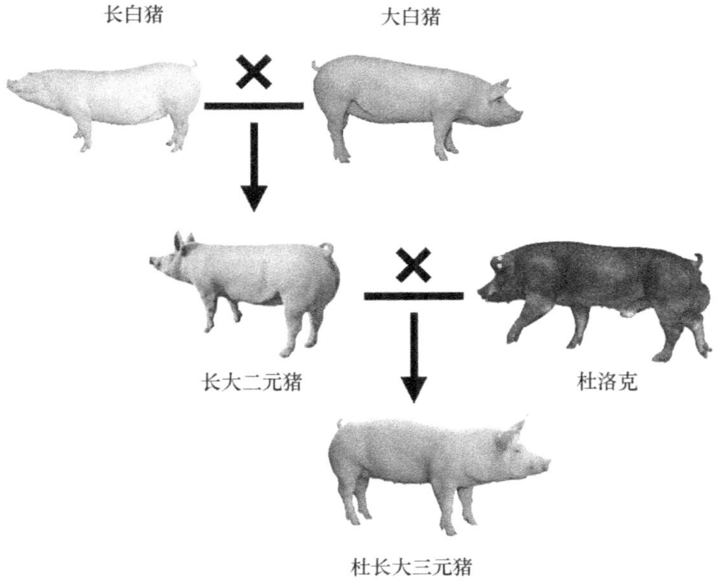

图8-1　三元猪与二元猪血统比较

表 8-4　不同品种母猪产仔性能对比

（杨云，曾勇庆，2013）

项目	大白猪	长白猪	杜洛克
样本数(头)	470	305	326
窝产仔数/头	$10.04^{b}\pm2.70$	$10.96^{a}\pm3.06$	$9.34^{c}\pm2.57$
初生重/kg	$1.24^{c}\pm0.23$	$1.30^{a}\pm0.26$	$1.28^{b}\pm0.24$
均匀度/%	18.55	20.00	18.75

同行上标不同小写字母表示差异显著($P<0.05$)。

8.2.2　后备母猪的挑选

二维码 8-1　二元、三元母猪选种(视频)

后备母猪是猪场持续生产的基础。为了使后备母猪能产生更多健康的仔猪，对后备母猪的挑选(二维码 8-1)，就是一项十分重要的工作。传统的二元母猪挑选后备母猪时，会遵循一定的原则，着重考虑母猪的繁殖系统、消化系统及运动系统的发育，会避免将母猪的体型作为唯一的选择标准。贺桂芬等(2011)总结了挑选后备母猪的原则，所挑选的后备母猪应符合二元母猪的种性特征(毛色、体型、头型等方面)，具体表现为：母猪的面目清秀、体型良好，背部宽、后躯大，乳头应均称、数量在 6 对及以上，没有瞎乳头和副乳头；后备母猪的体重一般在 40～50 kg，阴户大小适中且下垂，没有明显的红肿和白色分泌物；应挑选后肢相对粗壮的母猪，母猪的蹄部能够有效地接触地面，没有肢蹄疾病；后备母猪的肚子也不应太小，因为肚子太小往往提示着母猪的食欲不佳、采食量不大；还应观察母猪的粪便情况，一般应挑选粪便粗大、粪便量大的母猪，这提示着其具有良好的消化能力，而粪便细腻呈现油状，则表明母猪的消化系统不好，这种母猪在泌乳期间会因为采食量不足而影响泌乳性能，因此也不宜选做后备母猪。此外，挑选后备母猪还应从父母、同胞等血统谱系的繁殖性能上进行科学合理的综合判断。

而在非洲猪瘟疫情后，受二元母猪种源稀缺的影响，猪场迫于恢复产能的压力，选用三元母猪留作种用时，挑选标准不规范，体型大小不一、乳头发育不良、阴户尖而上翘、肢蹄力量较弱等许多不适合留作种用的三元母猪都被留下，有些猪场甚至达到“见母就留”的程度。在三元母猪本身繁殖性能就较二元母猪差的情况下，这种对后备母猪不严格的挑选，进一步导致三元母猪留作种用时较差的繁殖性能和经济效益。

8.2.3　饲养管理方案

后备母猪的饲养管理也是许多猪场容易忽视的环节。由于三元母猪本来就是商品代的杜长大三元猪，选作后备母猪以后，许多猪场也未加区别，还是等同于育肥猪进行饲养。这样其实会带来一系列的问题，例如，育肥猪转后备母猪，未进行限饲，母猪的均匀度较差，会出现肌肉发育过快、骨骼发育不良的情况；不重视作为后备母猪与育肥猪营养需求的变化，会导致常见的发情推迟、肢蹄病等情况，影响生殖系统的发育，而这些症状与维生素、微量元素的缺乏有关；此外，后备母猪的配种管理不到位，过早过快进行配种会带来繁殖疾病的隐患；不开展母猪胎次结构管理的优化，将达不到配种要求的母猪继续留用，也会造成资源的浪费，带来不必要的损失。

综上所述，三元母猪由于遗传因素的特点，杜洛克血统占比较高，更偏重于生长性能、繁殖性能较弱，因此，三元母猪从繁殖潜力上来说就比不过二元母猪，这也是其在产仔数、发情率等一系列繁殖指标上显著低于二元母猪的重要原因。但除此以外，三元母猪的挑选不严格、“见母就留”的后备母猪策略，以及与育肥猪不加区分的营养配方及饲养管理，也进一步影响了三元母猪繁殖性能的发挥，使其与二元母猪的差距越来越大。

8.3　三元母猪的营养调控方案

了解三元母猪的种用背景以后，通过对比三元母猪和二元母猪在生产性能、繁殖性能方面的差异，发现三元母猪由于遗传因素的影响，其繁殖潜力的确比不上传统的二元母猪。但同时，在三元母猪的种用过程中，也存在后备母猪挑选不严格、饲养管理不当等原因，影响了其繁殖性能的发挥。此外，母猪的繁殖性能还受到饲料营养的调控。因此，本节将主要介绍提高三元母猪繁殖性能的营养调控方案，以期为非洲猪瘟疫情下三元母猪的种用提供科学有效的方法。

8.3.1　营养调控的生理基础

1. 母猪卵泡发育的特点

母猪的卵泡发育，是其产仔的生物学基础。数以百万计的原始卵泡，通过不断发育最终形成成熟的卵母细胞，其占比仅为原始卵泡总数的0.1%～0.2%。排卵数与母猪的产仔率有着极大的正相关，要提高母猪的产仔率，就需要增加排卵数和排卵卵泡的质量。

(1)母猪卵泡发育的过程　在母猪的正常发情周期中，卵泡的发育需要经历的一般过程有募集、选择、优势化和排卵，同时，发育过程还伴随着许多卵泡的闭锁，这是一系列极其复杂的动态过程，涉及机体的内分泌、旁分泌、自分泌等多种代谢调控途径。

卵泡的募集和选择是母猪大量排卵及卵泡充分发育的前提，募集使卵泡池里有更多的卵泡可供选择，一旦卵泡被选中，这些选中的卵泡将成为优势卵泡，并朝着排卵的方向发展，而未被选中的次级卵泡将逐渐闭锁。研究表明，优势卵泡之所以能继续生长，是因为其能产生大量的雌二醇(E_2)激素，通过负反馈途径抑制垂体的促卵泡激素(FSH)分泌，同时自身却表达更多的FSH受体。因此，在机体FSH下降的情况下，优势卵泡能够继续接受FSH的作用，从而表达更多的促黄体素(LH)受体；当FSH降到基础水平时，优势卵泡能继续接受LH刺激继续生长，而其他次级卵泡则因为FSH受体不足不能充分利用FSH，导致LH受体减少，当FSH降到基础水平时不能转化为LH依赖型，从而发生闭锁逐渐停止生长。因此，在卵泡的选择过程中，起决定作用的就是FSH浓度下降和LH浓度上升这两个信号。经过选择的卵泡，通过优势化将达到最大直径，并在一段时间内维持这种状态，等待排卵。排卵是成熟的卵泡破裂后释放出可受精的卵母细胞的过程，LH诱导了排卵前卵泡向能够排卵卵泡的转变。

(2)影响母猪卵泡发育的因素　母猪的发情受到卵泡发育的影响，而卵泡的发育也受到诸多因素的影响，这也是调控母猪繁殖性能的生理基础。

①卵泡的大小　有研究表明，断奶后卵泡的尺寸，是影响母猪断奶到发情和排卵的重要因素之一。断奶后的小卵泡不能经历补偿生长，需要更多的时间才能达到排卵所需的尺寸，导致发情时间延长。可能是因为越接近排卵期，卵泡发育就越大，卵泡内膜细胞的雌激素就分泌越多，引起血浆雌激素浓度的升高。雌激素一方面与肾上腺素互作引发中枢神经兴奋，诱导母猪的发情行为；另一方面，雌激素也可以促进下丘脑分泌更高水平的LH，使其达到排卵前的LH峰，从而产生发情行为。体外的研究结果也显示，大卵泡和中卵泡的卵母细胞在体外成熟以后，其直径大小要显著高于小卵泡的卵母细胞直径；而小卵泡的卵母细胞体外成熟率仅为50.94%，要极显著低于中卵泡和大卵泡中卵母细胞的体外成熟率(分别为79.25%和86.36%)($P<0.01$)；体外成熟以后，中卵泡中卵母细胞内的谷胱甘肽(GSH)含量显著高于小卵泡中卵母细胞内GSH含量($P<0.05$)，大卵泡中卵母细胞内GSH含量有降低的趋势，但与中卵泡差异不显著($P>0.05$)。

②饲料能量水平　饲料能量不足是影响母猪繁殖性能的重要原因之一。许多研究表明，饲料营养不足，特别是能量不足，会严重限制后备母猪和成年母猪的繁殖性能，其原因可能是由于营养不良抑制了机体促性腺激素释放激素(GnRH)的生成和促性腺激素的释放，使支持卵泡发育的促性腺激素不足。饲料能量水平低

下，会使循环系统中葡萄糖、胰岛素等的浓度下降，对卵巢活性产生影响；而当能量严重不足时，这种影响表现在下丘脑 GnRH 分泌减少，引起 LH 的脉冲频率下降和血浆中 LH 浓度降低。

③不同能量来源 除了能量水平，饲料中不同的能量来源，也可能会影响母猪繁殖类相关激素的分泌和卵泡的发育。与富含脂肪的饲料相比，富含淀粉的饲粮更容易导致母猪采食后血液中胰岛素和胰岛素样生长因子(IGF-1)水平的升高，所以，哺乳母猪饲喂淀粉含量丰富的饲粮会促进断奶后卵泡的发育，使其尺寸更大；胰岛素与粒层细胞 LH 受体的形成以及囊状卵泡内的 E_2 浓度有关，和增加排卵率联系紧密。还有研究报道，经产母猪采食淀粉性饲粮分泌的胰岛素和 IGF-1 浓度要显著高于脂肪性饲粮，且排卵后的 LH、孕酮和雌激素浓度更高。在相同的能量水平条件下，高淀粉饲粮的卵泡发育更好，母猪的发情时间也持续更长。

④饲料蛋白水平 饲料蛋白对母猪卵泡发育影响的研究较少，一般都是以第一限制性氨基酸赖氨酸来进行研究的。Yang 等(2000)在初产母猪日粮中分别设置低赖氨酸(0.4%)、中赖氨酸(1%)和高赖氨酸(1.6%)3 个水平，结果发现，中赖氨酸组和高赖氨酸组母猪子宫重、卵泡液含量和卵泡液中 E_2 浓度高于低赖氨酸组，但卵巢重和卵泡液中的 IGF-1 浓度没有差异；此外，在母猪左右卵巢共 15 个最大的排卵前卵泡中，低赖氨酸组的大卵泡(≥7 mm)比例较低，中卵泡(5.5～6.9 mm)比例较高，小卵泡(≤5.5 mm)比例与中赖氨酸组和高赖氨酸组没有差异。因此，日粮中赖氨酸不足会影响母猪卵泡的发育，赖氨酸可能是通过激素代谢或是作用于神经内分泌来影响母猪的繁殖性能。

2. 母猪乳腺发育的特点

母猪的卵泡发育，是其产仔的生物学基础；而母猪的乳腺发育，则是仔猪特别是初生仔猪生长的物质基础。母猪的乳腺结构较为特殊，不存在乳池，乳汁的分泌依赖于仔猪的吮吸刺激产生催乳素，从而分泌乳汁。仔猪初生时完全依赖母猪的乳汁提供营养，而母猪乳汁的优劣以及母猪泌乳力的强弱，则取决于母猪各阶段的营养和乳腺的发育。

(1)母猪乳腺的发育阶段 小母猪刚出生时，乳腺导管系统发育不全，乳腺主要是由皮下基质组织组成，一直到出生后的 90 天，乳腺组织的增长和乳腺 DNA 的积累都是很缓慢的，接下来就是乳腺的 3 个快速增长阶段。第一个阶段，是从 90 天到初情期，在此期间，乳腺 DNA 增加了 4～6 倍。初情期本身能刺激乳腺组织的发育。研究表明，进入初情期的母猪，其乳腺实质组织比未进入初情期的同龄母猪增加了 51%。第二个阶段，是在母猪妊娠的 75 天直到分娩，也就是妊娠后期的母猪，在此之前，乳腺组织的发育比较缓慢，但妊娠后期的母猪乳腺 DNA 大量积累，乳腺发生组织学的改变，脂肪和基质组织大量被小叶上皮组织取代，使乳腺成分从高脂肪变成高蛋白。第三个阶段，是母猪的哺乳期，其乳腺的平均质量，将从哺乳期第 5 天的 381 g 线性增加到哺乳期第 21 天的 593 g，是母猪乳腺组织增长变化最明显的一个阶段。

(2)影响母猪乳腺发育的因素

①母猪的体况　母猪的体况会影响乳腺的发育。Head 等(1991)的研究表明，肥胖母猪(背膘厚 36 mm)和较瘦母猪(背膘厚 24 mm)虽然妊娠末期的乳腺组织质量相近，但肥胖母猪乳腺内的 DNA 浓度显著降低；Farmer 等(2017)的研究也表明，孕期营养对乳腺的发育至关重要，妊娠末期太瘦(背膘厚 12～15 mm)将严重降低乳腺实质外组织和乳腺实质组织的重量和干物质含量，严重影响母猪的乳腺发育。因此，妊娠母猪必须考虑妊娠晚期的背膘脂肪厚度，以期获得理想的母猪泌乳性能。

②限制饲喂　在实际生产中，为了平衡母猪体重增长、背膘沉积、骨骼和生殖系统发育的关系，使生长母猪初配时各项指标达到理想要求，往往会进行限制饲喂。有研究表明，从 90 天到初情期时对母猪进行限制饲喂(75%标准饲喂量)，将会严重降低母猪的乳腺发育；因此，在 3 个月到初情期这个乳腺快速发育的第一阶段，对母猪进行高水平饲喂，有利于刺激乳腺的发育。

③能量和蛋白质　在母猪乳腺的第一个快速增长阶段，即 90 天到初情期时，将饲料中的粗蛋白质从 18.7%降低到 14.4%，并不会影响乳腺的发育，无论是乳腺实质组织的数量还是组成都没有改变，表明在母猪乳腺发育的第一个阶段，总的饲料摄入量比蛋白摄入量更重要；在母猪妊娠末期增加饲料中赖氨酸的含量，也不会影响和改变乳腺实质组织的数量和其中 DNA、RNA 和蛋白质的含量；但在哺乳期，提高饲料中的能量和蛋白水平，可以促进乳腺发育的最大化。

④其他因素　此外，还有研究表明，饲料中添加多不饱和脂肪酸可以促进母猪乳腺的增长，添加植物提取物如木黄酮也能促进母猪乳腺组织实质的增生，等等。

8.3.2　营养调控的措施

1. 尽早换料

由于生产目的不同，后备母猪日粮与育肥猪日粮营养水平具有一定的差异。据 Chiba(2012)报道，在不同的生长阶段，后备母猪的日增重、能量和赖氨酸标准较生长育肥猪要低，而钙磷标准相对生长育肥猪要高(表 8-5)；此外，与生长育肥猪相比，后备母猪对维生素的需求要高，不仅维生素 A、维生素 D、维生素 E、维生素 B_{12} 和泛酸等的需求量远远高于生长育肥猪，连生长育肥猪不做强制需要的维生素，如胆碱、生物素、叶酸等，也具有很大的需求量(表 8-6)。三元母猪挑选自商品代的肉猪，本身的生长速度就较快，如若不尽早换用后备母猪料，就更容易出现体重超标的情况，从而严重影响后续的繁殖性能。

表 8-5　后备母猪与生长育肥猪日粮营养水平对比

(Chiba,2012)

项目	生长阶段(kg)	后备母猪	生长育肥猪
采食量/kg	20～50	1.50	1.45
	50～80	2.10	2.00
	80～110	2.50	2.40
日增重/(g/天)	20～50	693	703
	50～80	852	867
	80～110	925	941
能量/(MJ/kg)	20～50	3.27	3.35
	50～80	3.27	3.35
	80～110	3.27	3.35
赖氨酸/%	20～50	0.98	1.07
	50～80	0.84	0.92
	80～110	0.74	0.83
钙/%	20～50	0.69	0.65
	50～80	0.60	0.55
	80～110	0.56	0.51
总磷(有效磷)/%	20～50	0.60(0.31)	0.56(0.25)
	50～80	0.60(0.24)	0.49(0.20)
	80～110	0.56(0.22)	0.45(0.18)

表 8-6　后备母猪与生长育肥猪日粮维生素对比

(Chiba,2012)

项目	后备母猪	生长育肥猪
维生素 A/(IU/kg)	6 000～8 000	5 500
维生素 D/(IU/kg)	800～1 200	550
维生素 E/(IU/kg)	80～100	25
维生素 K/(mg/kg)	2	2
维生素 B_{12}/(μg/kg)	25	15
烟酸/(mg/kg)	30	20
泛酸/(mg/kg)	30	15
维生素 B_2/(mg/kg)	20	4
胆碱/(mg/kg)	1 250	0
生物素/(μg/kg)	200	0
叶酸/(mg/kg)	2～5	0
维生素 B_6/(mg/kg)	1	0

三元母猪更换的后备母猪饲料，可采用优质膳食纤维组合，通过营养水平控制猪只过快生长，减少应激，提高后备母猪群均匀度。但是，为保证骨骼的正常发育，应提高日粮钙磷水平及相关微量元素和维生素的供给水平。后备母猪建议采用低能低蛋白高纤维日粮。体重在 50～100 kg 阶段不限饲，体重达到 100 kg 以上可以采取 2 种饲喂模式（表 8-7）。不同的饲喂模式，对应的日粮营养水平也存在差异，主要为粗纤维含量的差异。同时，后备母猪需要特别强调维生素 E（150 mg/kg）、维生素 C（100 mg/kg）、叶酸（5 mg/kg）、生物素（500 μg/kg）等的供给。其中，维生素 E 可以促进胚胎发育，提高受胎率；β-胡萝卜素能促进卵巢和卵泡的发育；生物素通过增加子宫角体积，促进胚胎成活，从而提高产活仔数、减少弱仔和死胎的比例。另外，日粮还要保证硒、锰、碘、铬、锌等微量元素的供给，对提高三元商品母猪繁殖性能具有很好的改善作用。

表 8-7　后备母猪的 2 种不同饲喂模式

（孙亚楠等，2020）

项目	自由采食	限制饲喂
净能/（MJ/kg）	8.79～9.20	9.00～9.29
粗蛋白/%	13.0～15.0	13.0～15.0
粗纤维/%	5～8	4～6
钙/%	0.85～1	0.85～1
有效磷/%	0.4～0.45	0.4～0.45
赖氨酸/%	0.75	0.75

2. 提高日粮纤维含量

研究表明，妊娠母猪日粮中添加适宜水平的纤维可提高妊娠早期胚胎存活率、促进母猪肠道健康、降低母猪分娩应激，从而显著改善母猪的繁殖性能。冯冬冬等（2011）在妊娠母猪 1～90 天内分别饲喂含中性洗涤纤维含量为 10.8%、15.8%和 20.8%的饲粮，妊娠 91 天至分娩及泌乳期各处理饲喂相同饲粮。结果表明，饲粮纤维水平影响第 1 胎和第 2 胎母猪的繁殖性能，第 1 胎时 10.8% NDF 组母猪平均每窝产仔数最高，第 2 胎时 15.8% NDF 组母猪平均每窝产仔数最高。以上研究发现，母猪随胎次增加表现对膳食纤维需要增加的现象。这可能是因为母猪的体重是随胎次增加而增加的，一胎母猪与经产母猪相比具有较低的体重，母猪体重越小，食糜在胃肠道滞留时间越短，高纤维水平日粮会降低低胎次母猪养分消化率，从而影响母猪正常的生长及繁殖性能。相反，如果食糜在胃肠道滞留时间增加，养分在后肠的消化吸收增加，促进了经产母猪对纤维的利用效率。经产母猪对高纤维的摄入，一方面增加了母猪的饱腹感，进一步降低了母猪的呆板行为；另一方面减少机体皮质醇含量，有利于增强妊娠早期胚胎定植及维持妊娠。因此，母猪随胎次体重不断上升，对膳食纤维需要量表现不断增加的趋势。

日粮纤维除了直接影响母猪的产仔率，还可能因其持水力、膨胀性等特点，增加母猪的饱腹感，降低母猪的应激和呆板行为；并通过肠道微生物发酵产生短链脂肪酸，降低母猪氧化应激，增强机体胰岛素敏感性，及提高后续泌乳期采食量，同时短链脂肪酸为初乳脂类和乳糖合成提供前体物质；而且，膳食纤维可调节母猪肠道微生物菌群，促进有益微生物比例增加，有利于母猪肠道结构完整性的增强，从而发挥促进肠道健康的生理作用(图 8-2)。

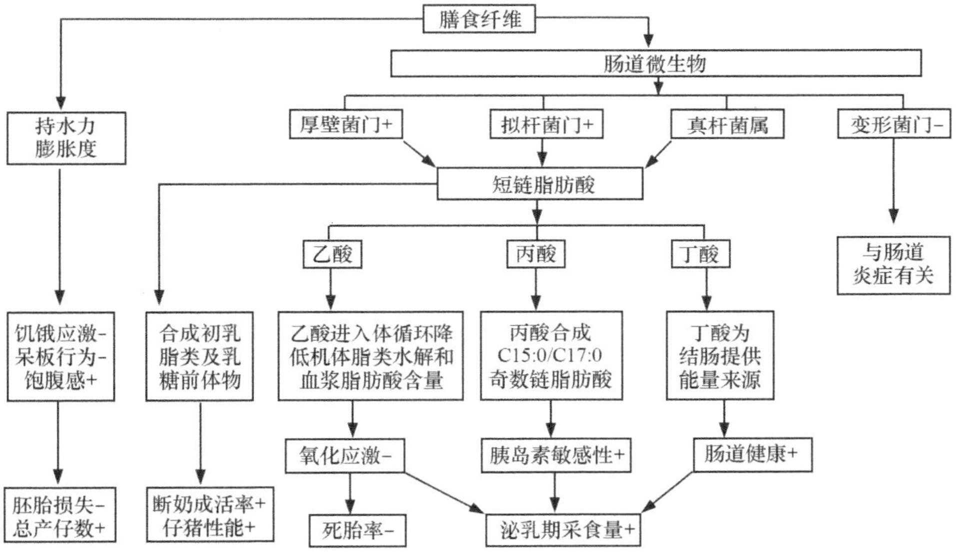

图 8-2　膳食纤维改善母猪繁殖性能的可能作用机制

(万海峰等，2020)

三元母猪容易长膘，所以妊娠阶段应适当提高日粮粗纤维水平(6.5%～7%)。选用优质的膳食纤维原料组合，可以增加并延长其饱腹感的时间，缓解怀孕母猪因限饲导致的饥饿应激，充分锻炼肠道的发酵功能，为哺乳期的高采食量做准备。

3. 优化能量来源

动物初情期的启动和发情表现与动物的背膘厚组成密切相关，并显著影响其随后的繁殖性能，降低背膘厚和体脂含量可能会推迟母猪的初情期。能量作为动物生产体系的首要限制性因素，其摄入量的不足会严重影响机体生长速度和母猪的繁殖性能。周平等(2009)研究日粮能量水平及来源对后备母猪体成分、初情日龄和发情表现的影响，结果发现，高能组母猪背膘厚和体脂含量、瘦肉含量和脂肪/瘦肉比显著高于低能组($P<0.05$)，但不同能量来源(淀粉和脂肪)之间差异不显

著($P>0.05$),母猪的发情率会随着能量水平的增加而提高,脂肪组的初情日龄会比淀粉组显著提前($P<0.05$)。因此,后备母猪饲喂高能量并添加脂肪的日粮有利于促进后备猪初情期的启动及发情表现。

三元母猪由于血统原因,瘦肉率高、臀部肌肉发达,导致生殖器官如卵巢、子宫、阴道和乳腺本身的供血和营养分配不够,往往容易引起卵巢发育不足、发情困难、配种率下降等难题。在这种情况下,更要进一步优化三元母猪的后备母猪日粮,添加高纤维和高脂肪的能量来源组合,有利于母猪的初情启动并提高发情率,从而改善三元母猪的繁殖性能。

4. 使用添加剂

(1)酶制剂　酶制剂是一种具有高效性和专一性的生物催化剂,目前已被广泛应用在畜禽养殖领域中。酶制剂作为具有营养性添加剂和非营养性添加剂双重特性的饲料添加剂,不仅可以提高营养消化利用率,还有调节动物肠道健康、杀菌抑菌等功能,在节约饲料资源、减少养殖排放、替代抗生素方面具有很大的市场潜力。郭文文(2015)在母猪日粮保持钙水平不变的条件下或钙磷比不变的条件下添加植酸酶,随着无机磷添加量的降低,养分的表观消化率显著提高,母猪血清磷、降钙素显著降低,1,25-二羟基维生素升高,骨吸收、骨形成标志物增大($P<0.05$),且均呈一次和二次相关($P<0.05$);以表观可消化磷为标准,植酸酶可分别替代 0.91 g/kg、1.27 g/kg 的无机磷,减少 24.70%、34.48%的粪磷排泄量;以母猪血清骨代谢标志物为标准,植酸酶可替代 50%(0.90 g/kg)无机磷,且对母猪骨代谢无显著差异($P>0.05$),低钙磷比显著改善了母猪骨代谢标志物($P<0.05$)。

因此,在三元母猪日粮中合理添加植酸酶,不仅可以减少无机磷的使用,降低环境污染,还可以改善母猪的骨代谢,提高其骨骼强度,减少肢蹄病的发生。

(2)甲基供体　甜菜碱是一种营养性饲料添加剂,在动物机体甲基代谢中起着重要的营养调控作用,参与蛋白质和脂类代谢,可维持渗透压平衡,保持维生素效价,缓解应激及作为抗氧化剂等使用。许多研究表明,在经产母猪日粮中添加甜菜碱能提高母猪的产仔数、初生窝重和泌乳力,缩短断奶发情间隔。甜菜碱的主要功能是作为甲基供体参与同型半胱氨酸(HCY)再次甲基反应,至少在妊娠前期,其作用体现在能够降低妊娠第 3 天血浆中 HCY 含量。在初产母猪妊娠和哺乳饲料中添加 1 000 mg/kg 甜菜碱,可显著提高断奶仔猪头数;在哺乳母猪饲粮中添加 2 000 mg/kg 甜菜碱,可显著缩短断奶—发情间隔。甜菜碱提高初产母猪断奶仔猪数和缩短断奶—发情间隔可能与血清中 GH 和 IGF-Ⅰ含量增加有关。因此,合理地利用甲基供体类饲料添加剂如甜菜碱,可以有效改善三元母猪的繁殖性能,在实际生产中应予以考虑。

5. 其他措施

(1)限饲　之前曾提到限饲对母猪乳腺发育的影响,考虑到三元商品母猪生长速度快，在体重达到 75 kg 时便需要逐步控制采食量，将平均饲喂量控制在 2.5～2.7 kg/天为宜。适当限饲有利于提高猪群的均匀度，便于三元母猪的标准化管理和精细化饲养，有利于提高母猪的发情率。

(2)推迟攻胎　攻胎是指在母猪孕晚期，通过提高饲料中能量、蛋白质的浓度，增加母猪的饲喂量，来提高仔猪的初生重。攻胎的目的是为了提高仔猪活力，保障其健康，减少疾病的发生。但由于三元母猪初产时体重更高，盆骨相对二元母猪要狭窄，攻胎过早会导致仔猪初生重过大，造成分娩时出现难产及滞产的现象，同时，还极易导致母猪乳腺中的脂肪沉积过多，影响哺乳期母猪的泌乳量。因此，在三元母猪的饲养中，建议妊娠期不攻胎或者推迟攻胎，更有利于其繁殖性能的发挥。

(3)诱导发情　研究表明，初情期可以影响后备母猪的繁殖性能和寿命，初情期较晚的后备母猪繁殖性能要比初情期早的差。鉴于三元母猪的发情困难比例较高，需要尽早加大力度开展诱情工作。利用成年公猪与性成熟前的后备母猪接触，可促进后备母猪提前达到初情期，且效果明显。建议 160 日龄开始三元母猪的诱情工作：每次喂料后 1～2 h 内，诱情公猪(可以是自留公猪或使用诱情气味剂)进栏与母猪口鼻接触 5～10 min，每天 2 次，做好情期记录。此外，配合适当运动(每天公猪追逐 0.5 h，每周 3 次)、合群、调栏和人工刺激等方法后，促发情效果会更好。

(4)品种改良　三元母猪的轮回杂交技术，是指将每胎符合种用的三元母猪培育后与纯种大白或长白公猪或其精液杂交，子代中符合种用的母猪继续轮回杂交，余下母猪与杜洛克公猪或其精液杂交提供商品肉猪。该技术既能优化猪场核心猪群的繁殖性能，同时又能为猪场提供一定的商品猪出栏量，比较符合非洲猪瘟疫情下猪场恢复产能提高效益的需求。

在非洲猪瘟疫情背景下，我国生猪产业遭受巨大打击，生猪产量萎缩，猪场生猪产能的恢复迫在眉睫。二元母猪虽然性能优异，但种源稀缺、价格飞涨，且仍面临着非洲猪瘟疫情下外部引种所带来的生物安全问题，因此，将三元母猪留作种用，既是一种无奈之举，也是一种明智之举。虽然三元母猪存在发情困难、产仔数少和泌乳力差的种用劣势，但由于其无须外部引种，可降低疫情风险，同时由于三元猪猪群数量多，留作后备母猪可挑选的机会也多，有利于快速扩群，增加能繁母猪的数量，从而恢复生猪产能。结合三元母猪自身的遗传特性，我们要认识到三元母猪虽然在生产性能和繁殖性能上与二元母猪有一定的差异，但了解其卵泡和乳腺发育的生理规律后，可以通过尽早换料，提高日粮纤维含量，优化日粮能量水平，使用酶制剂、甲基供体等添加剂的营养调控措施，从挑选留种、饲养管理和品种改良等方面多维度综合采取改善措施，唯有如此，才能实现三元母猪种用价值的最大化。

思考题

1. 简述三元母猪种用的背景。
2. 三元母猪和二元母猪相比,有什么特点?
3. 为什么二元母猪的种用性能要优于三元母猪?
4. 简述三元母猪进行营养调控的生理基础。
5. 如何改善三元母猪的繁殖性能?

第9章

母猪繁殖管理

【本章提要】母猪营养调控是为了更好地进行繁殖。本章从生产视角去梳理母猪繁殖管理，要告诉养猪生产者如何实现后备母猪、空怀母猪和哺乳母猪的管理，特别是不同时期母猪的繁殖管理以及生产实践中管理考核。

9.1 母猪繁殖性能指标

9.1.1 基本指标

1. 发情率

发情率：一定时期内发情母猪占可繁母猪数的百分比。

经产母猪断奶 7 天发情率：经产母猪断奶后 7 天之内自然发情的比例。

2. 配种分娩率

妊娠率：实际妊娠母猪数占参与配种的母猪数的比例。

分娩率：分娩母猪数占配种母猪数的比例。

3. 产仔数

窝产总仔数：出生 24 h 内同窝仔猪的总头数，包括死胎、木乃伊胎及畸形猪。

窝产活仔数：出生时存活的仔猪数，包括即将死亡的弱仔。

4. 断奶仔猪数和初配适龄

断奶仔猪数：断奶仔猪的头数。

初配适龄：生殖器官已发育完全，具备了正常的繁殖能力，达到配种体重时的年龄。

9.1.2 生产指标

1. 年生产指标

年产胎数:猪场全年分娩的胎数除以母猪的日均存栏量。

年提供活仔猪数:一头母猪一年育活的仔猪头数。

年提供断奶仔猪数(PSY):每头母猪年育活断奶仔猪头数(MSY)。

年提供断奶仔猪数(PSY)=母猪年产胎次×窝产活仔数×仔猪成活率

非生产天数:存栏母猪既未怀孕又未泌乳的天数。

非生产天数=365-(泌乳天数+妊娠天数)×年产胎次

2. 更新指标

群体母猪更新率:每年淘汰补充的母猪数占母猪种群的比例。

后备母猪利用率:后备母猪 240~300 日龄配种的比例。

母猪淘汰率:一段时期内母猪的淘汰数占总存栏数的比例。

9.1.3 定时输精与批次化管理

1. 母猪定时输精

定时输精是通过同期断奶或者注射外源激素来调控母猪性周期,使之在预定的时间内集中发情、排卵和配种输精的一项繁殖技术。

2. 猪场批次化管理

猪场批次化管理主要是指利用现有生物技术,根据母猪群大小进行不同时间间隔的批次化生产技术。在管理过程中需要利用生物技术达到同期发情、同期排卵、同期配种和同期分娩等目的。按猪场经产母猪的数量可以分为 1 周批、2 周批、3 周批、4 周批、5 周批等(表 9-1)。

表 9-1 周批次设计母猪分群原则

项目	1 周批	1 周批	2 周批	3 周批	4 周批	5 周批
繁殖周期/周	20	21	21	20	20	20
哺乳期/天	21	27	21	28	21	21
母猪群数	20	21	10	7	5	4
适用经产母猪规模	≥1 000	≥1 000	≥2 000	≤1 500	≤1 000	≤800

3. 母猪批次化生产的优势

(1)有序化的生产管理。传统的生产管理与批次化生产管理相比生产速度较为迟缓。如果将一周生产作为一个周期,按批次化生产流程,能更合理地规划劳动力，提高工作效率，使母猪繁殖状态同步化，从而可以保证消毒时间、空栏时间和干燥时间，更有利于卫生管理。

(2)为仔猪免疫创造有利条件。实行批次化生产管理时，仔猪出生时间平均相差不超过 2 天，对于仔猪免疫管理有利。未实施批次化生产的猪场，仔猪免疫可能相差 7 天左右，这样的生产管理对仔猪免疫不利。从卫生管理角度看，最好是进行全进全出制管理。

(3)最佳的寄养管理。由于初产母猪繁殖性能不如经产母猪稳定，出生的小猪可能需要其他母猪代养。寄养前仔猪最好能吃到初乳，因此，最佳的寄养时间是仔猪出生后 12～24 h，超过这个时间对寄养是不利的。批次化管理可以实现生产同期化，将有更多的机会进行相互间的调节，有利于仔猪的生长与健康发育。

(4)提升经济利益。批次化生产由于各项生产的同期化使仔猪断奶体重、健康状况呈现出较多的一致性，从而可以减少健康管理的成本和其他生产成本。

9.1.4　母猪同期发情配种处理方案

1. 后备母猪

对于 210 日龄以上、发情率正常和体重正常的后备母猪，在第一次发情过后，每天定时、定量饲喂 20 mg 烯丙孕素，连续喂食 18 天后停药，停药后间隔 42 h 每头后备母猪注射 1 000 单位孕马血清促性腺激素（PMSG），注射 PMSG 后间隔 80 h 每头后备母猪注射 100 μg GnRH，注射后 24 h 和 40 h 分别输精 1 次，精液中均添加 10 单位缩宫素。若第 2 次配种后间隔 24 h，母猪依然静立，再进行第 3 次输精。

2. 经产母猪

正常断奶、哺乳期小于 4 周的断奶母猪，于断奶后 24 h 注射 1 000 单位孕马血清促性腺激素，间隔 72 h 后注射 100 μg GnRH，注射后 24 h 和 40 h 分别输精 1 次，精液中均添加 10 单位缩宫素。若第 2 次配种后间隔 24 h，母猪依然静立，再进行第 3 次输精。

应注意的是：采用此技术注射孕马血清促性腺激素后，大部分母猪在注射 GnRH 前可出现发情表现，在注射 GnRH 后会出现静立反应，应按程序正常输精；少部分母猪采用此技术注射孕马血清促性腺激素后，会提前出现静立反应，说明已接近输精时间，应马上注射 GnRH 并进行输精。

3. 问题母猪

对问题母猪（断奶 7 天后不能正常发情的母猪）的处理方法：注射递胎素（D-氯前列醇钠注射液，为前列腺素类药，有溶解黄体和直接兴奋子宫平滑肌的作用），24 h 后注射同发素（注射用血促性素、绒促性素，具有促进卵泡成熟和排卵作用，用于缩短经产母猪和初产母猪的发情间隔，控制同步发情）。在此期间 1 天 2 次查情，一旦发现母猪出现静立反应，注射促黄体素释放激素 A3 配种。

如果传统的连续生产模式向批次化转变，可以根据母猪具体的断奶时间，在断奶前 24 h，开始饲喂烯丙孕素，饲喂时间小于 4 天或者大于 9 天，再导入和后备母猪停药后一样的程序。

同期分娩处理方法：在第一次输精后 114 天给未分娩母猪注射 D-氯前列醇钠 1 mL(0.075 mg)，24 h 后再注射缩宫素。

9.2 制定合理的繁殖指标

9.2.1 制定母猪合理繁殖指标的原则

主要原则是饲养好种猪，确保正常发情、配种、怀孕，能够按计划均衡配种，完成全年计划产仔任务。

1. 繁殖节律

为了有计划地均衡生产，充分利用猪舍空间，合理组织劳动管理，根据现有猪群规模和场内设备条件，确定繁殖节律 2 万头以下规模为“7 日制”，3 万头以上规模为“3 日制”。

2. 工艺流程

工艺流程如图 9-1 所示。

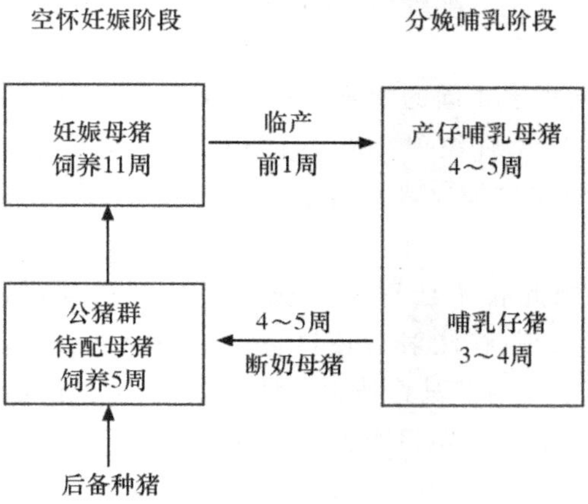

图 9-1 批次配种流程图

3. 周内工作流程

周内工作流程见表 9-2。

表 9-2 周内工作流程表

日期	配种妊娠舍	分娩舍
星期日	(1)日常工作 (2)临产前 1 周母猪清洗消毒转入产房	(1)日常工作 (2)接纳临产前 1 周母猪
星期一	(1)日常工作 (2)大扫除,做好星期二消毒前准备	(1)日常工作 (2)大扫除,做好星期二消毒前准备
星期二	(1)日常工作 (2)做好常规大消毒	(1)日常工作 (2)做好常规大消毒
星期三	(1)日常工作 (2)机动安排	(1)日常工作 (2)机动安排
星期四	(1)日常工作 (2)接收断奶母猪,分群并入配种舍	(1)日常工作 (2)断奶母猪调入配种舍 (3)断奶仔猪转入保育舍
星期五	(1)日常工作 (2)种猪鉴定工作	(1)日常工作 (2)常规带猪消毒
星期六	(1)日常工作 (2)整理填写各种报表 (3)配合统计周末盘存	(1)日常工作 (2)整理填写各种报表 (3)配合统计周末盘存

9.2.2 猪场繁殖目标

(1)完成每周计划配种任务,保证全年均衡生产。

(2)配种分娩率 88%以上。

(3)全年窝平均产活仔数在 10.5 头以上,仔猪初生平均头重在 1.4 kg 以上。

(4)引进后备母猪至配种前淘汰率低于 5%,后备公猪淘汰率低于 10%。

(5)保持种猪合理膘情和良好健康状况,保证公猪使用年限 2 年,母猪使用年限 3.5 年。

(6)保证合理的胎龄结构:1~2 胎 30%左右,3~6 胎 60%左右,7 胎以上 10%以下。

(7)全场母猪年更新率 27%~33%,公猪年更新率 50%以内。新场第一、二年更新率:母猪 15%~20%,公猪 40%以内。

9.2.3 繁殖技术人员岗位职责

(1)负责组织本组人员严格按照《饲养管理技术操作规程》和每周工作日程进行生产。

(2)及时反映出现的生产和工作问题。

(3)负责整理和统计生产日报表和周报表。

(4)生产人员休息替班。

(5)负责定期全面消毒、清洁绿化工作。

(6)负责饲料、药品、工具的使用计划与领取及盘点工作。

(7)服从生产线主管的领导,完成生产线主管下达的各项生产任务。

(8)负责配种工作,保证生产流程运行。

(9)负责种猪转群、调整工作。

(10)负责公猪、后备猪、空怀猪、妊娠猪的预防注射工作。

9.2.4 繁殖技术人员岗位设置

(1)配种车间:主管1名,配种员1名,饲养员若干。

(2)分娩车间:主管1名,兽医1名,饲养员若干。

9.2.5 繁殖主管职责与考核

(1)按照卫生防疫制度要求,搞好舍内外环境卫生,调控好猪舍内温、湿度和通风换气等工作,保证种猪良好生活环境。

(2)每天仔细观察种猪的行为,评估其健康状况及行为表现,发现病猪及时治疗,并做好母猪发情记录。

(3)做好发情鉴定,掌握最佳时机配种或输精,认真填写配种记录。

(4)按照不同生理阶段饲喂标准和猪只个体膘情,给每头猪准确投放精饲料和青饲料。

(5)做好各种工作计划:年配种计划、周配种计划、合理使用公猪计划、种猪更新计划等。

(6)按照免疫程序规定,认真做好各种疫苗注射。

(7)认真做好临产母猪上床前清洗消毒工作,并严格做好断奶母猪膘情鉴定和分栏工作。

(8)按计划适时安排仔猪断奶,提高母猪年生产能力。

(9)定期检查和维修猪舍的各种设备,保证各种设备的正确使用和防火安全措施的落实。

(10)做好各项生产记录和报表并及时送交生产办。

(11)积极协助和配合其他车间工作,最大限度地提高产量和猪舍的空间利用率。

9.2.6 繁殖技术人员职责与考核

(1)负责种猪的发情配种、孕期管理、卫生消毒、环境调控等各项种猪繁育期的饲养管理工作。

(2)负责质量管理工作的执行。

(3)负责安全生产检查工作。

(4)负责猪群的防疫、治疗工作。

(5)负责各项生产记录的建立、保持和保存工作。

(6)负责饲养员的培训工作。

9.2.7 繁殖技术人员的激励

本办法将对技术人员实行量化管理,对猪场的损耗、生产指标和报酬以数据形式进行量化控制,从而达到降低成本、提高经济效益的目的。

(1)工资结构

当月工资=基本工资+绩效考核

(2)绩效考核内容

母猪月淘汰率:妊娠母猪 1.5%,断奶空怀母猪 6%,少淘汰 1 头奖 50 元。

母猪月死亡率:全群非正常死亡率小于 0.3%,少死 1 头奖 100 元。

窝均产活健仔数:头胎 9 头,经产 10 头,多 1 头奖 15 元。

月分娩率:85%,每多 1 个百分点,每多分娩 1 窝奖 20 元。

9.2.8 猪繁殖记录与繁殖问题监控

(1)猪繁殖记录　记录每一头母猪的耳号,品种,断奶时间,发情时间,配种公猪,妊娠期间是否有返情、流产,胎次,预产期,产仔总数,健仔数,死胎数,木乃伊数,仔猪初生重,断奶重等基本信息。

(2)猪繁殖记录常用表格　见表 9-3 至表 9-6。

表 9-3 公猪档案卡

耳号		出生日期		
品种品系		来源		
初配时间		评价	体况	
			毛色	
			免疫力	
			繁殖性能	

表 9-4 母猪档案卡

耳号________ 品系__________ 来源______________

配种日期											
与配公猪											
预产日期											
分娩日期											
产仔情况	健活										
	弱仔										
	死胎										
	木乃伊										
寄养情况											
断奶	日期										
	头数										
	窝重										
其他											

表 9-5 返情和流产母猪情况

日期	耳号	返/流	配种日	次数	非生产天数	原因分析	处理意见

表 9-6 配种房日常工作记录

生产周： 负责人：

日期	配种	待配头数	转入/转出	返情/空怀	其他

9.2.9 数据分析与繁殖问题监控

通过对繁殖记录的数据分析，可以及时发现种猪在生产管理中的如下问题：

(1)种猪的受胎率 查找是公猪精液质量问题，还是母猪繁殖问题，及时淘汰性能差的公猪和母猪。

(2)配种计划 根据猪场生产情况和猪价，及时调整每周的配种头数。

(3)仔猪的初生重和断奶重　及时查找初生重或断奶重偏大和偏小的原因,及时调整母猪饲料配方和饲喂量。

(4)母猪返情和流产情况　及时查找原因,有针对性地解决问题。

9.3　不同时期母猪繁殖管理要点

9.3.1　后备母猪的繁殖管理

1. 免疫

按进猪日龄,分批次做好免疫计划、限饲优饲计划、驱虫计划并予以实施。后备母猪配种前驱体内外寄生虫 1 次,进行乙脑、细小病毒、猪瘟、伪狂犬、口蹄疫等疫苗的注射。

2. 饲喂

日喂料 2 次。饲喂应根据母猪的体况而定。母猪过肥会影响排卵数和胚胎成活率,过瘦则会造成经产母猪哺乳期严重掉膘,以致拖长断奶配种再孕的时间间隔。

限饲优饲计划:母猪 6 月龄以前自由采食,7 月龄适当限饲。配种使用前 1 个月或半个月优饲以促进发情排卵,恢复母猪膘情。对长得过肥的母猪可以采取一定程度的限饲,这样可以使母猪体况适中,限饲时喂料量控制在 2 kg 以下,优饲时 2.5 kg 以上或自由采食。

3. 记录

母猪发情记录从 6 月龄时开始。由专职的配种员认真观察母猪发情表现,做好后备猪发情记录,仔细观察初次发情期,以便在第 2～3 次发情时及时配种,做到一个情期适时 2 次以上配种。并做好配种记录。经 21～28 天观察,确认配种成功的母猪,经体表消毒后转入妊娠舍,并填好转群日报表。

4. 后备猪管理

(1)后备公猪单栏饲养,圈舍不够时可 2～3 头一栏,配前 1 个月单栏饲养。后备母猪小群饲养,5～8 头一栏。

(2)引入后备猪第 1 周,饲料中适当添加一些抗应激药物如维生素 C、多维、矿物质添加剂等。同时饲料中适当添加一些抗生素药物如泰乐菌素、强力霉素、利高霉素、土霉素等。

(3)引入后备猪至少在隔离舍饲养 40 天,若能周转开,最好饲养到配种前 1 个月，即母猪 7 月龄、公猪 8 月龄。转入生产线前最好与本场老母猪或老公猪混养 2 周以上。

(4)后备猪每天每头喂 2.0～2.5 kg，根据不同体况、配种计划增减喂料量。后备母猪在第一个发情期开始，要安排喂催情料，比规定料量多 1/3，配种后料量减到 1.8～2.2 kg。

(5)进入配种区的后备母猪每天放到运动场 1～2 h，并用公猪试情检查。

(6)以下方法可以刺激母猪发情：调圈，和不同的公猪接触；尽量放在靠近发情的母猪旁；进行适当的运动；限饲与优饲；应用激素。

(7)凡进入配种区后超过 60 天不发情的小母猪应淘汰。

(8)对患有气喘病、胃肠炎、肢蹄病等病的后备母猪，应隔离单独饲养在一栏内；此栏应位于猪舍的最后。观察治疗 2 个疗程仍未见有好转的，应及时淘汰。

(9)后备母猪在 7 月龄转入配种舍。后备母猪的初配月龄须达到 7.5 月龄，体重要达到 110 kg 以上。公猪初配月龄须达到 8.5 月龄，体重要达到 130 kg 以上。对已配种的母猪，在交配后 21 天内要注意，此阶段是胚胎植于子宫角的关键时期，内分泌系统处于调整状态，大量采食高能高蛋白饲料，也会因增加肾上腺激素的分泌而导致胚胎死亡增加，因此一定要保持配种舍环境安静，不使母猪受到任何形式的干扰刺激，同时限制饲喂量定至 1.8 kg 以下。另外，要注意检查母猪是否重新发情，检查时可把母猪赶进公猪栏试情。

9.3.2　妊娠期母猪的繁殖管理

妊娠 4 周到产前 4 周，是胚胎细胞减数分裂、分化和早期生长发育阶段。此期所需要的营养主要是用来维持母猪基础代谢、胚胎早期生长发育的需要，通常只要维持母猪 45 g 的日增重即可，过多的饲喂不仅造成饲料的浪费，而且增加母猪的负担(夏季高温时期尤其如此)。胚胎生长主要集中在妊娠期的最后 1/4 时间内，妊娠母猪能量供给过多会影响母猪繁殖成绩和泌乳，长期多喂也会造成母猪体重过大，使以后的维持身体需要增加成本。同时怀孕期的过度饲喂和长膘，可能造成接下来哺乳期厌食或食量下降，导致母猪过度失重或泌乳力降低，从而影响母猪以后的繁殖力和仔猪发育。

妊娠母猪繁殖管理的目标是：要求母猪有适度的增重，尽量减少死胎和流产，保证仔猪初生重达到该品种的平均水平，保证仔猪出生后个体大小比较整齐。

1. 饲喂

(1)保证母猪适度膘情，不使母猪过肥或过瘦(传统评分的七八成膘)，即龙骨和盆骨不外露，但手按可触及之。通常日喂量 1.8～2.2 kg 中等偏低营养水平饲料，但怀孕后期的最后 3 周须进行短期优饲，以高水平饲料增加饲喂量至 2.5～3.2 kg。

(2)供给妊娠母猪的饲料要注意质量，切忌饲喂腐烂、变质、发霉的饲料，饲喂的时间、次数要有规律，不能随意改变，饲料的变换要逐渐过渡，以免造成应激。

在正常体况下，150 kg 体重母猪可采用的饲养方案

配后至 28 天：妊娠母猪料 2～2.2 kg

29～84 天：妊娠母猪料 2.2～2.5 kg

85～99 天：哺乳母猪料 2.5～3 kg

100～112 天：哺乳母猪料 3～3.5 kg

113 天至分娩：2～3 kg

2. 管理

(1)妊娠母猪舍一定要保持环境安静，严禁鞭打、追赶母猪，尽可能让母猪休息好。

(2)条件许可的情况下，让母猪有适量的运动。

(3)妊娠母猪对高温敏感，夏季应做好防暑措施，使舍内温度尽量不超过 24 ℃。

(4)在产前 40 天和 15 天，对母猪接种大肠杆菌疫苗(一般在产前 3～4 周可以接种疫苗，以保证以后仔猪通过母乳获得母源抗体而被动免疫)。

3. 妊娠舍日常工作程序

(1)采用单栏饲养，定时定量饲喂母猪，最大程度控制母猪饲料摄入量，节省饲料成本，避免母猪间因抢食而咬架，减少机械性流产和仔猪出生前的死亡。勤消毒。

(2)做好粪污的清扫工作，对空出的单元进行清洁消毒。妊娠舍要求卫生清洁，地面不要过于光滑，要有一定的坡度以便于冲洗。

(3)调节舍内空气环境，舍内温度控制在 15～20 ℃，防止高温应激。舍内温度超过 32 ℃时，会导致胚胎死亡或母猪中暑流产。

(4)产前一个月，按免疫程序注射相应疫苗。根据本地区传染病流行情况在妊娠后期进行疫苗接种，并进行体内外寄生虫的驱除，防止传播给仔猪。

(5)将临产前一周的母猪冲洗消毒后转入产仔舍等待分娩，便于母猪熟悉环境，有利分娩，但是不要转入过早，防止污染环境。冬季要用温水冲洗，使用 0.1% 的高锰酸钾溶液(35～38℃)进行全身沐浴消毒，注意母猪乳房消毒。母猪身体干燥后进入产房待产。

(6)填写妊娠母猪记录表，登记转入和转出的母猪以反映存栏和周转情况(表 9-7)。

表 9-7 母猪状态统计表

<table>
<tr><td colspan="2" rowspan="2">日期</td><td colspan="2" rowspan="2">栋别</td><td colspan="2" rowspan="2">饲养员</td><td colspan="2" rowspan="3">环境状况</td><td colspan="2">温度</td><td colspan="4">耗料</td></tr>
<tr><td>最高</td><td>最低</td><td>早</td><td>晚</td><td colspan="2">合计</td></tr>
<tr><td colspan="2"></td><td colspan="2"></td><td colspan="2"></td><td></td><td></td><td></td><td></td><td colspan="2"></td></tr>
<tr><td rowspan="2">品种</td><td colspan="3">返情流产状况</td><td colspan="10">猪群存栏</td></tr>
<tr><td>返情</td><td>流产</td><td>空怀</td><td>期初</td><td>转入</td><td>累计</td><td>转出</td><td>累计</td><td>死亡</td><td>累计</td><td>淘汰</td><td>累计</td><td>期末</td></tr>
<tr><td>长白</td><td></td><td></td><td></td><td></td><td></td><td></td><td></td><td></td><td></td><td></td><td></td><td></td><td></td></tr>
<tr><td>大白</td><td></td><td></td><td></td><td></td><td></td><td></td><td></td><td></td><td></td><td></td><td></td><td></td><td></td></tr>
<tr><td>杜洛克</td><td></td><td></td><td></td><td></td><td></td><td></td><td></td><td></td><td></td><td></td><td></td><td></td><td></td></tr>
<tr><td>累计</td><td></td><td></td><td></td><td></td><td></td><td></td><td></td><td></td><td></td><td></td><td></td><td></td><td></td></tr>
<tr><td colspan="2">死淘记录</td><td colspan="12">其他记录
（包括发病猪头数、症状、用药及其他重要工作记录）</td></tr>
</table>

9.3.3 哺乳母猪的繁殖管理

哺乳母猪的管理目标是保证母猪有较高的泌乳量，同时要维持适度的体况，使其断奶后能较快地发情排卵和配种再孕。

哺乳母猪的营养需要特点：母猪泌乳期能量代谢旺盛，对营养物质的需求量大，其营养需要应根据哺育仔猪头数、泌乳量和母猪体重大小合理确定。如猪场全部母猪平均产仔 10 头，在此基础上每多 1 头仔猪给母猪加喂饲料 0.5 kg。

1. 饲喂

补充适量青绿饲料，但不可喂得过多，并且应保证卫生。

饲料不宜随便更换，且饲料质量要好，不能喂任何发霉、变质的饲料。

体况好的母猪临产前 2～3 天开始减料 10%～30%，以防产后泌乳量过多引起仔猪消化不良或母猪发生乳腺炎。分娩当天不喂料或少喂料，分娩后第 1 天喂 1.0 kg，第 2 天喂 2.0～2.5 kg，第 3 天喂 3～3.5 kg，5～7 天后增加至哺乳量（2 kg+0.5×带仔数）。断奶前 3 天要逐渐减料，以免断奶后乳腺炎的发生。而对于膘情瘦、体况差的母猪，在分娩前和断奶前则应不减料或少减料。

产后母猪身体虚弱，应以流食为主，逐渐加料，同时喂一定量的麸皮和加有电解质的清洁温开水，防止母猪便秘，3 天后恢复喂料至 4.5 kg 以上，一周后完全按母猪需要供料。

2. 便秘

新调入产房的母猪易发生便秘，引起无乳综合征，应采取措施加以预防，如多喂青饲料，在饲料中加入人工盐或 $MgSO_4$ 等缓泻剂。

3. 哺乳期失重

妊娠期增重、哺乳期失重属正常现象，失重的多少与母猪的泌乳量、饲料营养水平、采食量有关，因此，哺乳过程中，要根据母猪的体况、产奶能力、带仔数来增减采食量，防止母猪哺乳期失重过多造成极度衰弱，影响下次发情配种。

哺乳母猪日喂次数调整为 3 次，有利于其保持食欲。哺乳料中加入适当动物脂肪可适当减少上述喂量。

4. 保证充足、清洁的饮水

哺乳期母猪需水量大，充足清洁的饮水是正常泌乳的有力保障，饲养员要经常检查饮水器和水的流速，水流速至少要在 1 000 mL/min。

5. 良好的环境条件

良好的环境条件指清洁干燥、通风良好、温度适宜。产仔舍以保温为主，也要注意适当的通风换气，排除过多的水汽、尘埃、微生物、有害气体；但必须防止贼风，同时注意通风，控制气流在 0.1 m/s 以下，且风速均匀、平缓。母猪哺乳时必须保证环境安静，噪声小有利于泌乳和仔猪吃奶，否则对母仔都有不良影响。母猪舍应保持清洁干燥，高床漏缝地板饲养，不宜带猪用水冲洗网床，床下粪污每天清扫 2 次，若水冲则应注意防止水溅到床上。

6. 防暑降温

炎热季节，要增设降温设备和采取降温措施，防止母猪中暑。在保证仔猪温度需要的前提下，将猪舍温度调低至 20 ℃左右，以保证母猪采食量正常。对于食欲不好的母猪，高温季节要采取相应的措施增加采食量，如在饲料中加入 0.6%～0.8% 的 $NaHCO_3$；增加饲喂次数；将喂料时间改在清晨、傍晚的凉爽时间。

7. 保护母猪的乳房和乳头

产前对母猪乳头进行清洁消毒，哺乳期间也应保持乳头的清洁卫生。饲养员要注意产床上的异物和突出的尖物，防止母猪乳房被刷伤。母猪的乳腺发育与仔猪的吸吮有很大的关系，特别是头胎母猪，所有乳头都应得到均匀的利用。

8. 注意观察

饲养员每天要注意观察猪群，注意母猪的健康状况：乳房有无红肿、发热、坚硬等，是否有无乳症，阴道有无不正常的排泄物和外阴肿胀，是否有便秘等现象，以及食欲、呼吸、粪便等。对上述观察中发现的异常母猪应做好各种记录，以提供给兽医和管理技术人员作参考并采取相应措施，发现病猪及时治疗。

9. 种猪鉴定

母猪断奶转出要避免互相咬架致残，同时技术员对种猪进行全面鉴定，确无种用价值的及时淘汰。

9.3.4 新生仔猪的护理

新生仔猪是猪一生中生命力最弱的阶段，生理特点主要表现为：

(1)生长发育快，代谢旺盛。

(2)消化器官不发达，消化腺机能不完善，表现为消化酶系统发育较差，消化力弱，食物在胃内排空时间短等。

(3)初生仔猪缺乏免疫抗体，抗病能力较弱，只有吸食初乳后才能建立起被动免疫功能。

(4)体温调节机能不完善，对低温极其敏感，一般仔猪从 7 日龄开始才有调节体温的功能，到 20 日龄才发育完善。

由于这些特点，仔猪在此阶段发病率、死亡率高，对营养、环境、饲养依赖性较强，只有做到科学饲养，精心细致培育，才有可能获得较高的成活率和断奶重。

培育目标：哺乳仔猪成活率达 92%以上，哺乳期结束时(28 天断奶)个体平均重 7 kg 以上，而且整齐度较好。

9.3.5 仔猪管理

1. 尽快吃足初乳

初乳是指母猪产后 48 h 内分泌的乳汁，初乳中含有丰富的营养物质和免疫球蛋白、各种氨基酸、维生素、溶菌素等，对仔猪有特殊生理作用，可以帮助仔猪抵抗各种疾病和促进其生长。由于仔猪在出生后 12 h 内可以直接吸收大分子的免疫球蛋白，特别是在出生 2 h 内吸收作用较强，而以后越来越弱，所以哺喂初乳最晚不超过 2 h，接产后，应立即帮助仔猪吃上初乳，而且应保证每头仔猪都吃到足够的初乳。吃乳前，整个乳房区用 0.5‰的高锰酸钾溶液消毒。

2. 剪牙、称重、打耳号

仔猪出生 24 h 内，要称重、剪牙、断尾、打耳号。仔猪有 8 枚獠牙，应从根部全部剪掉，断面要平整，且不要伤到牙龈。断尾时以留下 2～3 cm 为宜，断端用 5%的碘酊消毒。

3. 固定乳头

仔猪生后 2～3 天内，进行人工辅助固定乳头。由于前面的乳头泌乳量较大，把出生重小的、弱仔猪固定在前面两乳头吮乳，出生重大的放在后面，这样可以使整窝猪长得比较均匀。如果母猪乳头较多，可训练仔猪吮吸两个奶头，避免空出的乳头变成瞎乳头。

4. 防寒保暖

哺乳仔猪体温调节能力差，怕冷，观察仔猪的活动及时做好防寒保暖工作，尤其是寒冷冬季。适宜温度：生后 1～3 天为 30～32 ℃，4～7 天为 28～30 ℃，15～30 天为 22～25 ℃。要保证躺卧区的温度，否则，仔猪下痢会增多，感冒、肺炎以及压死、饿死等数量也会增加。在仔猪躺卧处铺上橡胶、木板、麻袋等导热低的材料做成的垫子，最好用专用电热垫，防止仔猪腹部受凉。

5. 寄养

几头母猪同期产仔时，对于产仔头数过多、无奶或少奶、母猪产后因病死亡的仔猪要及时寄养，以提高仔猪成活率。寄养时要注意以下问题：

(1)被寄养的仔猪一定要吃到初乳。

(2)实行寄养的母猪产期一定要接近，最好不超过 3～4 天，并注意寄入的仔猪体重与原窝仔猪的体重不应相差太大，否则不易寄养成功。

(3)寄养母猪必须泌乳量高，性情温顺，哺乳性能强。

(4)猪的嗅觉特别灵敏，为了寄养成功，一般在夜间将被寄仔猪混入猪群，可用将被寄养仔猪身上涂抹养母的奶或尿等方法，使被寄养仔猪与养母仔猪有相同气味。

(5)如果是挑出过多的仔猪寄养，一般选择身体强壮的个体，弱猪应留在亲生母猪处饲养。

6. 补铁

为预防仔猪缺铁性贫血，仔猪出生后 3～4 天要补 150～200 mg 铁剂。

7. 补水

母乳含脂率高，仔猪新陈代谢旺盛，生长发育迅速，所以需水量大。仔猪一般出生后 3 天，开始训练使用饮水器，以免因口渴喝脏水造成下痢。

8. 补料诱食

仔猪出生后 7 天左右开始补料，根据这一时期的仔猪具有喜欢咬硬物、四处探寻、模仿性强等特点，用香甜的颗粒或专门配制的全价诱食料引诱、训练仔猪提前认料，以促进其消化器官的发育和消化机能的完善，对以后仔猪适应固体饲料、减少断奶应激和补充仔猪因母猪泌乳量下降造成的营养不足等有很大的好处。料槽要保持清洁，少添勤添，保持饲料新鲜，每天 4～5 次，晚间补添 1 次。

诱食的方法有：①将诱食料撒在仔猪经常活动的地方，让仔猪自己在探索中逐渐学会吃料。但是要注意不能在诱食料投放后即不再过问，否则诱食料发霉变质会造成仔猪中毒下痢或感染其他疾病。②如果仔猪几天后仍然不吃料，可采取强制诱食。方法是将饲料调成面粥状，抹在仔猪嘴边或用奶瓶逐头喂料，但不可一开始就喂得太多，剩余料不要发霉，奶瓶时刻保持干净。

仔猪开食后要控制好喂量，根据采食情况增减，保证每天饲料新鲜，并以少食多餐为原则。

9. 去势

15 日龄之前完成非种用小公猪的去势，去势要彻底，切口不宜太大，术后用 5％的碘酊消毒创口。

小公猪去势术：适用于出生后 1～2 月龄、体重 5～20 kg 的健康小公猪。

(1)保定　左侧横卧保定，术者右手握住猪的右后肢将猪提起，左手抓住其右侧膝盖部，向前摆动猪头部，使其左侧卧于地上，左脚踩住猪颈部，猪背朝术者，把猪尾拉向臀部，用脚踩住猪尾根。

(2)消毒　阴囊部用消毒液清洗、涂碘、脱碘。

(3)固定睾丸　左手掌外缘将猪的右后肢压向前方，中指屈曲压在阴囊颈前部，用拇指及食指将睾丸固定在阴囊内，使睾丸纵轴与阴囊纵轴平行。

(4)切开阴囊及总鞘膜　右手持刀，沿阴囊缝际外侧 1 cm 左右切开与缝际相平行的阴囊壁和总鞘膜，露出睾丸，其切口长度以能挤出睾丸为原则，切断鞘膜韧带露出精索，挤出睾丸(另一侧采用同样方法)。

(5)摘除睾丸　左手固定精索，右手将睾丸精索牵断，摘除睾丸(另一侧方法相同)。

(6)术后处理　术部涂碘酊，切口不需缝合。

10. 预防腹泻

初生仔猪抗病能力差，消化机能不完善，易发生腹泻，且严重危害仔猪的成活。因此要做好各种预防工作，尽量减少腹泻的发生，对患病仔猪要及时诊断治疗。腹泻的原因较为复杂，但总的来说，主要由消化不良、环境应激和病原菌引起，例如仔猪过食或感染大肠杆菌、轮状病毒、传染性胃肠炎和球虫病等都会导致腹泻。对腹泻的治疗，应在确诊的基础上采取综合的措施。目前，常规的预防措施主要是：

(1)保持圈舍的清洁卫生，定期消毒。

(2)执行严格的全进全出制度。

(3)做好保温防寒工作，降低产仔舍湿度，减少气温变化的应激。

(4)仔猪料熟化处理并加入抗生素、益生素或各种有机酸(如柠檬酸、乳酸等，但仔猪 40 日龄后不宜添加)。

(5)有针对性地进行免疫接种，减少仔猪断奶应激。仔猪断奶前后的工作十分关键，应当千方百计减少仔猪断奶应激。通常情况下，猪一生中受到的最大应激就是断奶造成的应激，这也是刚断奶仔猪死亡率较高的一个重要原因。要减少断奶应激，必须在断奶前就开始考虑饲料的过渡，逐渐增加断奶后的饲料比例，直到断奶后一周左右才完全采用保育期饲料；断奶时环境逐渐过渡也很重要，采用断奶后赶走母猪，仔猪留原圈饲养一周后才转群，结合同窝仔猪同圈饲养的群组方式，可以大大减少断奶的应激。另外，尽量避免在断奶后一周进行免疫接种工作，圈舍冲洗工作推迟到仔猪转入保育舍后进行，断奶后一周内继续提供较高的温度，降低舍内湿度和有害气体浓度，都会对仔猪的生长发育和健康产生有益的影响。

9.3.6 断奶空怀母猪的繁殖管理

断奶空怀母猪指仔猪断奶后至配种的经产母猪。经产母猪的空怀时间很短，只有 5～10 天，一般经产母猪在断奶后一周内即可再次发情。断奶空怀母猪的繁殖管理目标是通过科学的饲养和管理使饲养的母猪尽快恢复体况，促使其正常发情、排卵和受孕，在断奶一周内发情配种，一次情期受胎率在 85%以上。

仔猪断奶当天，停喂青绿多汁饲料。下床驱赶时注意避免肢蹄损伤，注意防止转运途中母猪咬架，发现争斗及时制止或用挡猪板隔开。转回配种舍后 3 天内注意观察母猪乳房的颜色、温度和状态，发现乳腺炎应及时治疗。断奶一周左右，大部分母猪可发情，要注意观察，及时安排配种。对于泌乳期间体重损失较大的母猪，应给予特殊饲养，使其体况迅速恢复。

1. 发情鉴定

发情鉴定最佳方法是当母猪喂料后半小时表现平静时进行，每天进行 2 次发情鉴定，上、下午各 1 次，采用人工查情与公猪试情相结合的方法。

母猪的发情表现有：阴门红肿，阴道内有黏液性分泌物；在圈内来回走动，频频排尿；神经质，食欲差；压背静立不动；互相爬跨，接受公猪爬跨。

2. 配种

在一周内正常发情的经产母猪：上午发情，下午配第一次，次日上、下午配第二、三次；下午发情，次日早配第一次，下午配第二次，第三日下午配第三次。断奶后发情较迟（7 天以上）的及复发情的经产母猪、初产后备母猪，要早配（发情即配第一次），并应至少配 3 次。

母猪在配种前应不肥不瘦，七八成膘，外观看不到骨骼轮廓（髋骨、脊柱、肩胛骨），用手稍用力触摸背部可以触到脊柱为宜。有条件的猪场可以用背膘仪来测定母猪背膘厚度，适宜配种的背中部背膘厚度一般为 16～18 mm。母猪过肥，脂肪浸润卵巢或包埋在卵巢周围，会影响卵巢功能，引起发情排卵异常，母猪不发情或排卵少，甚至不孕。

测定背膘：猪最后一根肋骨处距背中线 6.5 cm 处的背膘厚度。

后备猪在配种前 14 天开始，经产猪从断奶到配种，饲喂高蛋白、高能量母猪专用饲料。

参考文献

[1] 阿尔伯特,农业局畜牧处.养猪生产[M].刘海良主译.北京:中国农业出版社,1998.

[2] 陈代文,余冰.动物营养学[M].北京:中国农业出版社,2020.

[3] 邓莉萍.清单式管理[M].北京:中国农业出版社,2016.

[4] 杜瑞,王柏辉,罗玉龙,等.益生菌调控胃肠道菌群改善肉品质的研究进展[J].微生物学通报,2019,46(9):2378-2385.

[5] 方翠林.包膜丁酸钠对母猪及后代仔猪生产性能的影响[D].杭州:浙江大学,2014.

[6] 谷琳琳,姜海龙,秦贵信.配种前调控饲粮营养提高母猪繁殖性能的研究[J].养猪,2012(6):38-40.

[7] 郭文文.饲粮不同磷水平和钙磷比添加植酸酶对母猪和仔猪钙磷代谢的影响[D].泰安:山东农业大学,2015.

[8] 贺桂芬,丰成学,卢建洲.后备母猪的挑选和培养[J].河南畜牧兽医:综合版,2011,32(5):36.

[9] 黑龙江畜牧兽医职业学院.猪饲养管理与疾病防治[M].哈尔滨:哈尔滨地图出版社,2004.

[10] 黄品铝.浅谈断奶后配种前母猪营养的合理供给[J].兽医导刊,2018(12):251-252.

[11] 蒋姗姗,梁琛,张建海.断奶到配种前母猪饲养管理的三个要点[J].中国猪业,2017(4):48.

[12] 李炳坦,赵书广,郭传甲.养猪生产技术手册[M].北京:中国农业出版社,1990.

[13] 李德发.猪的营养[M].2版.北京:中国农业科学技术出版社,2003.

[14] 李观题,李娟.现代养猪技术与模式[M].北京:中国农业科学技术出版社,2015.

[15] 李顺才,郑心力.高效养高产母猪[M].北京:机械工业出版社,2018.

[16] 刘敏.母猪断奶催情料配方的设计要点解析与配方示例[J].国外畜牧学(猪与

禽),2020,40(10):65-68.
[17] 刘柱,杨志远,李晓玉,等.分娩与断奶背膘厚度对猪繁殖性能的影响研究[J].中国畜牧兽医,2014,41(6):187-190.
[18] 刘自逵.从管理和营养角度看现代基因型母猪的泌乳[J].猪业科学,2019,36(4):134-135.
[19] 卢德勋.系统动物营养学导论[M].北京:农业出版社,2004.
[20] 马翠,高乾坤,张旺宏,等. 饲粮添加乳酸菌 + 酵母菌发酵液对母猪繁殖性能、初乳成分和血浆生化指标的影响[J].动物营养学报,2020,32(1):129-137.
[21] 潘学平.葡萄糖在哺乳及空怀母猪营养中的作用与应用[J].畜牧业环境,2020(9):60.
[22] 彭健.母猪营养代谢与精准饲养[M].北京:中国农业出版社,2019.
[23] 山西农业大学,江苏农学院.养猪学[M].北京:农业出版社,1982.
[24] 石晓琳,吴德,周东胜,等.饲粮添加脂肪或淀粉对不同体重后备母猪初情启动的影响[J].中国畜牧杂志,2013(49):32-36.
[25] 孙亚楠,刘双,黄强,等.非洲猪瘟背景下的三元商品母猪养殖策略[J].猪业科学,2020, 037(003):122-124.
[26] 田先进.长大二元母猪,杜长大三元肉猪生产性能实验研究[J].畜禽业,2007(6):6-8.
[27] 万海峰,钟铭,伍剑,等.母猪妊娠期膳食纤维需要特点及其作用机制[J].饲料工业,2020, 41(17): 30-37.
[28] 王浩,印遇龙,邓百川,等.植物提取物的特性及其在母猪生产中的应用[J].动物营养学报,2017,29(11):3852-3862
[29] 王林云.养猪词典[M].北京:中国农业出版社,2009.
[30] 吴青梅.哺乳母猪泌乳力的研究进展[J].国外畜牧学(猪与禽),2018,38(12):40-41.
[31] 吴学军.猪生产技术[M].北京:北京师范大学出版社,2011.
[32] 吴雪岩,费云涛.哺乳母猪采食量与泌乳量提高措施[J].畜牧兽医科学(电子版),2019(23): 25-26.
[33] 谢建安,杨扬,宋海杰.三元母猪种用的营养策略及饲养管理方案[J].当代畜牧,2019(14):1-3.
[34] 邢荷岩,宋志芳,石岗,等.不同品种和胎次的哺乳母猪断奶时膘情对繁殖效果的影响[J].猪业科学,2018,35(3):114-116.
[35] 杨云,曾勇庆.影响母猪产仔性能因素的分析研究[J].养猪, 2013, 00(01):33-35.

[36] 张婧婧，刘庚寿，李伟，等．不同剂型酸化剂对哺乳母猪生产性能、初乳成分和肠道菌群结构的影响[J]．动物营养学报，2017，29(6)：2064-2070．

[37] 张立．规模化猪场盈利模式：实战派养猪专家经验汇集[M]．北京：中国农业出版社，2016．

[38] 张文飞，张红菊，管武太，等．饲粮中添加中链脂肪酸甘油三酯对母猪繁殖性能、血清生化指标及初乳成分的影响[J]．动物营养学报，2016，28(10)：3256-3263．

[39] 赵书广．中国养猪大成[M]．北京：中国农业出版社，2003．

[40] 钟正泽，刘作华．新编母猪饲料配方 600 例[M]．北京：化学工业出版社，2009．

[41] 周桂莲．母猪纤维营养研究进展[M]．北京：中国农业出版社，2014．

[42] 周开锋，侯明权，王燕男．当前三元母猪留种饲养繁育情况调查分析[J]．养猪，2020(3)：79-81．

[43] 周晓容，周艳，刘志云，等．益生菌对猪肠道屏障功能的影响[J]．动物营养学报，2019，31(9)：3921-3926．

[44] 邹书通，蒋宗勇，杨琳，等．共轭亚油酸在猪营养中的研究进展[J]．中国畜牧兽医，2004，31(4)：6-9．

[45] Almeida F R，Machado G S，Borges A L，et al. Consequences of different dietary energy sources during follicular development on subsequent fertility of cyclic gilts[J]. Anim，2014(8)：293-299.

[46] Amaral Filha W S，Bernardi M L，Wentz I，et al. Reproductive performance of gilts according to growth rate and backfat thickness at mating[J]. Anim Reprod Sci，2010(121)：139-144.

[47] Chantal Farme．妊娠和哺乳母猪[M]．李新建，殷跃帮，李平主译．北京：中国农业大学出版社，2018．

[48] Chen T Y，Stott P，Athorn R Z，et al. Undernutrition during early follicle development has irreversible effects on ovulation rate and embryos[J]. Reprod Fertil，2012，6(24)：886-892.

[49] Chiba L I . Sustainable Swine Nutrition[M]. New Jersey：John Wiley & Sons，2012.

[50] Close W H，Cole D J A．母猪与公猪营养[M]．王若军主译．北京：中国农业大学出版社，2003．

[51] Devi S M，Lee K Y. Analysis of the effect of dietary protected organic acid blend on lactating sows and their piglets[J]. Revista Brasileira de Zootecnia，2016，45(2)：39-47.

[52] Diaz J A C, Vallet J L, Lents C A, et al. Age at puberty, ovulation rate, and uterine length of developing gilts fed two lysine and three metabolizable energy concentrations from 100 to 260 d of age[J]. J Anim Sci, 2015(93): 3521-3527.

[53] Dorr P M, Nemechek M S, Scheidt A B, et al. Water-flow variation and pharmacoepidemiology of tetracycline hydrochloride administration via drinking water in swine finishing farms [J]. Journal of the American Veterinary Medical Association, 2009, 235(3):299-304.

[54] Faba L, Gasa J, Tokach M D, et al. Effects of supplementing organic microminerals and methionine during the rearing phase of replacement gilts on lameness, growth, and body composition[J]. J Anim Sci, 2018(96):3274-3287.

[55] Farmer C, Martineau J P, Méthot S, et al. Comparative study on the relations between backfat thickness in late-pregnant gilts, mammary development and piglet growth [J]. Translational Animal Science, 2017, 1(2): 154-159.

[56] Farmer C, Petitclerc D, Sorensen, et al. Impacts of dietary protein level and feed restriction during prepuberty on mammogenesis in gilts[J]. J Anim Sci, 2004(82):2343-2351.

[57] Farmer C. The gestating and lactating sow[M]. Wageningen: Wageningen Academic Publishers, 2015:13-26.

[58] Fraser D, Patience J F, Phillips P A . Water for piglets and lactating sows: quantity, quality and quandaries[J]. Recent Advances in Animal Nutrition, 1990:137-160.

[59] Friend D W . Self-selection of feeds and water by swine during pregnancy and lactation[J]. Journal of Animal Science, 1971, 32(4):658.

[60] Friend D W, Wolynetz M S . Self-selection of salt by gilts during pregnancy and lactation[J]. The Canadian Veterinary Journal, 1981, 61(2):429-438.

[61] Ilias Kyriazakis, Colin T Whittemore. 实用猪生产学[M]. 王爱国主译. 北京: 中国农业大学出版社, 2014.

[62] John Gadd. 现代养猪生产技术[M]. 周绪斌, 张佳, 潘雪男主译. 北京: 中国农业出版社, 2015.

[63] Knox R V. Physiology and endocrinology symposium: Factors influencing follicle development in gilts and sows and management strategies used to

regulate growth for control of estrus and ovulation1[J]. J Anim Sci, 2019(97):1433-1445.

[64] Lee I Chiba .猪的可持续营养[M].尹靖东主译.北京:中国农业出版社,2015.

[65] Lindemann M,Brendemuhl J,Chiba L,et al. A regional evaluation ofinjections of highlevels of vitamin A on reproductive performance of sows[J]. Journal of Animal Science,2008,86(2):333-338.

[66] Maenz D D, Patience J F, Wolynetz M S .Effect of water sweetener on the performance of newly weaned pigs offered medicated and unmedicated feed [J]. The Canadian Veterinary Journal, 1993, 73(3):669-672.

[67] Matysiak B,Jacyno E,Kawecka M,et al. The effect of plant extracts fed before farrowing and during lactation on sow and piglet performance[J]. South African Journal of Animal Science,2012,42(1):15-21.

[68] Michael R Muirhead, Thomas J L Alexander, John Gadd .猪群健康管理[M].曲向阳,潘雪男主译.北京:中国农业出版社,2017.

[69] Patience J F, Friend D W, Hartin K E, et al. A comparison of two urine collection methods for female swine[J]. The Canadian Veterinary Journal, 1987,67(3):859-863.

[70] Pollmann D S, Danielson D M, Peo E R .Value of high fibre diets for gravid swine[J]. Journal of Animal Science,1979, 48(6):1385-1393.

[71] Schenkel A C, Bernardi M L, Bortolozzo F P, et al. Body reserve mobilization during lactation in first parity sows and its effect on second litter size[J]. Livest Sci, 2010(132):165-172.

[72] Theil Peter Kappel.高产哺乳母猪的基础营养与饲养研究[J].饲料工业,2020,41(4): 59-64.

[73] Theo Niewold.肠道健康[M].李新建,李平,殷跃帮,刘文峰主译.北京:中国农业大学出版社,2020.

[74] Tillon J P, Madec F. Diseases affecting confined sows. Data from epidemiological observations[J]. Annals of veterinary research,1984,15(2):195-199.

[75] Vermeer H M, Kuijken N, Spoolder H .Motivation for additional water use of growing-finishing pigs[J]. Livestock Science, 2009,124(1-3):112-118.

[76] Wahlstrom R C, Taylor A R, Seerley R W .Effects of lysine in the drinking water of growing swine[J].Journal of Animal Science,1970,30(3):368-373.